U0149407

成像卫星任务规划理论与方法

Theory and Method of Imaging Satellite Task Planning

胡笑旋　夏　维　靳　鹏　朱外明　著

科学出版社

北　京

内 容 简 介

发展天基对地观测技术是国家重大需求。为此,我国成像卫星持续高密度发射,在轨卫星数量持续增加。它们在国计民生的众多领域中发挥着重要作用。成像卫星任务规划是成像卫星任务管控系统中的核心功能之一,它所解决的是如何高效利用在轨卫星资源服务来自不同部门、不同用户的对地观测需求,起到了"指挥中枢"的作用。本书系统阐述了成像卫星任务规划的理论方法和关键技术,首先对成像卫星任务规划问题进行了概述,综述了其基础理论方法;然后阐述了区域观测任务分解方法、成像卫星调度方法、移动目标搜索任务规划方法;此外还阐述了成像卫星任务规划仿真系统开发的相关技术,以及作者对成像卫星任务规划技术发展趋势的展望。本书内容涵盖了作者在该领域多年研究取得的成果,具有系统性、新颖性和前沿性等特点。

本书可作为高等学校和科研院所中从事成像卫星任务规划及其相关领域研究人员的研究和教学参考用书,也可作为运筹学、信息管理与信息系统、系统工程、自动化、智能系统等领域的科研人员、教师和研究生的参考用书,同时还可以作为工程技术人员的参考资料。

图书在版编目(CIP)数据

成像卫星任务规划理论与方法/胡笑旋等著 . —北京:科学出版社,2021.6
ISBN 978-7-03-069040-1

Ⅰ. ①成… Ⅱ. ①胡… Ⅲ. ①卫星图象—研究 Ⅳ. ①TP75

中国版本图书馆 CIP 数据核字(2021)第 104204 号

责任编辑:周 涵 田轶静 / 责任校对:杨 然
责任印制:吴兆东 / 封面设计:无极书装

科学出版社 出版
北京东黄城根北街 16 号
邮政编码:100717
http://www.sciencep.com

北京凌奇印刷有限责任公司印刷
科学出版社发行 各地新华书店经销
*
2021 年 6 月第 一 版 开本:720×1000 1/16
2024 年 7 月第三次印刷 印张:15 1/2
字数:313 000
定价:118.00 元
(如有印装质量问题,我社负责调换)

前　言

"坐地日行八万里，巡天遥看一千河"，我国是一个航天大国，自 1970 年成功发射"东方红一号"以来，我国已发射多颗人造地球卫星，涵盖通信、导航和遥感三大应用领域，其中遥感卫星是发射数量最多、用途最广的一类人造地球卫星。遥感卫星技术的快速发展，使人类拥有了全方位、全天时和全天候对地观测的新手段。目前，遥感卫星已广泛应用于国防建设、城市规划、农业估产、环境评价、反恐处突、防灾减灾、海洋监测等众多领域，对经济社会发展和国家安全有重要意义。

不断发展遥感对地观测技术是国家重大需求。为此，我国遥感卫星持续高密度发射，已部署资源系列、遥感系列、海洋系列、环境系列、风云系列、高分系列等一批陆地、气象和海洋遥感卫星，同时商业遥感卫星也在迅速发展。在轨运行的遥感卫星呈现出从多星、星座到大规模星群的发展趋势，同时用户对卫星影像数据的需求也在迅速增长。如何管好、用好这些宝贵的卫星资源，提高对地观测效能，是一个重要性不断提升的命题。在此背景下，卫星任务规划成为卫星应用的重要研究领域。

卫星任务规划是卫星任务管控系统中最核心的功能之一，是驱动卫星高效工作的管理引擎，它以满足多源用户需求为目标，对异质分布的卫星、遥感器和地面站资源进行任务指派，生成详细的观测计划和数传计划，从而驱动卫星资源有序、高效地执行任务。

本书主要阐述了成像遥感卫星（简称成像卫星）任务规划的理论与方法。从科学问题的属性来说，成像卫星任务规划问题是以满足用户日益增长的成像需求为目标，对异质分布的卫星资源的运行过程进行统筹优化的问题，它属于管理科学与工程、系统科学与系统工程、计算机科学与技术、宇航科学与技术、控制科学与技术等学科专业相交叉的前沿科学技术领域。近年来，国内外研究机构针对成像卫星任务规划问题开展了大量的研究工作，为工程实践提供了坚实的支撑，也为本书的撰写出版奠定了前期基础。本书作者所在的合肥工业大学空天系统管理研究所自 21 世纪初开展成像卫星任务规划的研究工作以来，一直在该领域持续深耕细作，在多项国家科研课题和工程项目的支持下，取得了较为系统的研究成果，获得了多项国家发明专利和计算机软件著作权，部分研究成果发表于国内外知名学术期刊，关键技术实现了转化应用。作者通过对长期以来积累的研究成果的细致整理，最终形成了本书。

本书共 7 章：第 1 章是成像卫星任务规划概述，主要阐述了成像卫星的发展情况，成像卫星任务规划的基本知识，包括含义、功能、优化目标、主要约束和问题分类，以及成像卫星任务规划的研究现状。第 2 章是成像卫星任务规划的相关理论方法，总结了成像卫星任务规划问题的复杂性特征，给出了任务规划的理论方法框架，并对其中涉及的基础理论方法，如整数规划（integer programming）、亚启发式（meta-heuristics）算法、机器学习和评估方法，进行了阐述。第 3 章是区域观测任务分解方法，介绍了单星观测场景下的区域并行分割算法，资源受限情形下的多星协同区域分解启发式算法和拉格朗日松弛算法，以及资源充足情形下多星协同区域分解的两阶段启发式算法和嵌套网格逼近策略。第 4 章是成像卫星调度方法，阐述了任务合成观测调度问题、成像数传一体化调度问题及应急任务调度问题，介绍了所设计的精确算法、亚启发式算法以及混合启发式算法。第 5 章是移动目标搜索任务规划方法，主要介绍了多星对海面移动目标进行协同搜索中的任务规划问题，阐述了数据预处理、移动目标轨迹预测、多星协同搜索规划等方法。第 6 章是成像卫星任务规划仿真系统，介绍了成像卫星任务规划仿真系统软件，对该系统的设计思路、软件架构、功能模块等进行了阐述。第 7 章是作者对成像卫星任务规划技术的展望，基于新一代信息技术的发展趋势，从云-边融合的任务规划技术、虚拟星座任务规划技术、天地一体化任务规划技术等方面展望了任务规划技术的发展方向。

合肥工业大学杨善林院士一直带领我们在该领域砥砺前行，并对本书的撰写给予了高屋建瓴的指导，为本书的顺利面世提供了巨大的帮助。本书所涉及的研究成果先后得到了北京遥感信息研究所等相关单位多位专家的指导，为我们凝练关键科学技术、顺利开展研究攻关提供了非常重要的支持。本书的研究成果还包含了博士研究生孙海权、王执龙，硕士研究生章密、张烨、张海龙、王超超、余堃、胡玉可、姚靖宇、任送莲等的研究工作。此外，马华伟副教授、罗贺教授、王国强副教授、唐奕城博士，以及博士研究生张任驰、郭君、王彦君、秦雪敏等参与了书稿的整理或讨论工作。

本书科研工作得到了国家自然科学基金（72071064、71521001、71690230、71690235、71671059）、国家 863 计划等项目的资助。作者所在的智能决策与信息系统技术国家地方联合工程研究中心、过程优化与智能决策教育部重点实验室、智能互联系统安徽省实验室为科研工作创造了良好的学术环境和软硬件条件。

科学出版社的老师们辛勤审阅了书稿，提供了很多建设性的修改意见，促使本书顺利出版。在写作过程中，作者还参考了大量的国内外有关研究成果。在此，我们对所有为本书的撰写和出版提供帮助的人致以诚挚的谢意！

　　限于作者水平，本书并不能完全涵盖成像卫星任务规划各个方面的工作，书中内容也难免会有不妥与疏漏之处，敬请广大读者朋友批评指正。

作　者

2021 年 6 月于合肥

目　　录

第 1 章　成像卫星任务规划概述

苏联于 1957 年 10 月 4 日在拜科努尔航天发射场成功发射了第一颗人造地球卫星 Sputnik-1，揭开了人造地球卫星技术发展的序幕。美国、中国、英国、法国、日本等国家纷纷研制并发射自己的卫星，使得卫星成为发展最快、用途最广的航天器，围绕着卫星技术和卫星应用的相关产业也得到快速发展。

卫星遥感以卫星为平台，从太空中观测并获取各种地球信息。卫星遥感技术的飞速发展，使人类拥有了全方位、全天时和全天候对地观测的新手段。在诸多遥感卫星中，成像卫星的发射数量最多并且用途最广，在国计民生的众多领域中发挥着不可替代的作用。成像卫星任务规划是成像卫星管控系统中最核心的功能之一，它所解决的是如何充分利用在轨成像卫星资源服务来自不同部门、不同用户的对地观测需求，起到"指挥中枢"的作用。

1.1　成像卫星概述

1.1.1　成像卫星和遥感器

成像卫星是指能够在其运行轨道上通过光学成像遥感器（全色、多光谱、高光谱、红外等）或合成孔径雷达（synthetic aperture radar，SAR）成像遥感器对陆地、海洋、空间等地球目标进行观测并获取图像信息的遥感卫星。成像卫星具有观测范围广、观测时间长、不受空间地域限制等显著特点，已广泛应用于军事、国土、海洋、农业、林业、水利、气象、测绘、环保、减灾、交通等诸多领域。

根据所处的轨道、卫星大小以及搭载遥感器的不同，可以将成像卫星细分为不同的种类。根据轨道的不同，可以分为太阳同步轨道卫星、极轨卫星、赤道轨道卫星、地球同步轨道卫星等，其中太阳同步轨道卫星占据了成像卫星的大多数。根据卫星大小的不同，可以分为大型卫星（>500kg）、小型卫星（100～500kg）、微型卫星（10～100kg）、微纳卫星和立方体卫星（<10kg）等。根据搭载遥感器的不同，可以分为光学成像卫星和雷达（微波）成像卫星等，其中光学成像遥感器又可以分为全色、多光谱、高光谱和红外，不同类型的遥感器具有不同的成像能力，适用于不同的任务需求。

随着技术的进步和应用的拉动，成像卫星呈现出空间分辨率、时间分辨率、

光谱分辨率持续提高，星上处理能力不断进步，多星一体化组网观测能力日益增
强的发展趋势。

1.1.2 国外成像卫星发展情况

美国于 1972 年 7 月成功发射了 Landsat-1 陆地资源卫星，运行于太阳同步轨
道，其多光谱遥感器的空间分辨率为 80m。这是美国 Landsat 项目的第一颗星。
Landsat 项目旨在打造中分辨率连续对地观测系统，为人们提供所需的遥感影
像数据，服务于农业、地质、林业、教育、测绘等领域，产生了重要的价值。截至
目前，该项目已经发射了 8 颗卫星（其中第 6 颗发射失败），最后一颗星 Landsat-8
于 2013 年 2 月发射升空，搭载了陆地成像仪和热红外传感器两种载荷，目前仍在
正常工作。

美国 Spacing Imaging 公司研制的伊科诺斯（IKONOS）卫星于 1999 年 9 月
发射升空，运行于高度为 681km 的太阳同步轨道上。它是世界上第一颗分辨率
优于 1m 的商业遥感卫星，最高分辨率达到 0.82m，使得商业遥感卫星拥有了媲
美军事侦察卫星的图像清晰度，从而开启了高分辨率商业遥感卫星的新时代。在
其生命周期内（1999—2015 年），IKONOS 卫星共获取了近 60 万张的地球影像，
影像数据被广泛应用于众多行业和领域。

WorldView 系列卫星是美国 Digitalglobe 公司的商业成像卫星系统，于 2007
年 9 月发射了首颗卫星，目前一共发射了 4 颗。该系列卫星具有高分辨率、高敏
捷性等显著特点，如 2016 年 11 月发射的 WorldView-4 卫星的全色分辨率最高达
到 0.31m，多光谱分辨率达到 1.24m，能够清楚地拍摄城市、岛礁、海岸线等多
种类型的地物地貌，是目前全球领先的高分辨率商业遥感卫星。

SPOT 系列卫星是法国空间研究中心研制的一种民用地球观测卫星，是世界
上首先具有立体成像能力的遥感卫星[1]。第一颗星 SPOT-1 于 1986 年 2 月发射，
最近的 SPOT-7 卫星于 2014 年 6 月发射升空。SPOT-6 和 SPOT-7 两颗星还与
Pleiades-1A 卫星和 Pleiades-1B 卫星组成了四星星座，这四颗卫星同处一个轨道
面，彼此之间相隔 90°，具备每日两次的重访能力。

Pleiades 是法国继 SPOT 系列卫星之后研制的具有更高分辨率的军民两用成
像卫星，包括两颗卫星 Pleiades-1A、Pleiades-1B，分别于 2011 年 12 月和 2012
年 12 月发射升空。与 SPOT 系列卫星相比，Pleiades 卫星在空间分辨率、观测
灵活性及数据获取模式等方面进行了重新设计，采用使卫星整体绕滚动轴、俯仰
轴大角度侧摆的方式，灵活地实现对目标的观测[2]。

表 1.1 中列举了国外几种典型的成像卫星。

表 1.1　国外典型成像卫星

卫星	国家	发射时间	轨道类型	载荷	空间分辨率/m
IKONOS	美国	1999-09-24	太阳同步轨道	全色 多光谱	1 4
QuickBrid-2	美国	2001-10-18	太阳同步轨道	全色 多光谱	0.61 2.44
SPOT-5	法国	2002-05-04	太阳同步轨道	全色 多光谱	2.5 10
SPOT-6	法国	2012-09-09	太阳同步轨道	全色 多光谱	1.5 6
SPOT-7	法国	2014-06-30	太阳同步轨道	全色 多光谱	1.5 6
WorldView-1	美国	2007-09-18	太阳同步轨道	全色	0.5
WorldView-4	美国	2016-11-11	太阳同步轨道	全色 多光谱	0.31 1.24
Pleiades-1A	法国	2011-12-16	太阳同步轨道	全色 多光谱	0.5 2

近年来，随着人类对遥感数据需求的不断增长和卫星研制与发射能力的不断进步，卫星星群（satellite cluster）的建设正在全球兴起。卫星星群一般是指由分布在多个轨道面上的多颗卫星组成的，共同合作完成遥感、通信、导航等空间飞行任务的分布式卫星系统。例如，美国 Planet Labs 公司的 Doves 星群是全球最大的对地观测卫星群，拥有分布在国际空间站轨道和太阳同步轨道上的近 200 颗小型遥感卫星，能以 3m 的分辨率每天对整个地球成像一遍，在全球高频次高分辨率卫星影像服务中处于领先地位。

1.1.3　国内成像卫星发展情况

我国自 1970 年 4 月 24 日第一颗人造卫星"东方红一号"发射以来，至今已将数百颗卫星成功送入太空，卫星研制与发射能力进入世界先进行列。我国的遥感卫星技术得到了快速发展，独立自主地研制了多种应用卫星，如资源系列卫星、遥感系列卫星、海洋系列卫星、高分系列卫星等，它们在促进经济建设和社会发展过程中发挥了重要作用。

资源一号 01/02 星是由中国和巴西联合研制的传输型资源遥感卫星（CBERS）。CBERS-01 卫星于 1999 年 10 月成功发射，该卫星结束了我国长期以来只能依靠外国资源卫星的历史，标志着我国的卫星遥感应用进入到一个崭新的阶段。CBERS-02 卫星于 2003 年 10 月成功发射[3]。2000 年和 2002 年，我国发射了两颗资源二号卫星，这是我国自行研制的传输型遥感卫星。随后陆续发射资源一号 02B 星（2007 年）、02C 星（2011 年）、04 星（2014 年）、02D 星（2019

年），资源三号卫星（2012 年）、资源三号 02 星（2016 年）等。

我国遥感系列卫星主要应用于国土资源勘查、环境监测与保护、城市规划、农作物估产、防灾减灾和空间科学试验等领域。2006 年 4 月，遥感一号卫星在太原卫星发射中心成功发射，随后不断发射新的遥感卫星，至 2018 年 1 月，已发射至遥感三十号卫星。遥感系列卫星正逐步形成网络服务平台，在促进航天科技研究和应用方面发挥了重要作用。

我国《国家中长期科学和技术规划发展纲要（2006—2020 年）》中，将"高分辨率对地观测系统"确定为 16 个重大专项之一，并于 2010 年经国务院批准启动实施，系统将统筹建设基于卫星、平流层飞艇和飞机的高分辨率对地观测系统，完善地面资源，并与其他观测手段结合，形成全天候、全天时、全球覆盖的对地观测能力。2013 年 4 月我国成功发射了高分一号卫星。高分一号卫星全色分辨率是 2m，多光谱分辨率为 8m，幅宽达到 800km。2014 年 8 月，高分二号卫星成功发射，该卫星是我国首颗分辨率达到亚米级的宽幅民用遥感卫星。2015 年 12 月发射的高分四号卫星是高分专项中首颗地球同步轨道遥感卫星，也是目前国际地球同步轨道上第一颗高分辨率遥感卫星。截至目前，高分系列卫星已发射至高分十一号卫星。高分系列卫星广泛应用于多个行业和区域，使中国遥感卫星技术跨上了新的台阶，极大地提高了我国卫星对地观测水平，使我们摆脱了对国外高分辨率地球影像数据的依赖。

2015 年 10 月，吉林一号组星成功发射，包括 1 颗光学 A 星、2 颗灵巧视频星以及 1 颗灵巧验证星，开创了我国商业卫星应用的先河。截止到目前，吉林一号组星已有 15 颗在轨卫星。吉林一号组星是我国自主研发的商用高分辨率遥感卫星，全色分辨率最高达 0.72m，同时具备米级高清动态视频拍摄能力，能够为用户提供高效、精准的遥感信息服务[4]。2020 年 1 月，新型高性能光学遥感卫星"红旗一号-H9"发射升空，该星可获取全色分辨率 1m、多光谱分辨率 4m、幅宽大于 136km 的推扫影像，卫星入轨后可与"吉林一号"卫星组网，以更好地为用户提供遥感产品服务。

高景卫星星座也是我国自主研发的商业遥感卫星星座系统，系统由 16 颗 0.5 m 分辨率光学卫星，4 颗高端光学卫星，4 颗微波卫星，以及多颗视频、高光谱等微小卫星组成。高景一号 01/02 星于 2016 年 12 月发射升空，全色分辨率为 0.5m，多光谱分辨率为 2m。高景一号 03/04 星于 2018 年 1 月发射升空，与高景一号 01/02 卫星完成组网，四星相位差 90°，对地球目标的重访周期为 1 天，每日可采集 300 万平方千米影像，标志着我国 0.5m 级高分辨率商业遥感卫星星座正式建成。

表 1.2 列举了国内几种典型的成像卫星。

表 1.2　国内典型成像卫星

卫星	国家	发射时间	轨道类型	载荷	空间分辨率/m
资源一号 02D 星	中国	2019-09-12	太阳同步轨道	全色	2.5
				多光谱	10
				高光谱	30
资源三号	中国	2012-01-09	太阳同步轨道	全色	2.1
				多光谱	5.8
高分一号	中国	2013-04-26	太阳同步轨道	全色	2
				多光谱	8
高分四号	中国	2015-12-29	地球同步轨道	可见光	50
				红外	400
高分六号	中国	2018-06-02	太阳同步轨道	全色	2
				多光谱	8
吉林一号光学 A 星	中国	2015-10-07	太阳同步轨道	全色	0.72
				多光谱	2.88
高景一号 01/02 星	中国	2016-12-28	太阳同步轨道	全色	0.5
				多光谱	2

随着我国综合国力不断增强和航天技术不断进步，我国持续加快各类型卫星、星座及应用基础设施的建设，卫星及其应用产业日益壮大。我国《"十三五"国家战略性新兴产业发展规划》提出：构建星座和专题卫星组成的遥感卫星系统，形成"高中低"分辨率合理配置、空天地一体多层观测的全球数据获取能力；加强地面系统建设，汇集高精度、全要素、体系化的地球观测信息，构建"大数据地球"。我国《国家民用空间基础设施中长期发展规划（2015—2025年)》指出：按照一星多用、多星组网、多网协同的发展思路，根据观测任务的技术特征和用户需求特征，重点发展陆地观测、海洋观测、大气观测三个系列，构建由七个星座及三类专题卫星组成的遥感卫星系统，逐步形成高、中、低空间分辨率合理配置、多种观测技术优化组合的综合高效全球观测和数据获取能力。

1.2　成像卫星工作过程

成像卫星发射升空之后，其日常运行需要有运控系统、测控系统、数据中心、专业应用系统等软硬件设施的支撑。如图 1.1 所示，成像卫星的一般工作过程如下：用户向卫星运控系统提交成像需求，运控系统对需求汇总之后进行任务规划，生成卫星的观测计划、数传计划和测控计划，然后将卫星工作计划传给测控系统，由测控系统生成控制指令上注给卫星。卫星按照工作计划，利用星载遥感器，从太空轨道中获取地球的图像信息，并将图像数据回传给地面数据接收站，地面数据接收站将数据统一传送到数据中心，经加工处理后形成各类图像数据，分发给专业应用系统，再加工成面向应用的图像产品，供用户使用。

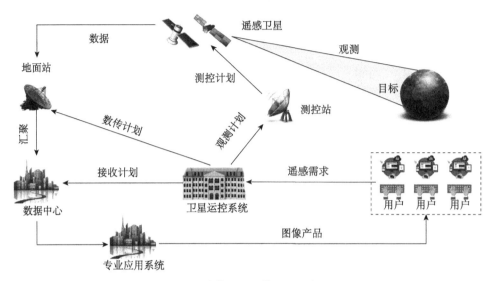

图 1.1　成像卫星工作过程示意图

　　成像卫星每次观测目标上空时会产生一条二维扫描条带，条带的宽度由遥感器的视场角（field of view，FOV）决定，卫星可以对条带内的目标进行观测，如图 1.2 所示。早期的卫星只能对星下点成像，可视范围是固定的，如今的卫星大多具备遥感器侧摆能力，即遥感器可以沿垂直于星下点轨迹方向进行摆动，通过侧摆可以有效扩展遥感器的可视范围，缩短对目标的重访周期，如资源三号02 星具备 32°侧摆成像能力；高分一号卫星具备 35°侧摆成像能力。对于敏捷成像卫星而言，甚至还具备滚动、俯仰、偏航等快速姿态机动能力，可以实现更为灵活的观测，如多目标成像、多视角立体成像等。

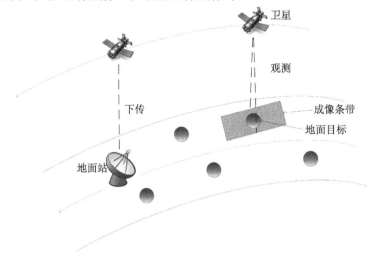

图 1.2　卫星对地观测与数据下传

除了对目标的一次成像观测之外，随着遥感技术的提高，遥感器可以用多种工作模式实现对目标的观测，如推扫模式、凝视模式等。推扫模式是指沿卫星在轨道中的运动方向，动态调整遥感器，实现对地表轨迹的连续成像，从而可以一次性成像整个观测条带，适用于对狭长地物目标（如海岸线、河流等）的观测。推扫模式又可以分为星下点轨迹推扫和非星下点轨迹推扫，被动式推扫和主动式推扫等[5]。凝视模式是指对一个目标进行连续不间断的观察，一般用于灾害监视、森林火灾预警、重要军事目标监视等。如果是地球同步轨道卫星，如高分四号，可以保持卫星的姿态指向，对区域进行持续成像[6]。如果是中低轨卫星，通过先进的姿态控制技术也可实现短时间内对目标的凝视，并且可以利用多颗卫星组网接力的方式满足长时间凝视的要求。

卫星成像观测获得的影像数据存储在星上存储器中，通过地面站时下传，并释放星上存储器的存储容量，也可以通过中继卫星进行下传。较为先进的成像卫星还可以实现边拍边传，大幅提高了图像传输效率。目前，我国已经建立了一定规模的地面站网，保障了成像卫星数据的传输和接收。

1.3　成像卫星任务规划

1.3.1　成像任务描述方法

成像卫星的观测任务可分为点目标观测、区域目标观测以及移动目标观测。点目标指面积较小，成像卫星通过一次成像动作就可以完成观测的目标，如机场、港口、建筑物等。区域目标指面积较大，需要分解成多个子区域，通过多次成像才能完成观测的目标，如一个城市、一片海洋等。移动目标指在陆地、海洋或空间运动，具有时间敏感、位置不确定等特征的一类目标，如海洋船只、空间飞行器等。成像观测任务一般包括以下属性。

（1）目标位置：用经纬度和海拔来描述。点目标只需要给出一个经纬度数据；区域目标需要给出区域各顶点的经纬度数据；移动目标一般使用一系列目标曾经出现过的位置来描述，或者给出若干个目标可能会出现的区域。

（2）图像类型：不同的观测任务对图像类型的要求不同，可以是全色图像、多光谱图像、高光谱图像、雷达图像等。如果观测任务指定了某一种图像类型，那么任务只能被支持这种图像类型的卫星和遥感器完成。全色图像空间分辨率高，但是光谱分辨率较低；多光谱图像光谱分辨率高，但是空间分辨率较低，清晰度较差[7]；高光谱是在多光谱的基础上发展起来的，高光谱图像的光谱分辨率比多光谱图像更高。与光学图像相比，雷达图像的特点是不受光照和气候条件的限制，可以实现全天时、全天候的对地观测。

（3）空间分辨率：观测任务需要明确图像所需的最大空间分辨率。空间分辨率描述了遥感器对地观测的成像精度水平。分辨率越高，精度就越高，就越能观测到目标的细节。

（4）光照条件：对光学遥感器而言，在观测地球目标时对太阳光照条件有一定要求，一般采用最小太阳光照角来描述。太阳光照角是指太阳光线和地面目标所在的平面的夹角，取值在 0°~90°。当太阳光照角等于 90°时，太阳垂直照射地面目标。最小太阳光照角指的是光学遥感器在观测地面目标时所要求的最低太阳光照条件。

（5）观测时段：用户指定的观测任务的最早开始时间和最晚结束时间，观测任务必须在这个时间段内完成。对于调查类任务，时间范围一般比较大，有的甚至会长达 1 年，监测类任务的时间范围会小一点，而对于应急任务，时间范围就会非常小。

（6）目标价值（任务收益）：描述了目标的重要程度或优先程度，一般是根据用户的需求来确定的。在任务规划过程中，会将价值大的目标优先安排观测。如果发生任务冲突，一般也会保证价值大的目标而舍弃价值小目标。

（7）重复观测次数（观测频度）：有些目标需要在一定的周期内重复观测，比如说对目标的动态监测，需要观察它随时间的变化情况，或者是对移动目标的搜索，需要对同一区域进行多次扫描。卫星对目标的重复观测能力用时间分辨率（或称重访周期）衡量，时间分辨率指的是成像卫星对同一目标相邻两次观测的最小间隔时间，取决于卫星轨道和遥感器的侧摆能力，其值越小，时间分辨率就越高，反之则越低。如 WorldView-1 卫星 1m 影像的时间分辨率是 1.7 天，0.51m 影像的时间分辨率是 5.9 天[8]。

表 1.3 是一个点目标观测任务的例子。

表 1.3　点目标观测任务描述

任务编号	目标区域	图像类型	图像分辨率
RW00001	纬度：×× 经度：××	全色	2m
开始时间	结束时间	光照条件	任务价值
2019-05-01，0：00	2019-05-02，24：00	≥20°	10

1.3.2　任务规划的主要功能

成像卫星的日常工作过程需要通过任务规划来安排。任务规划是运控系统最主要的功能之一，是驱动成像卫星高效工作的管理引擎。它以满足多源用户需求为目标，对异质分布的卫星、遥感器和地面站资源进行任务指派，生成观测计划和数传计划。任务规划的目的是驱动卫星资源高效、有序地执行任务，一般包括订单受理、任务筹划、卫星调度、指令上注、数据接收等系列功能，其中任务筹划和卫星调度是其核心功能。

（1）任务筹划：受理来自不同用户提交的点目标、区域目标和移动目标观测需求，对其进行规范化描述，对需求进行分析、分解、融合等处理，形成卫星观测任务集合。

（2）卫星调度：根据观测任务的要求和卫星资源的能力特征，生成最大化观测效能的卫星观测计划和数传计划，明确规定每个任务由哪颗卫星、哪个遥感器在什么时间进行观测，以及观测数据在什么时间下传至哪个地面站。

随着在轨卫星数量的不断增加以及能力的不断增强，对卫星任务规划技术提出了更高的要求和更大的挑战。任务规划已不仅仅是工作计划的简单生成，而是一个以满足用户日益增长的成像需求为目标的异质分布的卫星资源的统筹优化问题。通过科学合理的任务规划，能够提高卫星的使用效能，为用户提供更高质量的图像产品。

1.3.3　任务规划的优化目标

成像卫星任务规划一般有一个明确的优化目标，这个目标指的是人们所期望的任务规划的输出结果所要尽量达到的效能指标。面对不同的任务场景，任务规划的优化目标往往是不同的。典型的优化目标包括总体完成时间最短、任务总收益最大、任务完成率最高等，也可以是多个目标的组合。

（1）总体完成时间最短：总体完成时间指的是任务全部观测完成所占用的时间长度，总体完成时间最短即该时间长度最短，可为后续任务的执行提供更多的资源可用时间。

（2）总体延迟时间最短：总体延迟时间即待执行任务的计划执行时间相对于用户要求的执行时间的延迟量总和，执行延迟将导致任务收益的下降甚至任务失效，总体延迟时间最短可有效保证任务尽量在用户要求的执行时间内完成。

（3）任务总收益最大：任务收益是任务重要性的度量值，该值越大代表任务重要性越高。任务总收益最大即规划完成的任务的收益之和最大，体现了对重要任务的优先保障。

（4）任务完成率最高：任务完成率即完成的任务数量与所有待执行任务数量的比值。任务完成率最高即任务完成的数量最大，体现了对用户需求满足度的优先保障。

（5）任务执行成本最小：任务执行成本即任务在观测过程中对卫星及地面站

等各类资源的占用成本，包括卫星观测时长、星载存储、卫星能量和数传频段、数传时长等，任务执行成本最小即对上述资源的占用量最小，可为后续任务执行留出资源储备。

（6）资源负载最均衡：资源负载是任务对资源能力的占用与资源最大能力之间的比值，体现了资源运行负荷强度。资源负载最均衡是实现多个资源的负载均衡化，体现了方案对资源综合利用的要求，避免某些资源负载过重而另外一些资源负载过轻。

（7）多目标优化：多目标优化是指在任务规划的过程中综合考虑上述多个目标，一般用权重表示各目标的重要程度。在任务规划的输出中，每个目标不可能同时达到最优，但会形成较为均衡的规划方案。

在实际工作中，类似这样的任务规划优化目标还有很多，使用不同的优化目标，意味着考虑问题的出发点不同，规划结果往往会有很大的差别。

1.3.4 任务规划的主要约束

成像卫星任务规划需要考虑很多约束条件，除了要满足任务自身的要求之外，如前面所说的图像分辨率、光照条件等，通常还要考虑以下因素。

1. 可见时间窗

卫星是在轨道上不断运动的，在给定的规划周期（如1天、1周）内，卫星有不同的轨道圈次。对目标的观测必须等卫星在某一轨道圈次内运动至目标的上空时进行，此时卫星的遥感器会在一个时间段内看见目标，这个时间段称为可见时间窗（简称时间窗）。卫星对目标的观测需在可见时间窗内完成，且对目标进行观测的时间必须小于可见时间窗的长度，如图1.3所示。可见时间窗可以通过卫星的轨道参数和目标的位置来计算。

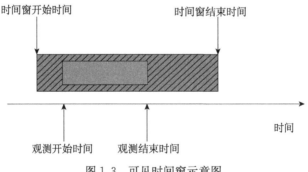

图 1.3　可见时间窗示意图

在给定的规划周期内，卫星对一个目标往往有多个可见时间窗，这时需要选择在哪个时间窗之内完成观测。对目标而言，也可能同时与多颗卫星存在可见时间窗，所以需要确定哪颗卫星是最佳的选择。

时间窗与时间窗之间可能会存在重叠与冲突，例如，一颗卫星对两个目标各有一个可见时间窗，但两个时间窗有一部分是重叠的，如果观测了一个目标，则会失去对另一个目标观测的机会，这时需要选择观测哪个目标。

卫星与目标也可能不存在有效的可见时间窗，这意味着在这个规划周期内该目标无法完成观测。

2. 数据存储与下传

卫星上有一个固定容量的星上存储器，卫星将观测生成的目标图像数据暂时存放在存储器中。当卫星经过地面站时，将存储器的数据下传至地面站，此时星上存储器的存储容量被释放。卫星存储器占用量示意图如图 1.4 所示，存储器的实时容量在整个观测过程中是动态变化的。和观测任务相同，数据下传也需要在卫星和地面站的可见时间窗之内完成。

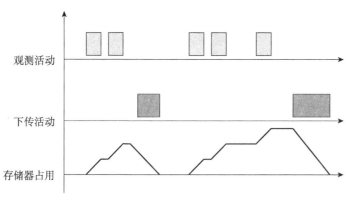

图 1.4　卫星存储器占用量示意图

3. 能量限制

卫星在观测目标、下传数据以及姿态机动的过程中都会消耗能量。卫星利用太阳能帆板吸收太阳能来补充能量的消耗，而卫星在每一个轨道圈次内可使用的能量是有限的，因此在任务执行过程中，每一圈次中的能量消耗不能超过最大的可用能量限制。

4. 遥感器调整时间

一颗卫星在执行两个前后相继的观测任务时，需要有一定的过渡时间，以让卫星遥感器作好调整，即后一个任务的观测开始时间减去前一个任务的观测结束时间要大于一个过渡时间，如图 1.5 所示。

对于数据下传来说也是同样的，一个地面站（一根天线）一般只能接收一颗卫星的下传。如果有两颗卫星需要对同一个地面站先后进行下传，则需要一个过渡时间让地面站调整接收天线。

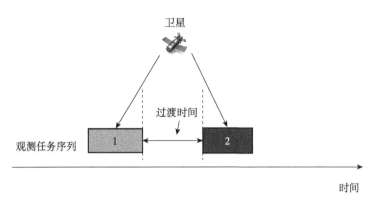

图 1.5　过渡时间示意图

5. 遥感器侧摆和俯仰能力

目前很多卫星的遥感器具备侧摆能力，一些不在星下点的目标，通过遥感器侧摆，就能够观测到。遥感器侧摆能力使卫星的观测方式更加灵活，能够增加观测机会、延长观测时间和增加观测面积。在任务规划中，要考虑是否需要侧摆、侧摆的角度等。对于敏捷卫星而言，还具有前后俯仰能力，能够通过遥感器机动提前看见地面目标，并延长看见地面目标的时间，扩大可见时间窗长度，从而提高任务的完成机会。此外，也可以通过调整对上一个任务的俯仰角度，减少到下一任务需要的机动时间。

6. 遥感器姿态稳定时间

卫星进行遥感器侧摆和俯仰机动时，卫星会振动，影响成像质量。因此在遥感器机动过后需要一定的时间才能够稳定下来，一般每个卫星遥感器的稳定时间都是固定的常数，经过这个姿态稳定时间后卫星才能够进入稳定的工作状态，进行对地成像。

以上列举了一些常见的成像卫星任务规划中需要考虑的约束条件，除上面所列举的这些之外，在工程应用中，还需要考虑更多、更细致的约束条件，这里不一一赘述。

1.3.5　任务规划的问题分类

成像卫星任务规划既具有现实中的重大需求，也具有很多理论上需要研究的问题，因此是卫星应用领域的研究热点，有很多的研究成果。按照不同的研究视角，可以把成像卫星任务规划问题分为不同的类别。按照观测目标的类型来分，可以分为点目标观测任务规划、区域目标观测任务规划、移动目标观测任务规划。按照任务规划中包含的卫星数量可以分为单星任务规划、多星任务规划、星座任务规划以及大规模星群任务规划。按照任务规划中考虑的任务类型可以分为观测任务规划、数传任务规划以及观测和数传一体化任务规划。按照任务规划的执行主体可以分为地面任务规划和星上自主任务规划。按照规划过程的时间要求可分为常规任务规划和应急任务规划。

需要注意的是，把任务规划问题划分为不同的类型是还原论的研究方法，目的是使理论研究工作更加聚焦，有利于认清各类任务规划问题的本质，有利于模型的构建和算法的设计，从而为工程实践提供理论支撑。而在工程实践中，需要从整体论的角度来系统研究，成像卫星的任务规划系统应具备各种场景下的任务规划能力，比如说，既要能规划观测任务，又要能规划数传任务；既要能规划常规任务，又要有应急任务的快速规划能力；既要能独立执行观测任务，又要具备与其他卫星的协同观测能力。

1.4　成像卫星任务规划研究现状

随着成像卫星的发射升空，人们需要有相应的任务规划系统来指挥其在轨的活动，如美国 Veridian 公司针对单星任务规划研制的 GREAS 系统[9]，NASA 设计的航天器任务规划调度系统 ASPEN 和星载自主规划系统 CASPER[10]，法国建立的 SPOT-5 卫星调度系统[11]，欧洲空间局针对 Cosmo-Pleiades 计划开发的卫星星座任务调度系统[12]，俄罗斯莫斯科大学针对卫星任务调度开发的 MisPlan 系统[13]，英国萨里卫星技术公司针对商用小卫星星座提出的 SSTL 任务规划系统[14]，德国空间作战中心（GSOC）为服务于 TerraSAR-X 和 TanDEM-X 卫星提出的增量式自动规划与调度系统[15]等。伴随着系统应用的实际需要，相关研究机构在成像卫星任务规划的各项技术上都开展了深入研究。下面分别从卫星任务筹划和成像卫星调度两个方面进行介绍。

1.4.1　卫星任务筹划

区域目标分解和点目标合成是卫星任务筹划中研究得较多的问题。如图 1.6 所示，区域目标分解是指基于卫星成像能力将多边形的区域目标合理划分为卫星单次过境可有效观测的条带集合，实现重叠面积最小；点目标合成即基于卫星成像能力将地理位置相近、成像载荷要求相似、观测时间窗口相同或相近的点目标合成为卫星单次成像可完成的任务，以减少任务执行次数。

1. 区域目标分解

区域目标的分解方式主要有网格分解和条带分解两种，其中网格分解是根据预定义的坐标系或卫星条带的幅宽和标准长度将目标区域划分为若干相邻且连续的网格，将网格作为构造卫星观测方案中条带的基础。条带分解是指在卫星观测

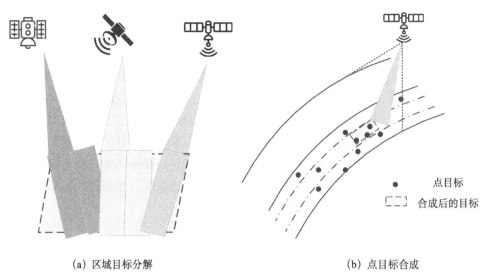

(a) 区域目标分解   (b) 点目标合成

图 1.6   区域目标分解与点目标合成示意图

范围内以设定的传感器偏转角偏移参数对区域目标进行离散化后划分为平行条带，作为卫星观测方案中条带的候选集合。

网格分解法是一种基于固定子空间（网格）的区域目标分解方式，将问题的最小求解单元进行固化，能够有效降低条带变长导致的建模困难问题并缩减解空间，常用于美国 Landsat 卫星和法国 SPOT 卫星进行区域目标分割[16]。Rivett 等[17]将区域分解转化为集合覆盖问题，按照单景模式将其分解为多个独立的场景。伍崇友[18]针对成像卫星普查问题，借鉴了 Arvidson 等[19]对 Landsat 卫星单景划分的方法，根据卫星运行的星下线、载荷的视场宽度和单次成像长度将全球表面划分为平行相邻且连续的单景网格。杨文沅等[20]针对敏捷卫星的非沿迹条带划分问题，以卫星单景将区域目标进行网格化，作为观测方案条带构建的候选集合。Du 等[21]提出了一种将区域目标离散为观测节点，将区域覆盖问题转化为节点的路径访问问题的方法。朱外明[22]针对区域目标覆盖问题，提出了一种基于网格的覆盖条带嵌套逼近构造策略。

条带分解法是一种基于变长子空间（条带）的区域目标分割方式，相较于网格分解法，该方法具备更为灵活的组合方式，但在一定程度上增加了建模与求解的难度，常见于推扫式卫星的任务规划。Lemaître 等[23]提出了基于卫星载荷成像能力将多边区域目标划分为多个相邻、等幅宽、不重叠的矩形条带的方法。阮启明等[16,24]考虑了卫星单轨最大观测范围，提出了基于传感器偏移参数将区域目标划分为等幅宽、平行、可重叠候选条带集合的方法，避免了不可用条带的出现。此后的一些研究均是基于卫星有限观测范围内观测角度离散化条带划分模式的适应性研究，主要集中于坐标系转换、条带数据模型设计和条带分解方式等方面。其中，李菊芳和白保存等[25,26]提出了基于立体几何的条带计算方法，依据卫星的飞行径向，按照不同观测角下的幅宽对区域目标进行动态分解。杨剑[27]考虑不同侧摆角度和目标的不规则形状导致的时间窗延迟开始和提前结束的问题，提出了带时间标记的成像条带数据模型。潘耀等[28]考虑条带重叠导致的复杂集合交运算问题及频繁的高斯投影导致的计算效率问题，提出了变幅宽、不交叠、平行条带划分方法。

　　在一些研究中，常将区域目标分解和对应的卫星调度问题进行一体化建模与求解。考虑区域目标观测需求中要求尽可能全面覆盖的特征，大部分求解方法均以覆盖性、完成时效性等指标为目标函数，并以离散化网格统计观测方案的覆盖性能。李曦[29]针对多星单区域目标观测问题，提出了时间覆盖率优先与空间覆盖率优先两类模型，分别采用遗传算法和贪婪算法求解，并以等经纬度差的网格计算访问条带对目标区域的覆盖情况。阮启明[24]采用了最大化整体收益优先于最小化观测成本的分级优化策略，设计了 3 种亚启发式算法进行求解，提出了基于空间网格的区域目标覆盖率计算方法，解决了观测条带重叠时整体收益的计算问题。杨剑[27]设计了单任务查全和全任务查全相均衡的局部收益准则，并以基于目标分布的启发式规则指导问题的迭代求解。Wang 等[30]提出了基于全球参考网格系统二维阵列计算区域目标覆盖率的方法。章登义等[31]设计了基于等时间步长的条带覆盖方案搜索方法。Du 等[21]和 Ji 等[32]通过以区域分解为节点，将区域覆盖问题转化为路径规划问题，并分别采用改进的蚁群算法和基于路径演绎的方法进行求解。Xu 等[33]和 Chen 等[34]以最大区域覆盖和最少资源利用为目标，分别提出了改进的非支配排序遗传算法（nondominated sorting genetic algorithms-II，NSGA-II）。Zhu 和 Hu 等[35−37]针对区域目标覆盖问题提出了最大覆盖面积、最小完工时间和最小覆盖成本三个子问题，并基于网格离散化技术分别提出了拉格朗日松弛算法、两阶段启发式求解算法和改进的分支定价（branch and price）求解算法。

　　2. 点目标合成

　　在点目标合成方面，有调度前预先合成和调度过程内动态合成两种方式，其中调度前预先合成是指在满足任务合成需要遵循的载荷分辨率、成像角度、可见时间窗等约束条件下，按照合并的可行性进行合成，形成待调度任务集合。调度过程内动态合成即在调度的过程中通过启发式规则动态地指导任务合成与调度过程相融合。

　　点目标的预先合成认为任务合成关系是时间窗间的点对点关系，因此主要采用图论的方式，将目标合成问题转化为团划分问题进行求解。许语拉等[38,39]针对单星任务合成问题提出了匹配冲突元任务概念，在此基础上建立了聚类关系图，用优先合并准则和团聚类合并准则指导下的近似团划分算法进行求解；针对多星任务合成问题提出了基于相容关系的聚类算法。郝会成[40]针对敏捷卫星任务合成问题，分析了任务聚类的影响因素，构建了基于约束满足的任务聚类图模型，将问题转化为联通团划分问题，设计了改进的蚁群算法。郭雷[41]针对敏捷卫星任务合成问题建立了聚类图模型，基于最小侧摆角规则和最小资源冗余规则设计了图中的边权重，提出了基于启发式规则的团划分聚类算法。Wang 等[42]针对任务合并问题建立了任务合并图模型，提出了基于团划分的任务合并算法 CP-TM（clique partition-task merging，团划分-任务合并）。潘耀等[43]构建了任务聚类图模型，提出了基于权值矩阵、收益矩阵和终点矩阵的改进单轨最优团划分聚类方法。张铭等[44,45]面向密集型任务调度，采用一种基于逐星逐轨遍历的候选任务集合构造算法，提出了一种基于精英解的烟花算法。

调度过程内动态合成多采用多阶段或迭代的求解方式，如在启发式规则指导下的逐任务合成算法或具有特殊解空间构造方式的亚启发式算法。白保存等[46-50]针对整体优化策略提出了以任务需求度、资源竞争度、时间窗口竞争度、最小侧摆角和最小冗余指导的动态合成启发式算法和基于改进邻域的模拟退火算法；针对分解优化策略，搭建了任务指派和任务合成调度两阶段求解框架，设计了基于动态规划思想的迭代求解算法。邱涤珊等[51]针对应急任务规划问题，提出了一种基于任务需求度规则指导的任务动态合成算法。蒋晓[52]分析了观测需求之间存在的地域、时域冗余性，针对区域目标融合和点目标融合问题分别研究了需求冗余性强度模型和条件约束模型，设计了遗传算法。王钧[53]提出了基于成像角度归类和任务满足归类的任务角度预处理方式，建立了多目标有向图模型，设计了一种基于非支配排序遗传算法的成像路径搜索算法。

1.4.2 成像卫星调度

1. 面向静态目标观测的卫星调度

面向静态目标观测的卫星调度是一类典型的组合优化问题，由于任务和资源的规模化，其求解复杂度急剧上升。解决该问题的主要算法可以分为三类：精确算法、启发式算法和亚启发式算法。

精确算法常以数学解析方式求解，具备寻得全局最优解的能力，但受限于其计算复杂度，难以适用于较大规模的问题，多通过拉格朗日松弛、列生成和分支定价等方式拆解搜索空间，达到减小问题规模的目的。Gabrel[54]针对 SPOT-5 单星调度问题，基于图论的方式建立了顶点弧模型，采用列生成方式进行求解。Lin 等[55]将单星调度问题建模为整数规划，采用拉格朗日松弛将问题分解为子问题，以线性搜索方式进行求解，最后使用约束检查启发式规则对方案进行可行性调整。Liao 等[56]将 FORMOSAT-2 卫星调度问题转化为其近似上界问题，对其卫星容量约束进行拉格朗日松弛，并利用线性搜索和次梯度方法进行求解，最后使用启发式规则进行可行性调整。Jang 等[57]针对 KOMPSAT-2 卫星调度问题，采用拉格朗日法将问题转变为多个对偶问题，应用次梯度方法进行求解，并在求解过程中使用贪婪插入算法构造初始解，以列固定规则削减子问题规模。Wang 等[58]设计了一种基于分支定价思想指导多星约束生成的求解方法。

启发式算法主要通过基于领域知识设计的启发式规则指导解的构造过程，其中大多研究均通过时间窗的交叠程度和替代性、任务收益和资源耗用比等方面进行组合设计启发式规则。启发式算法速度相对较快，对大规模卫星调度问题具有较好的适用性。Wang 等[59,60]针对卫星观测与数传综合调度问题，以时间窗长度、任务持续时长和任务权重设计了任务灵活性因子，以任务的冲突集合设计了指导任务回溯的启发式因子，提出了一种基于优先级和冲突避免，辅以有限回溯的启发式算法。Xu 等[61]设计了优先系统效益和优先机会成本两类启发式因子，其中优先系统效益启发式因子考虑了卫星剩余存储、卫星剩余观测时长、任务优先级、任务时间窗工作时长、任务时间窗存储占用和剩余时间窗数量等因素，优先机会成本启发式因子考虑了任务优先级和任务时间窗冲突集因素，提出了基于卫星索引的时间窗口定位（satellite index-based time windows positioning，SITP）算法和基于全局的时间窗定位（global based time windows positioning，GTP）算法。Chen 等[62,63]分析了时间窗冲突的影响因素，以时间窗交叠时段数量和长度、任务权重设计了一种新颖的冲突度启发式因子，并设计了基于时间贪婪和权重贪婪的初始方案生成方法和基于差分进化的方案调整方法。Xie 等[64]将时间窗的冲突关系以网络的形式表示，以节点总可见时间窗口的重叠比例与目标节点任务优先级的乘积计算边的权重，以节点入度和出度定义了时间窗灵敏度（time window sensitivity，TWS）和时间窗影响（time window influence，TWI），并在此基础上考虑时间窗关系的累积性，设计了权重的迭代更新规则。

亚启发式算法主要包含蚁群优化（ant colony optimization，ACO）算法（也称蚁群算法）、遗传算法（genetic algorithm，GA）、模拟退火（simulated annealing，SA）算法、粒子群算法、禁忌搜索（tabu search 或 taboo search，TS）算法等群类和邻域搜索类算法，相关研究主要集中于种群构造、邻域构造和逃逸方式构造，如蚁群和遗传个体的表示、遗传的交叉变异规则、蚁群的信息素更新方法、模拟退火的退火及回火计划和禁忌搜索的邻域构建方法等，该类算法通常需要一个迭代收敛过程，优化性能与求解速度介于精确算法和启发式算法之间，是一类最常用的卫星调度求解算法。

在蚁群算法方面，Wu 等[65]基于任务的可能观察顺序，以任务为节点，以时序可行性为边构建了一个无环有向图模型，提出了蚂蚁基于任务调度约束及图内各边信息素构造方案的方法，根据任务优先级实施试探性插入进行局部搜索的混合蚁群算法。Guo 等[66]和邱涤珊等[67]基于蚁群系统和最大最小蚂蚁系统思想设计了寻优策略和信息素更新策略，并以任务优先级、最早及最晚可观测时间等因素来控制转移概率。靳鹏等[68]通过图建模方式将任务调度问题转化为独立集问题，提出一种双信息素蚁群算法，该算法通过两个信息素积累观测任务和数传任务执行信息，并与局部搜索相结合。

在遗传算法方面，Sun 等[69]提出了基于遗传算法的卫星调度方式，以任务执行收益、任务不完整性惩罚和任务代价设计了方案的适应度函数。Zheng 等[70]设计了一种使用新变异策略的改进遗传算法，该算法参考动态突变策略和自适应突变策略的优点，设计了基于终止代数和跳出条件的迭代规则，以克服传统遗传算法易陷入局部最优和计算时间长等困境。Wu 等[71]提出了一种基于改进的非支配排序遗传算法的调度算法，改进了新的 Niche-Preservation 操作，设计了控制轮廓线形状的方法，通过惩罚远离权重向量的成员来控制种群多样性。

在模拟退火算法方面，贺仁杰等[72]提出了一种快速模拟退火算法，针对元任务及合成任务构造了多种邻域结构，包括插入邻域、合成邻域、删除邻域和分解邻域，设计了随机扰动、重排列和重启动三种分化策略，避免陷入局部最优解。Wu 等[73]提出了一种自适应模拟退火算法，设计了插入、删除和任务迁移两种邻域结构，并在此基础上设计了一种基于历史执行经验的邻域自适应分配机制，通过引入额外参数解决由连续不满意迭代次数导致的温度上升过快问题。He 等[74]基于双层编程和分而治之的思想设计了自适应大邻域搜索算法（adaptive large neighborhood search，ALNS），该算法内层采用局部搜索方式进行方案的生成和修复，外层采用模拟退火准则来控制搜索过程。

在禁忌搜索算法方面，Bianchessi 等[75]提出了一种带有反循环机制的禁忌搜索算法，放宽了任务的时间窗约束，将约束违反行为添加到目标函数内作为惩罚项，以保证搜索的广泛性。Habet 等[76]将问题映射为约束优化问题，以基于插入试探的部分枚举方式进行禁忌搜索邻域的构造，并使用增量方式记录邻域解的收益。Sarkheyli 等[77]考虑任务的优先级和时间、资源限制，根据着色理论对问题进行建模，设计了一种基于点集颜色迁移的邻域构造方法，针对观测资源和数传资源联合调度问题，设计了以时间窗冲突度为启发式因子指导任务选取并构造邻域解的方法。

2. 面向移动目标观测的卫星调度

移动目标具有位置不确定性和动态性等特征，与静态目标具有较大差异。为此，常将面向移动目标观测的卫星调度问题分解为移动目标位置预测和移动目标搜索两个相对独立但又具有耦合关系的子问题，通过目标位置预测减少不确定性，然后以目标搜索为指导，调度卫星开展观测活动。

在移动目标位置预测方面，主要从历史数据和有限的已知轨迹入手，运用高斯运动预测、贝叶斯概率更新、卡尔曼滤波以及神经网络等方法分析数据内蕴含的历史规律，从而进行位置预测。慈元卓等[78]在基于贝叶斯规则进行目标概率分布更新的基础上，提出了一种基于高斯分布的目标转移概率密度函数，以降低移动目标的位置不确定性。井亮[79]研究了视觉图像与卡尔曼滤波相结合的移动目标跟踪算法，并在此基础上实现了连续自适应均值漂移（CamShift）与卡尔曼滤波的结合。谢彬等[80]提出了一种基于欧氏距离进行相似性计算和最小描述长度原理的改进移动目标轨迹预测算法。王家威[81]提出了一种基于卷积神经网络进行轨迹识别的改进型 CNN-IAGA 优化识别算法和一种目标检测与特征提取方法，在此基础上设计了一种基于图像特征融合的移动目标轨迹预测方法。胡玉可等[82]设计了一种基于对称分段路径距离的数据预处理方法进行数据预处理，然后基于门控循环神经单元（gated recurrent unit，GRU）设计了移动目标轨迹预测模型。徐一帆等[83]分析了海洋移动目标的运动特征，提出了基于差值的灰色预测方法，改进了轨迹变更预测和潜在区域预测模型。

在移动目标搜索方面，由于单颗成像卫星不能长时间监视同一区域，因此多采用搜索图结合位置预测模型，估计移动目标的潜在区域，并调度多颗卫星开展接续观测。Berry 等[84]提出了一种移动目标搜索的通用框架，设计了基于贝叶斯估计和信息熵度量的资源最优分配策略。慈元卓等[85,86]设计了基于部分马尔可夫决策过程的离线调度模型和基于预测模型控制（model predictive control，MPC）的在线滚动调度模型，提出了随机搜索算法（random selection algorithm，RSA）、最大概率网格算法（maximum detection probability grid algorithm，MDPGA）、最大发现概率和算法（maximum sum of detection probability algorithm，MSDPA）、最大覆盖算法（maximum coverage algorithm，MCA）和最大信息熵增量算法（maximum change of information entropy algorithm，MCIEA）五种算法，并进行了对比分析。梅关林等[87]提出了一种基于搜索图内目标实时概率分布的概率自适应调整结合 KL 散度（Kullback-Leibler divergence）的调度方法。梁星星等[88,89]建立了海洋移动目标的空天协同连续观测模型，设计了移动目标潜在位置分析及分布概率密度预测方法，提出了基于资源能力约束的目标分组方法和基于轨迹预测的路径调度算法。张海龙[90]分析了多障碍海域特征，基于高斯运动模型和贝叶斯概率更新改进了搜索图更新方法和移动目标预测方法，构建了闭环协同的移动目标搜索方法。

3. 面向应急目标观测的卫星调度

应急目标观测任务一般是突发的、紧急的，具有很强的时效性，需要考虑如何将任务快速插入到既有任务队列中并优先执行，同时也要考虑对既有任务队列不造成很大的扰动。该类调度问题的主要算法可以归结为启发式算法、亚启发式算法，以及滚动时域策略与启发式算法相结合三类。

在启发式算法方面，其主旨思想是基于任务的重要性、观测机会的多寡、时间窗的冲突性进行分析，设计相应的启发式因子，指导任务的选择与卫星调度过程，其主要方式可分为仅考虑时间窗互斥性的调整启发式算法和消解时间窗互斥性的合成启发式算法。仅考虑时间窗互斥性的调整启发式算法在满足时间窗互斥性等基本约束条件的基础上，以设计的启发式因子选择任务，并通过插入、删除、移位和替换的操作进行方案的调整。张利宁等[91]提出了一种基于任务替换的启发式调整算法，设计了最大灵活度、最小冲突集、最小争议部分、区间剪支以及任务剪支五种选择策略。刘勇[92]提出了面向收益最大化和最小化方案扰动的卫星重调度目标，并设计了任务权重与静态任务优先的启发式算法。Wang等[93]分析了插入新任务、取消已安排任务、改变任务属性的动态属性，提出了IDI（插入、删除、再插入）和ISDR（插入、移位、删除、再插入）两种启发式算法。消解时间窗互斥性的合成启发式算法考虑新到达的应急任务可能与既有任务队列中的任务存在耦合关系，可以通过任务合成的方式消除冲突，降低方案调整的扰动，提升总体任务完成率。刘洋等[94]提出了一种基于多星动态任务合并的动态调度方法，由动态任务合并策略和一种启发式算法构成。Wang等[42]提出了一种TMBSR-DES动态调度算法，综合考虑了任务合成策略，后移任务策略和修复策略。邱涤珊等[51]分析了最优合成任务、延迟合成任务和扰动合成任务，设计了一种基于任务需求度指导的动态启发式调度算法。

在亚启发式算法方面，Wu等[95]针对卫星应急任务调度提出了一个闭环导向图模型，并设计了一种蚁群优化和本地迭代搜索相结合的混合算法。郭超等[96]基于任务优先级和时间裕度构造了重调度目标，并采用遗传算法进行求解。Zhai等[97]提出了一种基于非占优排序的遗传算法和基于规则的启发式算法相结合的动态调度算法，综合考虑了应急任务的完成期限、常规任务的影响和调度的鲁棒性要求。

滚动时域即按照一定阈值对时间轴进行切片划分，将问题分解至多个子区间内，一方面能够将大规模、长时域调度问题转化为小规模、短时域问题，以降低调度的复杂度；另一方面能够以较小的时间步长进行事件的动态响应，以提升调度效率。He等[98]分析了应急任务的到达独立性特征和任务完成失效性特征，设计了考虑调度时刻对调度效果影响的滚动框架与启发式算法结合的求解策略。

Qiu 等[99]综合考虑了应急任务具有独立到达时刻与执行截止期要求的特点，将成像卫星应急调度问题转换为约束满足问题，并且将滚动优化策略与启发式算法相结合，提出了三种应急调度算法。刘晓丽等[100]分析了动态任务调度滚动时间窗口选取策略、前瞻式任务与资源处理策略，以及星上资源连续使用原则，提出了动态任务调度的滚动式求解方法。王超超和靳鹏等[101,102]分析了应急任务调度中的数传影响因素，提出了基于固定周期的统筹调度和基于测控站的局部调整调度相结合的两阶段任务调度策略，并设计了到达时间优先回溯、截止时间优先回溯、到达时间优先替换和截止期优先替换四种启发式规则。Sun 等[103]提出一种基于事件驱动滚动时域（rolling horizon，RH）策略，设计了一种基于插入规则、移位规则、回溯规则、删除规则和重新插入规则（insertion，shifting，back-tracking，deletion，and reinsertion，ISBDR）的启发式算法。

1.4.3　卫星资源管理

在成像卫星任务规划中，需要调度大量的卫星、遥感器和地面站资源，通过它们在时间轴上的紧密配合，完成各种各样的对地观测任务。因此，成像卫星的资源管理技术也尤为重要，它为任务规划功能的实现提供了基础性的支撑。

在资源管理技术的研究中，多采用虚拟化技术、软件定义网络技术和面向服务的体系架构（service-oriented architecture，SOA）技术，将资源进行虚拟化建模，通过资源模型反映资源状态与能力，构建虚拟资源池，在此基础上设计多层级的体系结构，按照不同粒度进行资源的抽象整合，实现资源的有效管理。

张栋[104]针对天基信息系统资源设计了包含资源类型、资源属性、属性细分、参数的层次化建模方法，提出了基于系统资源半边图的系统能力聚合体模型和聚合体生长算法，实现天基信息系统资源的自主聚合。陈家赢[105]针对传感器资源提出了基于 SensorML 的开放式资源共享框架，将系统划分为传感器层、网络层、编码层、服务层和资源重组层五个层次，并设计了处理链模型进行服务整合。祝周鹏[106]采用性能描述进行资源统一建模，将资源配置问题转化为约束满足问题，以实现最大观测效能和最大效费比，并设计了改进的遗传算法。闫旭涛[107]设计了基于模型-视图-控制框架（model view controller，MVC）和面向服务的体系架构相结合的系统架构，将系统划分为资源管理子系统、遥测处理与状态监视子系统，以及多星协同任务调度子系统，提出了基于资源属性建模，以及基于 Spark 分布式计算和 Redis 内存数据库的多星多任务快速分析技术。王睿等[108]提出通过资源的实体性和功能性建模，将系统虚拟化为资源层、监控层、虚拟层和应用层。汪宇[109]设计了基于软件定义网络技术的弹性可重构空间信息网络资源虚拟化管理架构，将系统划分为设施层、网络服务层、应用层和重构控制器，并提出了虚拟网络功能编排算法，实现资源的按需配置。刘红林[110]将天基资源按照时空逻辑，分层抽象虚拟化为设备、功能、能力三层，给出了多种资源预分配策略。翟伟亭[111]基于资源统一描述将资源管理体系划分为任务分析与表征模块、资源分析与表征模块、任务资源映射模块、任务资源调度模块，提出了基于逻辑网络图的任务-资源-服务（task-resources-service，TRS）模型用于资源的重构匹配。

也有研究将云架构的思想引入天基信息资源的管理中，利用云的思想将离散、分布的资源进行统一。张满超等[112]结合云计算和大数据技术，构建了基于云服务架构的天基资源信息服务体系，从服务架构、系统架构、技术架构、运行视图和安全防护架构等方面进行了分析，并指出其中的关键技术为天基信息云平台的构建、天基信息服务的集成框架和多源海量信息的组织管理。柳罡等[113]提出了基于云架构的天基信息应用服务系统整体构想，从能力视图、系统视图、技术视图、服务视图等方面对系统进行了分析和设计。

1.4.4　研究现状总结

从大量的文献中可以看出，研究机构和专家学者针对卫星任务规划已经展开了大量研究工作，形成了从任务筹划、卫星调度到资源管理的丰富研究成果，能够应对涵盖点目标、区域目标和移动目标等在内的观测任务筹划，为实现多星多任务的复杂调度提供了有力的支撑，其中一些研究成果已在工程实践中得到了较好的应用。

（1）在任务筹划方面，主要通过对区域目标的分割和对点目标的合成，构造卫星成像条带，为后续制订卫星观测计划提供保障。相关研究呈现出筹划任务由少量到大量，筹划资源由单一到丰富，筹划场景由简单抽象到复杂真实的发展趋势，同时任务筹划方法不断追求最优化、高效化和智能化。此外，部分任务筹划的研究工作中，还针对卫星的侧摆、俯仰等机动能力，任务需求度，资源竞争度，投影坐标系转换误差以及敏捷卫星的非沿迹观测等特征对筹划的影响进行了探究。

（2）在卫星调度方面，主要以精确算法、启发式算法和亚启发式算法为基础，给卫星制订合理的任务列表，以充分利用星上载荷执行各类任务。在面向静态目标观测的卫星调度方面，由单星调度规划逐步发展到多星（星座、星群）复杂调度，且模型和算法呈现出多元化的趋势。在面向移动目标观测的卫星调度方面，轨迹预测呈现由传统方法向机器学习发展的趋势，目标搜索呈现由传统动目标搜索向空天协同搜索、复杂海域动目标搜索发展的趋势。在面向应急目标观测的卫星调度方面，求解方式以考虑任务冲突属性的启发式算法为主，并呈现与滚动时域相结合的发展趋势。

（3）在资源管理方面，主要通过对资源建模和资源管理架构设计，形成有效的资源管理模式，为资源状态跟踪和资源有效协同提供充分保障。得益于云计算、物联网、大数据等新一代信息技术的发展，通过构建基于云架构的卫星资源管理系统，能够将异构卫星资源和遥感器凝聚成协同的整体，将它们的信息获取、处理和传输能力汇聚到云端，虚拟化为面向终端的信息服务，并通过任务规划为用户提供各类空间信息服务。

1.5 本 章 小 结

成像卫星是发射数量最多、用途最广的遥感卫星，在军事、国土、海洋、农业、林业、水利、测绘、环保、减灾、气象、交通、海洋等众多领域中发挥着不可替代的作用，是国家重大空间基础设施。成像卫星任务规划是成像卫星任务管控系统中最核心的功能之一，解决如何充分利用在轨卫星资源服务来自不同部门、不同用户的对地观测需求。在任务规划过程中，需要考虑来自任务及来自卫星、遥感器和地面站的大量复杂的约束条件，并且有明确的规划目标，如总体完成时间最短、任务总收益最大、任务完成率最高、资源负载均衡等，不同的规划目标需使用不同的规划模型和算法。随着需要管控的卫星资源的不断增加，以及卫星轨道技术、载荷能力的不断进步，我们使用卫星的方式不断灵活化，但同时也不断对任务规划技术提出新的挑战，所以我们要不断探索、不断进步。

参 考 文 献

[1] 程三友，李英杰. SPOT 系列卫星的特点与应用 [J]. 地质学刊，2010，34（4）：400-405.

[2] 程松涛，龚燃. 首颗"昴宿星"今年升空 [J]. 国际太空，2011，(7)：11-16.

[3] 中国资源卫星应用中心网站，http://www.cresda.com/CN/.

[4] 长光卫星技术有限公司网站，http://www.charmingglobe.com/index.aspx.

[5] 苏中华. 敏捷卫星推扫模式姿态规划与控制方法研究 [D]. 哈尔滨：哈尔滨工程大学，2013.

[6] 王殿中，何红艳. "高分四号"卫星观测能力与应用前景分析 [J]. 航天返回与遥感，2017，38（01）：98-106.

[7] 陈大可. 多光谱与全色图像融合方法的研究 [D]. 长春：吉林大学，2010.

[8] Satellite Imaging Corporation 网站，http://www.satimagingcorp.com.

[9] 赵珂，郭玉华，张健铤. 国外对地观测卫星任务规划发展现状及趋势分析 [J]. 外军信息战，2009，(3)：19-22.

[10] Chien S, Rabideau G, Knight R, et al. ASPEN-Automated Planning and Scheduling for Space Mission Operations [C] //International Conference on Space Operations (Space Ops), 2000.

[11] Vasquez M, Hao J K. A "logic-constrained" knapsack formulation and a tabu algorithm for the daily photograph scheduling of an earth observation satellite [J]. Computational Optimization and Applications, 2001, 20 (2): 137-157.

[12] Bianchessi N. Planning and scheduling problems for earth observing satellites: models and algorithms [D]. Milano: Universita degli Studi di Milano, 2006.

[13] Malyshev V, Bobronnikov V. Mission planning for remote sensing satellite constellation [M] //Mission Design & Implementation of Satellite Constellations. Netherlands: Springer, 1998.

[14] Iacopino C, Harrison S, Brewer A. Mission Planning Systems for Commercial Small-Sat Earth Observation Constellations [C] //9th International Workshop on Planning and Scheduling for Space (IWPSS), 2015.

[15] Wörle M T, Lenzen C, Göttfert T, et al. The Incremental Planning System-GSOC's Next Generation Mission Planning Framework [C] //13th International Conference on Space Operations. Pasadena, California, May 5-9, 2014.

[16] 阮启明, 谭跃进, 李菊芳, 等. 对地观测卫星的区域目标分割与优选问题研究 [J]. 测绘科学, 2006, 31 (01): 98-100.

[17] Rivett C, Pontecorvo C. Improving Satellite Surveillance through Optimal Assignment of Assets [C] //Defence Science and Technology Organisation. Edinburgh, Australia, 2003.

[18] 伍崇友. 面向区域目标普查的卫星调度问题研究 [D]. 长沙: 国防科学技术大学, 2006.

[19] Arvidson T J, Gaseh J, Goward S N. Landsat7's long-term acquisition plan: an innovative approach to building a global imagery archive [J]. Remote Sensing of Environment, 2001, 78 (1): 13-26.

[20] 杨文沅, 贺仁杰, 耿西英智, 等. 面向区域目标的敏捷卫星非沿迹条带划分方法 [J]. 科学技术与工程, 2016, 16 (22): 82-87.

[21] Du B, Li S, She Y C, et al. Area targets observation mission planning of agile satellite considering the drift angle constraint [J]. Journal of Astronomical Telescopes Instruments & Systems, 2018, 4 (4): 1-19.

[22] 朱外明. 面向多星协同观测的区域覆盖优化方法 [D]. 合肥: 合肥工业大学, 2019.

[23] Lemaître M, Verfaillie G, Jouhaud F, et al. Selecting and scheduling observations of agile satellites [J]. Aerospace Science and Technology, 2002, 6 (5): 367-381.

[24] 阮启明. 面向区域目标的成像侦察卫星调度问题研究 [D]. 长沙: 国防科学技术大学, 2006.

[25] 李菊芳, 姚锋, 白保存, 等. 面向区域目标的多星协同对地观测任务规划问题 [J]. 测绘科学, 2008, 33 (S1): 54-56.

［26］白保存，阮启明，陈英武 . 多星协同观测条件下区域目标的动态划分方法［J］. 运筹与管理，2008，17（2）：43-47.

［27］杨剑 . 基于区域目标分解的对地观测卫星成像调度方法研究［D］. 长沙：国防科学技术大学，2009.

［28］潘耀，池忠明，饶启龙，等 . 基于视场角的遥感卫星成像多边形区域目标动态分解方法［J］. 航天器工程，2017，26（3）：38-42.

［29］李曦 . 多星区域观测任务的效率优化方法研究［D］. 长沙：国防科学技术大学，2005.

［30］Wang H F, Li X Z. Research on the optimization method of dynamic partitioning area target for earth observation satellites［J］. Procedia Engineering，2011，15：3159-3163.

［31］章登义，郭雷，王骞，等 . 一种面向区域目标的敏捷成像卫星单轨调度方法［J］. 武汉大学学报（信息科学版），2014，39（8）：901-905.

［32］Ji H R, Huang D. A mission planning method for multi-satellite wide area observation［J］. International Journal of Advanced Robotic Systems，2019，16（6）：1-9.

［33］Xu Y J, Liu X L, He R J, et al. Multi-objective Satellite Scheduling Approach for Very Large Areal Observation［C］//2nd International Conference on Artificial Intelligence Applications and Technologies，2018.

［34］Chen Y X, Xu M Z, Shen X, et al. A multi-objective modeling method of multi-satellite imaging task planning for large regional mapping［J］. Remote Sensing，2020，12（3）：344.

［35］Zhu W M, Hu X X, Xia W, et al. A three-phase solution method for the scheduling problem of using earth observation satellites to observe polygon requests［J］. Computers & Industrial Engineering，2019，130：97-107.

［36］Zhu W M, Hu X X, Xia W, et al. A two-phase genetic annealing method for integrated earth observation satellite scheduling problems［J］. Soft Computing，2019，23（1）：181-196.

［37］Hu X X, Zhu W M, An B, et al. A branch and price algorithm for EOS constellation imaging and downloading integrated scheduling problem［J］. Computers & Operations Research，2019，104：74-89.

［38］许语拉，徐培德，王慧林，等 . 基于团划分的成像侦察任务聚类方法研究［J］. 运筹与管理，2010，19（04）：143-149.

［39］许语拉 . 卫星成像侦察任务聚类方法研究［D］. 长沙：国防科学技术大学，2010.

［40］郝会成 . 敏捷卫星任务规划问题建模及求解方法研究［D］. 哈尔滨：哈尔滨工业大学，2013.

［41］郭雷 . 敏捷卫星调度问题关键技术研究［D］. 武汉：武汉大学，2015.

［42］Wang J J, Zhu X M, Qiu D S, et al. Dynamic scheduling for emergency tasks on distributed imaging satellites with task merging［J］. IEEE Transactions on Parallel & Distributed Systems，2014，25（9）：2275-2285.

［43］潘耀，饶启龙，池忠明，等 . 改进的遥感卫星成像任务单轨最优团划分聚类方法［J］. 上海航天，2018，35（03）：34-40.

［44］张铭 . 对地观测卫星任务调度技术研究［D］. 郑州：战略支援部队信息工程大学，2018.

［45］张铭，王晋东，卫波 . 基于改进烟花算法的密集任务成像卫星调度方法［J］. 计算机应用，2018，38（9）：2712-2719.

［46］白保存 . 考虑任务合成的成像卫星调度模型与优化算法研究［D］. 长沙：国防科学技术大学，2008.

［47］白保存，慈元卓，陈英武 . 基于动态任务合成的多星观测调度方法［J］. 系统仿真学报，2009，21（09）：2646-2649.

［48］白保存，陈英武，贺仁杰，等 . 基于分解优化的多星合成观测调度算法［J］. 自动化学报，2009，35（05）：596-604.

［49］白保存，贺仁杰，李菊芳，等 . 卫星单轨任务合成观测问题及其动态规划算法［J］. 系统工程与电子技术，2009，31（07）：1738-1742.

［50］白保存，徐一帆，贺仁杰，等 . 卫星合成观测调度的最大覆盖模型及算法研究［J］. 系统工程学报，2010，25（05）：651-658.

［51］邱涤珊，王建江，吴朝波，等 . 基于任务合成的对地观测卫星应急调度方法［J］. 系统工程与电子技术，2013，35（7）：1430-1437.

［52］蒋晓 . 单成像卫星的需求分析与融合技术研究［D］. 湘潭：湘潭大学，2016.

［53］王钧 . 成像卫星综合任务调度模型与优化方法研究［D］. 长沙：国防科学技术大学，2007.

［54］Gabrel V，Murat C. Mathematical programming for earth observation satellite mission planning［J］. Operations Research in Space and Air，2003，79：103-122.

［55］Lin W C，Liao D Y，Liu C Y，et al. Daily imaging scheduling of an earth observation satellite［J］. IEEE Transactions on Systems，Man & Cybernetics：Part A，2005，35（2）：213-223.

［56］Liao D Y，Yang Y T. Imaging order scheduling of an earth observation satellite［J］. IEEE Transactions on Systems，Man & Cybernetics：Part C，2007，37（5）：794-802.

［57］Jang J，Choi J，Bae H J，et al. Image collection planning for Korea multi-purpose SATellite-2［J］. European Journal of Operational Research，2013，230（1）：190-199.

［58］Wang J J，Demeulemeester E，Qiu D S. A pure proactive scheduling algorithm for multiple earth observation satellites under uncertainties of clouds［J］. Computers & Operations Research，2016，74：1-13.

［59］Wang P，Reinelt G . A heuristic for an earth observing satellite constellation scheduling problem with download considerations［J］. Electronic Notes in Discrete Mathematics，2010，36：711-718.

［60］Wang P，Tan Y J. A model，a heuristic and a decision support system to solve the scheduling problem of an earth observing satellite constellation［J］. Computers & Industrial Engineering，2011，61（2）：322-335.

［61］Xu R，Chen H P，Liang X L，et al. Priority-based constructive algorithms for scheduling agile earth observation satellites with total priority maximization［J］. Expert Systems with

Application，2016，51：195-206.

[62] Chen X Y，Reinelt G，Dai G M，et al. A mixed integer linear programming model for multi-satellite scheduling [J]. European Journal of Operational Research，2019，275 (2)：694-707.

[63] Chen X Y，Reinelt G，Dai G M，et al. Priority-based and conflict-avoidance heuristics for multi-satellite scheduling [J]. Applied Soft Computing，2018，69：177-191.

[64] Xie P，Wang H，Chen Y N，et al. A heuristic algorithm based on temporal conflict network for agile earth observing satellite scheduling problem [J]. IEEE Access，2019，7：61024-61033.

[65] Wu G H，Liu J，Ma M H，et al. A two-phase scheduling method with the consideration of task clustering for earth observing satellites [J]. Computers & Operations Research，2013，40 (7)：1884-1894.

[66] Guo H，Qiu D S，Wu G H，et al. Tasks scheduling method for an agile imaging satellite based on improved ant colony algorithm [J]. System Engineering Theory and Practice，2012，32 (11)：2533-2539.

[67] 邱涤珊，郭浩，贺川，等. 敏捷成像卫星多星密集任务调度方法 [J]. 航空学报，2013，34 (4)：882-889.

[68] 靳鹏，余堃. 卫星目标资源综合优化调度仿真研究 [J]. 计算机仿真，2018，35 (02)：16-21.

[69] Sun B L，Wang W X，Xie X，et al. Satellite mission scheduling based on genetic algorithm [J]. Kybernetes，2010，39 (8)：1255-1261.

[70] Zheng Z X，Guo J，Gill E. Swarm satellite mission scheduling & planning using hybrid dynamic mutation genetic algorithm [J]. Acta Astronautica，2017，137：243-253.

[71] Wu K，Zhang D X，Chen Z H，et al. Multi-type multi-objective imaging scheduling method based on improved NSGA-Ⅲ for satellite formation system [J]. Advances in Space Research，2019，63 (8)：2551-2565.

[72] 贺仁杰，高鹏，白保存，等. 成像卫星任务规划模型、算法及其应用 [J]，系统工程理论与实践，2011，31 (3)：411-422.

[73] Wu G H，Wang H L，Pedrycz W，et al. Satellite observation scheduling with a novel adaptive simulated annealing algorithm and a dynamic task clustering strategy [J]. Computers & Industrial Engineering，2017，113：576-588.

[74] He L，Liu X L，Gilbert L，et al. An improved adaptive large neighborhood search algorithm for multiple agile satellites scheduling [J]. Computers & Operations Research，2018，100：12-25.

[75] Bianchessi N，Cordeau J F，Desrosiers J，et al. A heuristic for the multi-satellite, multi-orbit and multi-user management of earth observation satellites [J]. European Journal of Operational Research，2007，177 (2)：750-762.

[76] Habet D，Vasquez M，Vimont Y. Bounding the optimum for the problem of scheduling the

photographs of an agile earth observing satellite [J]. Computational Optimization & Applications，2010，47（2）：307-333.

[77] Sarkheyli A，Bagheri A，Ghorbani-Vaghei B，et al. Using an effective tabu search in interactive resources scheduling problem for LEO satellites missions [J]. Aerospace Science & Technology，2013，29（1）：287-295.

[78] 慈元卓，贺仁杰，徐一帆，等 . 卫星搜索移动目标问题中的目标运动预测方法研究 [J]. 控制与决策，2009，24（07）：1007-1012.

[79] 井亮 . 基于视觉图像的移动目标跟踪技术研究 [D]. 南京：南京航空航天大学，2011.

[80] 谢彬，张琨，张云纯，等 . 基于轨迹相似度的移动目标轨迹预测算法 [J]. 计算机工程，2018，44（09）：177-183.

[81] 王家威 . 基于图像处理的移动目标识别与轨迹预测的研究 [D]. 徐州：中国矿业大学，2019.

[82] 胡玉可，夏维，胡笑旋，等 . 基于循环神经网络的船舶航迹预测 [J]. 系统工程与电子技术，2020，42（4）：871-877.

[83] 徐一帆，谭跃进，贺仁杰，等 . 海洋移动目标多模型运动预测方法 [J]. 火力与指挥控制，2012，37（03）：20-25.

[84] Berry P E，Fogg D A B. GAMBIT：Gauss-markov and bayesian inference technique for information uncertainty and decision making in surveillance simulations [R]. DSTO Research in Draft，2003.

[85] 慈元卓，徐一帆，谭跃进 . 卫星对海洋移动目标搜索的几种算法比较研究 [J]. 兵工学报，2009，30（01）：119-125.

[86] 慈元卓 . 面向移动目标搜索的多星任务规划问题研究 [D]. 长沙：国防科学技术大学，2008.

[87] 梅关林，冉晓旻，范亮，等 . 面向移动目标的卫星传感器调度技术研究 [J]. 信息工程大学学报，2016，17（5）：513-517.

[88] 梁星星 . 面向海上移动目标跟踪观测的空天协同任务规划研究 [D]. 长沙：国防科学技术大学，2016.

[89] 梁星星，修保新，范长俊，等 . 面向海上移动目标的空天协同连续观测模型 [J]. 系统工程理论与实践，2018，38（01）：229-240.

[90] 张海龙 . 多障碍物海面移动目标多星协同搜索方法研究 [D]. 合肥：合肥工业大学，2019.

[91] 张利宁，黄小军，邱涤珊，等 . 对地观测卫星任务规划的启发式动态调整算法 [J]. 计算机工程与应用，2011，47（30）：241-245.

[92] 刘勇 . 天文卫星机遇目标任务重规划方法研究 [D]. 北京：中国科学院大学，2019.

[93] Wang J J，Zhu X M，Yang L T，et al. Towards dynamic real-time scheduling for multiple earth observation satellites [J]. Journal of Computer & System Sciences，2015，81（1）：110-124.

[94] 刘洋，陈英武，谭跃进 . 一类多卫星动态调度问题的建模与求解方法 [J]. 系统仿真学

报，2004，16（12）：2696-2699.

[95] Wu G H，Ma M H，Zhu J H，et al. Multi-satellite observation integrated scheduling method oriented to emergency tasks and common tasks [J]. Journal of Systems Engineering and Electronics，2012，23（5）：723-733.

[96] 郭超，熊伟，刘呈祥. 基于优先级与时间裕度的卫星应急观测任务规划 [J]. 电讯技术，2016，56（07）：744-749.

[97] Zhai X J，Niu X N，Tang H，et al. Robust satellite scheduling approach for dynamic emergency tasks [J]. Mathematical Problems in Engineering，2015，2015：1-20.

[98] He C，Zhu X M，Guo H，et al. Rolling-horizon scheduling for energy constrained distributed real-time embedded systems [J]. Journal of Systems & Software，2012，85（4）：780-794.

[99] Qiu D S，He C，Liu J，et al. A dynamic scheduling method of earth-observing satellites by employing rolling horizon strategy [J]. The Scientific World Journal，2013，2013：304047.

[100] 刘晓丽，杨斌，高朝晖，等. 遥感卫星滚动式动态任务规划技术 [J]. 无线电工程，2017，47（09）：68-72.

[101] 王超超. 成像卫星应急调度问题研究 [D]. 合肥：合肥工业大学，2019.

[102] 靳鹏，王超超，夏维，等. 考虑卫星指令上注的两阶段应急任务规划 [J]. 系统工程与电子技术，2019，41（04）：810-818.

[103] Sun H Q，Xia W，Hu X X，et al. Earth observation satellite scheduling for emergency tasks [J]. Journal of Systems Engineering and Electronics，2019，30（05）：931-945.

[104] 张栋. 天基信息系统的资源建模与能力计算方法研究 [D]. 长沙：国防科学技术大学，2007.

[105] 陈家赢. 对地观测传感器信息资源建模和管理研究 [D]. 武汉：武汉大学，2010.

[106] 祝周鹏. 面向任务的卫星平台载荷配置与应急规划技术 [D]. 长沙：国防科学技术大学，2013.

[107] 闫旭涛. 高分辨率遥感卫星多星任务规划系统设计 [D]. 长沙：湖南大学，2017.

[108] 王睿，韩笑冬，王超，等. 天基信息网络资源调度与协同管理 [J]. 通信学报，2017，38（Z1）：104-109.

[109] 汪宇. 空间信息网络资源管理架构及方法研究 [D]. 西安：西安电子科技大学，2018.

[110] 刘红林. 面向即时观测服务的天基资源能力虚拟化及预分配方法研究 [D]. 北京：中国科学院大学（中国科学院国家空间科学中心），2019.

[111] 翟伟亭. 卫星网络虚拟化资源管理技术研究 [D]. 西安：西安电子科技大学，2019.

[112] 张满超，王犇. 天基资源信息服务体系构建 [J]. 指挥信息系统与技术，2017，8（05）：62-69.

[113] 柳罡，陆洲，胡金晖，等. 基于云架构的天基信息应用服务系统设计 [J]. 中国电子科学研究院学报，2018，13（05）：526-531.

第2章 成像卫星任务规划的相关理论方法

2.1 成像卫星任务规划问题分析

成像卫星任务规划问题的核心是资源调度。资源调度是一类重要的组合优化问题，涉及系统科学、管理科学、计算机科学和控制科学等多个学科领域，在社会经济的各个领域有着广泛的应用。它是指利用一些机器或资源，最优地完成一批给定的任务或作业，在执行这些任务或作业时需要满足某些限制条件，如任务到达时间、完工的限定时间、资源对加工时间的影响等。一个资源调度问题一般应包含任务集、资源集、优化目标和约束条件。任务集代表了需要调度的任务，任务在执行时需要占用一定量的资源，且有一定的时间要求。资源集代表了所拥有的各类资源，如卫星、遥感器、地面站等。每个资源都具有一定的能力，任务对资源的需求不能超越资源的能力限制。优化目标是指人们所期望的调度结果所要尽量达到的效能指标。在不同的任务场景下，优化目标往往是不同的。约束条件是指调度中不能打破的各种限制条件。在任务集、资源集、优化目标、约束条件定义之后，调度问题求解的目标就是在满足约束的条件下，为每个任务分配资源并确定执行时间，以使得问题的目标函数值最优。

成像卫星任务规划既包含资源分配，又包含时间分配，是一个复杂的调度问题。为了完成这项工作，一般来说要做到以下几点。

(1) 确定一个衡量规划方案优劣的准则。这是建立模型的指导思想，根据这个准则，能够对不同的规划方案进行优劣排序。

(2) 建立量化的目标函数。进行任务规划就是使目标函数最大化（或最小化），或达到某一满意值。

(3) 确定量化的约束条件。主要包括任务的约束、遥感器资源的约束、卫星资源的约束和外界环境的约束等。

(4) 确定可行的求解方案。多任务的调度是一个组合爆炸问题，当任务和资源较多时，用常规的数学方法求解，时间较长，不能满足应用的要求。因此要寻求一种可行的求解方案进行快速寻优。

成像卫星任务规划是一个高维度的优化问题，面临复杂的时空约束和动态变化的用户需求，对规划方法的可行性、有效性和可靠性都提出了极高的要求，其复杂性主要体现在如下方面。

从任务的角度看：①观测需求数量繁多且来源广泛，一个需求要分解成多个业务活动来完成，如对地成像、在轨处理、信息分发、信息传输等，各业务活动对卫星和载荷资源的时域和空域特征高度依赖。②不同的观测任务之间有复杂的耦合关系，存在交联、重叠和冲突，需要进行大量的解耦和协调工作。③观测任务往往是动态变化的，时常面临应急任务的插入或原有任务的取消，这会对既有规划方案的执行不断产生扰动，从而需要对既有方案不断调整。

从资源的角度看：①为加速增强对地观测能力，我国遥感卫星密集发射，在轨卫星数量不断增加，从简单的单星、多星发展到复杂星座以及星群。②卫星平台异质异构，存在轨道大小、形状和方位等特征的不同，这些因素决定了空间信息网络的拓扑结构和时空特征复杂性。③各卫星平台上的载荷不同，有可见光、红外、多光谱、高光谱、SAR 等，决定了每颗卫星只能具有特定的功能，且在处理精度、能力、工作方式上不统一，存在很大差异。④卫星平台之间的通信机制、互访问性、互操作性还很不完善，信息传递和协同工作往往需要多层中转才能完成。

2.2　成像卫星任务规划理论方法框架

按照实现过程来看，成像卫星任务规划全流程可描述为一个闭环过程，有四个主要的环节：任务筹划（planning）、卫星调度（scheduling）、任务执行（acting）和效能评估（evaluation），简称为 PSAE 过程，如图 2.1 所示。任务筹划环节所解决的问题是将大量、复杂的用户需求分解为一个个独立的卫星观测任务；卫星调度环节所解决的问题是将观测任务分配给最合适的卫星和遥感器，制订卫星和遥感器的工作计划，任务执行是指卫星和遥感器执行指令，完成观测任务的过程，效能评估是指对整体的任务执行效能进行评估，以判断任务规划方案的合理性和有效性。这四个环节之间并不是完全分离的，而是相互影响、相互作用的。任务筹划时要考虑资源的能力和资源的可用性，处理的结果为卫星调度所用，而当卫星调度无法得到满意的结果时，要回过头对任务筹划的结果进行修改和调整。任务筹划和卫星调度都要充分考虑到任务执行的可行性。任务执行之后要进行效能评估，评估的结果反馈供给任务筹划和卫星调度环节，从而发现不足，进行修正完善，以更好地进行下一次任务规划。

成像卫星任务规划 PASE 全流程的理论和应用研究，需要综合运用系统工程、运筹学、计算技术、机器学习和评估方法等理论、方法与技术，对问题进行分析、建模和计算求解。而云计算、大数据、物联网、人工智能、区块链和空间信息网络等新一代信息技术的蓬勃发展，为成像卫星任务规划系统的研发、部署

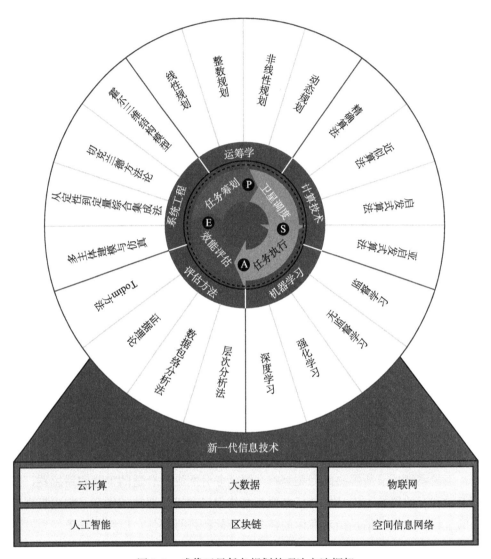

图 2.1　成像卫星任务规划的理论方法框架

和运行提供了底层的技术和平台支撑。

　　以下将对常用的方法进行必要的综述,因篇幅有限,不能对所用到的方法一一介绍,读者可进一步参阅其他文献。

2.3　整 数 规 划

　　整数规划是指规划模型中的全部或部分决策变量为整数的数学规划。如果所有决策变量均要求为整数,称为纯整数规划;如果部分决策变量要求为整数,称为混合整数规划。对于所有（或部分）决策变量要求为 0 或 1 的整数规划，称为 0-1 整数规划（或混合 0-1 整数规划）。大多数成像卫星任务规划问题都可以建立整数规划模型，从而使用相应的求解方法进行求解，如拉格朗日松弛技术、割平面法、分支定界法、列生成算法等。

2.3.1　拉格朗日松弛技术

拉格朗日松弛（Lagrange relaxation）技术是求解整数规划的经典方法之一。基于拉格朗日松弛技术，不仅可以求得规划问题的上下界，还有可能设计出较好的启发式算法，求得问题的高质量可行解。设有如下整数规划问题 P：

[P]

$$z = \max cx \tag{2.1}$$

$$Ax \leqslant b \tag{2.2}$$

$$Dx \leqslant p \tag{2.3}$$

$$x \in \mathbf{Z}_+^n \tag{2.4}$$

其中，x 为 n 维整数变量；A 和 D 分别为 $n \times m$、$n \times k$ 的矩阵。直接求解问题 P 十分困难，但如果去掉约束（2.3），也就是获得问题 P 的松弛问题，问题就变得较为容易求解，那么称约束（2.3）为"难约束"。不妨设存在一个算法 Ω，能够高效地求解去掉约束（2.3）后获得的松弛问题。不过，如果直接去掉约束（2.3），虽然问题变得容易求解，但求得的解不一定是问题 P 的可行解。因此，引入惩罚因子 $\lambda \geqslant 0$（k 维向量），对松弛问题的解进行惩罚，并将惩罚项反映在目标函数中。为实现该操作，将约束（2.3）写成：$p - Dx \geqslant 0$，并令 $\xi = \lambda \cdot (p - Dx)$，将 ξ 加入到问题 P 的目标函数中，得到带惩罚因子的松弛问题 Q：

[Q]

$$z^{\text{LR}} = \max cx + \lambda \cdot (p - Dx) \tag{2.5}$$

$$Ax \leqslant b \tag{2.6}$$

$$x \in \mathbf{Z}_+^n \tag{2.7}$$

问题 Q 称为 P 的拉格朗日松弛问题，其中，λ 称为拉格朗日乘子。不难发现，问题 Q 的目标函数仍然是线性函数，因此，一般而言，如果算法 Ω 能够高效地求解去掉约束（2.3）后的问题 P，那么改进算法 Ω' 能够高效地求解问题 Q。

问题 P 和 Q 都是最大化问题，问题 Q 是 P 的松弛问题，P 的解空间是 Q 解空间的子集，因此 Q 的最优值一定大于等于 P 的最优值。即对于任意给定 $\lambda \geqslant 0$，有 $z^{\text{LR}} \geqslant z$。基于最优解的定义不难证明这一结论：设 $\bar{x}$ 和 $\hat{x}$ 分别为问题 P 和问题 Q 的最优解，那么根据定义有 $z^{\text{LR}} = c\hat{x} + \lambda \cdot (p - D\hat{x})$。由于 $\bar{x}$ 是问题 P 的最优解，因此 $\bar{x}$ 必然是问题 Q 的可行解，根据最优性，必然有：$z^{\text{LR}} = c\hat{x} + \lambda \cdot (p -$

$D\hat{x})\geqslant c\overline{x}+\lambda\cdot(p-D\overline{x})$。又因为 $\overline{x}$ 是问题 P 的最优解，因此必然满足：$p-D\overline{x}\geqslant0$，而又因为 $\lambda\geqslant0$，因此可推出 $\lambda\cdot(p-D\overline{x})\geqslant0$，继而有 $z^{LR}\geqslant c\overline{x}+\lambda\cdot(p-D\overline{x})\geqslant c\overline{x}=z$。这一结论说明，对于最大化整数规划问题，给定任意非负的拉格朗日乘子，拉格朗日松弛问题的最优目标函数值是原问题最优目标函数值的上界。如果能够求得原问题比较紧凑的上界，就可以评估原问题可行解的质量。

在拉格朗日松弛问题中，拉格朗日乘子是给定的，只要其非负，上述结论均成立。由于拉格朗日松弛问题具有高效的求解算法 Ω'，因此，只要给定一个非负的拉格朗日乘子，都能比较容易地求得最优值。然而，设定不同的拉格朗日乘子后，求得的最优值不同，不妨将乘子视为输入值，而将拉格朗日松弛问题最优值视为输出值，那么输入值与输出值之间存在一一对应的关系，这种关系符合函数的定义，即给定一个乘子，均有一个唯一的目标值与之对应，因此拉格朗日松弛问题最优值实际上是拉格朗日乘子的函数，记为 $z^{LR}(\lambda)$。不同的乘子 λ 会得到不同的 $z^{LR}(\lambda)$ 值，是否存在一个乘子 λ^*，使得 $z^{LR}(\lambda^*)$ 的值最小呢？为了解决该问题，可以构建一个新的优化问题专门对乘子 λ 进行优化，这就是拉格朗日对偶问题 R：

[R]

$$z^D = \min_{\lambda\geqslant0} z^{LR}(\lambda) \tag{2.8}$$

$$z^{LR}(\lambda) = \max cx + \lambda\cdot(p-Dx) \tag{2.9}$$

$$Ax \leqslant b \tag{2.10}$$

$$x \in \mathbf{Z}_+^n \tag{2.11}$$

在问题 R 中，式（2.8）为目标函数，式（2.9）~式（2.11）均为约束条件，其中式（2.9）为非线性约束，而式（2.10)和式（2.11）仅作用于式（2.9）。拉格朗日乘子的定义域为 $\lambda\geqslant0$，可以视 R 为正实数空间内无约束优化问题。

为找出最佳的乘子，先对问题 R 进行分析。由于存在非线性约束条件，因此较难使用线性规划方法，好在 $z^{LR}(\lambda)$ 是定义域 $\lambda\geqslant0$ 内的凸函数，因此可以使用梯度或次梯度算法进行求解。那么如何证明拉格朗日对偶问题的凸性呢？不妨设有三个非负的拉格朗日乘子，分别是 λ_1、λ_2 和 $\lambda_3=\alpha\lambda_1+(1-\alpha)\lambda_2$，其中 α 是 0~1 内的实数。给定乘子 λ_3，根据算法 Ω' 求得的拉格朗日松弛问题的最优解为 $\tilde{x}$，即

$$\begin{aligned}z^{LR}(\lambda_3) &= \max cx + \lambda_3\cdot(p-Dx)\\&= c\tilde{x} + \lambda_3\cdot(p-D\tilde{x})\\&= c\tilde{x} + [\alpha\cdot\lambda_1+(1-\alpha)\lambda_2]\cdot(p-D\tilde{x})\end{aligned}$$

根据最优解的定义，不难得到

$$z^{LR}(\lambda_1) \geqslant c\tilde{x} + \lambda_1\cdot(p-D\tilde{x}) \tag{2.12}$$

$$z^{LR}(\lambda_2) \geqslant c\tilde{x} + \lambda_2 \cdot (p - D\tilde{x}) \qquad (2.13)$$

将式（2.12）和式（2.13）分别乘以 α 和 $1-\alpha$ 后再相加，可得

$$\alpha \cdot z^{LR}(\lambda_1) + (1-\alpha) \cdot z^{LR}(\lambda_2) \geqslant c\tilde{x} + [\alpha \cdot \lambda_1 + (1-\alpha)\lambda_2] \cdot (p - D\tilde{x})$$

即

$$\alpha z^{LR}(\lambda_1) + (1-\alpha) \cdot z^{LR}(\lambda_2) \geqslant z^{LR}[\alpha \cdot \lambda_1 + (1-\alpha)\lambda_2]$$

对于任意的 λ_1、λ_2 和 $\lambda_3 = \alpha\lambda_1 + (1-\alpha)\lambda_2$，上述不等式均成立，因此，$z^{LR}(\lambda)$ 是一个凸函数。

其实 $z^{LR}(\lambda)$ 是一个分段线性函数，在定义域内的一部分点上可微，但一部分点上不可微，所以并不是在其整个定义域内都存在梯度。但是对于任意拉格朗日乘子，函数 $z^{LR}(\lambda)$ 都存在次梯度，因此可以使用次梯度算法来优化乘子 λ。对于乘子 $\bar{\lambda} \geqslant 0$，设使用算法 Ω' 求得的最佳 x 取值为 $\bar{x}$，那么向量 $\bar{u} = p - D\bar{x}$ 刚好就是函数 $z^{LR}(\lambda)$ 在 $\bar{\lambda}$ 处的一个次梯度，可以通过次梯度的定义证明这一结论：

$$\begin{aligned}
z^{LR}(\lambda) &= \max cx + \lambda \cdot (p - Dx) \\
&\geqslant c\bar{x} + \lambda \cdot (p - D\bar{x}) \\
&= c\bar{x} + \lambda \cdot (p - D\bar{x}) + \bar{\lambda} \cdot (p - D\bar{x}) - \bar{\lambda} \cdot (p - D\bar{x}) \\
&= (\lambda - \bar{\lambda}) \cdot (p - D\bar{x}) + [c\bar{x} + \bar{\lambda} \cdot (p - D\bar{x})] \\
&= (\lambda - \bar{\lambda}) \cdot \bar{u} + [c\bar{x} + \bar{\lambda} \cdot (p - D\bar{x})] \\
&= (\lambda - \bar{\lambda}) \cdot \bar{u} + z^{LR}(\bar{\lambda})
\end{aligned}$$

即 $z^{LR}(\lambda) \geqslant (\lambda - \bar{\lambda}) \cdot \bar{u} + z^{LR}(\bar{\lambda})$，因此有 $z^{LR}(\lambda) - z^{LR}(\bar{\lambda}) \geqslant (\lambda - \bar{\lambda}) \cdot \bar{u}$，即 $\bar{u}$ 是函数 $z^{LR}(\lambda)$ 在 $\bar{\lambda}$ 处的次梯度。

由于向量 $\bar{u}$ 是 $z^{LR}(\lambda)$ 在 $\bar{\lambda}$ 处的次梯度，那么如果以 $\bar{\lambda}$ 为起点，沿着向量 $\bar{u}$ 的方向进行搜索，则能够使得 $z^{LR}(\lambda)$ 的值减小。据此便可构造一个次梯度算法：首先给出一个初始的乘子 λ^0，在该点处使用算法 Ω' 求解拉格朗日松弛问题，得到相应的次梯度 u^0，然后以 λ^0 为基础沿着 u^0 的方向执行一次搜索，得到新的乘子 λ^1。在 λ^1 点处继续使用算法 Ω' 求解拉格朗日松弛问题，得到次梯度 u^1，以 λ^1 为基础沿着 u^1 的方向再次执行搜索。重复这一过程，直到满足某一终止条件时停止。设在第 k 代的搜索过程中，乘子的更新公式为 $\lambda^{k+1} = \lambda^k - t^k \cdot u^k$，其中 t^k 为每次搜索的步长。随着迭代次数的增加，步长最好逐渐缩小，否则求解过程会出现较大的震荡，影响收敛速度。

上述次梯度算法是为了求取更好的拉格朗日乘子，从而计算得到原问题更紧凑的上界。在使用次梯度算法的过程中，往往可以设计一些启发式规则，通过修改拉格朗日松弛问题的解而得到原问题的解，这样一来，不仅可以求得原问题解的上界，还能够求得原问题的可行解，即下界，相关的算法关系如图 2.2 所示。

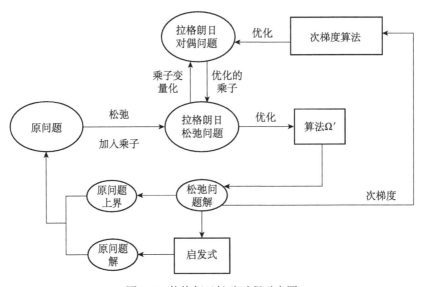

图 2.2　拉格朗日松弛过程示意图

2.3.2　割平面法

割平面法（cutting plane method）是在 20 世纪六七十年代提出的求解混合整数线性规划问题的最主流的方法之一。割平面法的主要思想是：先将变量的整数性约束松弛掉，使其变为线性松弛问题，如果求得的解满足整数性约束，则算法终止，如果求得的解不满足整数性约束，则基于所求得的解生成一个或多个不等式，将生成的不等式作为约束条件添加到线性松弛问题，得到新的线性松弛问题，求解新的线性松弛问题得到新的解。重复上述过程，直到求得的解满足整数性约束时停止。线性松弛问题的可行域通常是高维空间里的一个多面体，生成的不等式为空间里的平面或超平面，能够切割掉可行域中的分数解部分而保留整数解部分，该方法称为割平面法。图 2.3 展示了割平面法求解过程的示意图。

在割平面法中，基于某个线性松弛最优解生成不等式约束条件的过程称为原问题的"分离"问题，处理分离问题是割平面法的关键环节之一。给定一个线性松弛最优解，在理论上可以生成无穷多的约束不等式，生成切割效果最佳的不等式是分离问题主要追求的目标。通常来说，生成不等式需要消耗一定的计算量，这就存在一个权衡的必要，使用可接受的计算花费以生成足够好的不等式约束条件。选择不等式的类型和不等式的生成方式对于割平面法的求解效率有一定的影响。总地来说，不等式可以分为"一般"不等式和"特用"不等式两种类型，一般不等式适用于所有的混合整数线性规划问题，而特用不等式是针对部分问题定制的不等式。其中，Gomory 分数（Gomory fractional，GF）不等式、混合整数

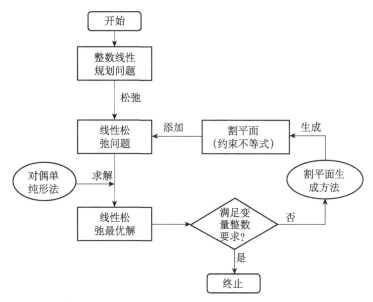

图 2.3　割平面法求解过程示意图

rounding（mixed integer rounding，MIR）不等式、Gomory 混合整数（Gomory mixed integer，GMI）不等式都是一般不等式。当前，无论是在商业优化软件，还是开源优化软件，都包含对应的不等式生成算法。在使用割平面法进行求解的过程中，只需要调用相应的程序，即可生成对应的割平面。

2.3.3　分支定界法

分支定界（branch and bound）法也是求解整数规划问题最常用的方法之一，主要包括"分支"和"定界"两个部分。分支的主要思想源于"分而治之"和"割平面"思想的结合。首先以混合整数问题的线性松弛问题作为基础问题，使用线性规划方法求解其最优解 x^*，判断 x^* 是否满足变量的整数性约束。如果 x^* 已经满足变量的整数性约束，则已经求得原问题的最优解。如果 x^* 不满足变量的整数性约束，则从 x 中选择一个整数性变量，如 x_k，对应的线性松弛最优解为 $x_k^* = \bar{b}_k$。由于 x_k 为整数变量，因此必须从：① $x_k^* \leqslant |\bar{b}_k|$ 或② $x_k^* \geqslant |\bar{b}_k| + 1$ 中取值，这就将 x_k 的取值范围分成两个部分，符合"分支"的思路。以原线性松弛问题为基础，构造两个分支问题，将不等式①和不等式②作为割平面分别加入到两个分支问题中，得到两个新的线性松弛问题。不难说明，原问题的最优解必然在这两个新的分支问题上取得。使用线性规划方法求解两个分支问题，得到两个新的线性松弛最优解，这样就完成了一次分支过程。从中选择一个分支问题作为基础问题，重新选择整数变量并构造新的分支问题，不断重复该操作，最终

能形成一个树形结构，称为分支搜索树，树中每一个分支问题称为节点，树的根节点由原问题的线性松弛问题构成，在每个分支节点所添加的形如不等式①和不等式②的不等式约束称为"分支决策"。

接下来讨论定界部分。在探索分支搜索树的过程中，每一个节点均求解一个相应的线性松弛问题。如果在某一个节点求得的线性松弛最优解 $\underline{x}$ 满足变量的整数性约束，则找到了原问题的一个整数可行解。根据最优解的含义可知，最优解 x^* 一定满足：$cx^* \geqslant c\underline{x}$。另一方面，根节点对应原问题的线性松弛问题，根据松弛的定义可知，根节点对应的最优解 $\bar{x}$ 一定满足：$cx^* \leqslant c\bar{x}$。联立两式可得 $c\underline{x} \leqslant cx^* \leqslant c\bar{x}$。因此，区间 $[c\underline{x}, c\bar{x})$ 就构成了原问题最优解的上下界。在探索分支搜索树的过程中，有可能求得多个整数可行解，对应的最大目标函数值构成了最紧凑的下界。另外，在探索分支搜索树的过程中，上界也有可能不断地减小。如果在某一个节点上，求得一个整数可行解 $\hat{x}$，使得 $c\hat{x} \leqslant cx^* \leqslant c\bar{x} = c\hat{x}$ 成立，则可知 $cx^* = c\hat{x}$，即 $\hat{x}$ 为原问题的最优解，此时称问题的上下界得以"关闭"。如果在搜索过程中，上下界暂未关闭，为了明确已找到的整数解的优劣，通常使用最优性 gap 对其进行评估。设 $\underline{z} = c\underline{x}$ 为已找到的最好的整数可行解的目标函数值，$\bar{z} = c\bar{x}$ 为当前最紧凑的上界，则最优性 gap 的计算公式为

$$\text{gap} = (\bar{z} - \underline{z})/\bar{z} \times 100\% \tag{2.14}$$

在上述探索分支搜索树的过程中，收缩上下界的操作称为"定界"（bounding）。显然，定界包含定下界和定上界两个部分。其中，定下界的操作较为简单，在已找到的全部整数可行解中，对应的最大目标函数值即可作为当前最佳的下界。而定上界的过程则较为复杂。

首先分析单个节点的上界情况。给定当前节点为 d，其对应的线性松弛问题的最优目标值为 $z(d)$，记节点 d 对应的问题中满足变量的整数性约束的最优解为 x_d，则可知 $cx_d \leqslant z(d)$，因此给节点 d 定义一个上界值，记为 $u(d)$。在初始情况下 $u(d) = z(d)$。现以节点 d 为基础，构造两个分支节点 d^1 和 d^2，求解得到线性松弛最优目标值分别为 $z(d^1)$ 和 $z(d^2)$，可知 d^1 和 d^2 的上界 $u(d^1)$ 和 $u(d^2)$ 的初始值分别为 $z(d^1)$ 和 $z(d^2)$。由于 x_d 必然在节点 d^1 或 d^2 上取得，因此有 $cx_d \leqslant \max\{u(d^1), u(d^2)\}$。基于此，可以进一步收缩节点 d 的上界：

$$u(d) = \min\{z(d), \max\{u(d^1), u(d^2)\}\} \tag{2.15}$$

式（2.15）所示的上界比直接使用节点的线性松弛最优目标值要更紧凑。而且更为重要的是，可以基于分支搜索树，从底向上探索，重复应用式（2.15），以收缩每个节点的上界值。

上述只介绍了单个节点定上界的方法，称为局部上界。在每次定界过程中，先定局部上界，待全部局部上界确定后，再定全局上界。为方便描述，对分支搜

索树进行分层管理，根节点标记为第 0 层，以根节点为基础构造的两个分支标记为第 1 层，以此类推。设第 k 层共有 n 个分支节点，对应的局部上界分别记为：u_1^k，u_2^k，$\cdots$，u_n^k。不难分析，原问题 P 的最优解一定能够在该 n 个分支问题上取得，记 P 的最优解的目标函数值为 $z(\mathrm{P})$，则有

$$z(\mathrm{P}) \leqslant \max\{u_1^k, u_2^k, \cdots, u_n^k\} = \max_{1 \leqslant i \leqslant n} z(u_i^k) \tag{2.16}$$

成立。记 $u^k = \max\limits_{1 \leqslant i \leqslant n} z(u_i^k)$ 为第 k 层的上界，则原问题 P 的全局上界为：$u^* = \min\limits_{k=1,2,\cdots} u^k$。

在探索分支搜索树的过程中，如果得到原问题的全局下界，就可以对分支搜索树进行"剪支"。设得到的全局下界为 ρ，可知，已经找到原问题的至少一个可行解，其目标函数值为 ρ。如果此时在分支搜索树中存在一个节点 d，其局部上界 $u(d)$ 满足 $u(d) \leqslant \rho$，则不难推出：由节点 d 分支求得的所有的可行解目标函数值都小于等于 ρ。也就是说，探索节点 d 的分支已无必要，此时将节点 d 标记为"已剪支"。在后续探索分支搜索树的过程中，均跳过对节点 d 分支的搜索。剪支操作会提前规避大量的劣解，使得分支定界算法更快收敛。全局下界 ρ 的值越大，则剪去的分支节点就会越多，探索的分支搜索树就会越小，求得最优解的速度就会越快。因此，寻找紧凑的下界对于加速分支定界算法求解具有十分重要的作用。在很多应用场景中，均使用启发式算法求得原问题的可行解，即下界，以剪去大量的分支。

传统的分支定界法在求解整数变量数量较多的问题时，常常遭遇分支节点众多而难以收敛的情形。国内外学者常常将分支定界法与割平面法等其他方法结合使用，取得了良好的求解效果。接下来介绍另外一种可以与分支定界法相结合的方法，即列生成算法（column generation method）。

2.3.4　列生成算法

设有可行的线性规划问题 $\mathrm{P} := \{\max cx: Ax = b, x \in \mathbf{R}_+^n\}$，其中 A 是一个 $m \times n$ 的矩阵。在问题 P 中，n 是一个极其大的正整数，且 $n \gg m$，例如，$m = 100$，$n = 1000000$。也就是说，P 具有极其多的决策变量。使用线性规划方法求解问题 P，基变量的个数不超过 m。如果直接使用单纯型法求解问题 P，则需要维护一个巨大的单纯型表，并从极其多的决策变量中经迭代选出少量的基变量，这必然要消耗大量的计算资源。为了降低计算资源的消耗，可以使用一种"分治"的策略间接求解问题 P。

将全部决策变量分为两部分：x^1 和 x^2，对应的系数矩阵为 A^1 和 A^2。其中 x^1 包含的决策变量的数量远远小于 x^2 包含的决策变量的数量，并且 x^1 可以构成问题 P 的一个基可行解。现构造一个简化的问题 $\mathrm{P}^1 := \{\max cx: A^1 x^1 = b, x^1 \geqslant 0\}$，求解 P^1 可得最优解 x^{1*} 和最优对偶解 $d^{1*} \in \mathbf{R}^m$。由于问题 P^1 具有较少的决策变

量，因此，求解 P^1 比直接求解 P 要消耗更少的计算资源。

x^{1*} 为 P^1 的最优解，同时也是问题 P 的可行解，但不一定是问题 P 的最优解。为了求得 P 的最优解，需要考虑第二部分的决策变量集合 x^2。将 x^2 中的部分决策变量提取并加入到 P^1 中，有可能求得问题 P 的最优解。由于 x^2 包含的决策变量极多，如何从中选出最佳的决策变量加入到 P^1 中求得问题 P 的最优解呢？在单纯型法的求解过程中，维持一个基变量列表，每次迭代时，从非基变量中选择一个检验数值最大的变量，如果该变量的检验数值大于零，则将该变量替换现有基变量列表中的某一个基变量，得到一个新的可行基，使用消元法或乘以新可行基的逆矩阵，得到新的单纯型表。在该过程中，检验数值是衡量一个非基变量"优劣"的标准，只要检验数值大于零，则将该变量"进基"就一定能增大目标函数值。检验数值越大，则带给目标函数值的增加量就越大。因此，应当从 x^2 中挑选出对应检验数值最大且大于零的决策变量加入到 P^1 中，重新求解 P^1，可使得目标函数增大。重复该过程，直到从 x^2 中找不到检验数值大于零的决策变量时说明已经求得问题 P 的最优解。

因此，如何从 x^2 中快速地挑选出对应检验数值最大且大于零的决策变量加入到 P^1 中成为这一过程的关键问题。将该问题分离出来，就得到一个子问题。该子问题的优化目标是最大化变量的检验数。设 $x_j \in x^2$ 为一个决策变量，其对应的成本系数为 $c_j \in c$，其对应的系数列向量为 $a_j \in A^2$，$d^{1*} \in \mathbf{R}^m$ 为求解 P^1 所得的最优对偶解，根据线性规划相关理论，变量 x_j 对应的检验数为：$\theta_j = c_j - d^{1*} \cdot a_j$。因此，分离的子问题的优化目标为

$$z^p = \max_{x_j \in x^2}(c_j - d^{1*} \cdot a_j) \tag{2.17}$$

相对于分离的子问题，简化问题 P^1 称为限制主问题。具体操作时，先求解一个小规模的限制主问题，然后将最优对偶解代入子问题中，求得子问题的最优解。然后将子问题最优解对应的变量加入到限制主问题中，再次求解限制主问题。每个决策变量对应一个成本 c_j 和一个列向量 a_j，每次向限制主问题中添加决策变量，实际上等同于添加对应的成本和列向量，因此该方法称为列添加方法。在很多实际应用问题中，事先不存在具体的成本和列向量，而是通过求解子问题构成相应的成本和列向量，因此该方法又称为列生成算法。

列生成算法实现了限制主问题和子问题的分离，其主要优势表现在两方面：一是限制主问题的规模十分小，求解限制主问题只需要消耗极少量的计算资源，尤其是在约束数量较少的情况下，基变量的个数相应较少，该优势表现得尤为明显；二是子问题可以使用多种方法进行求解，有些子问题存在极其高效的求解策略，因此有可能大幅提高整个问题的求解效率。例如，在车辆路径问题中，可以通过如下方式建立问题的数学模型，将车辆的每一种可行的路径作为一个列，整

个优化问题转变为从全部可行路径中选出若干路径以满足客户点的访问需求，此时将是否选择第 k 条路径作为决策变量，每条路径访问的客户点构成了系数列向量。由于全部可行路径的数量是客户点数量的指数级形式，因此很难全部枚举出来。此时使用列生成算法求解其线性松弛问题，先构造少量的路径形成限制主问题，然后不断地求解子问题以生成新的路径。可以使用动态规划等方法快速生成路径使子问题目标函数值最优，因此可以规避大量的"劣"路径，从而使整体求解效率大大提升。

列生成算法是求解线性松弛问题的有效方法之一，为求得最优整数解，通常将列生成嵌入到分支定界的框架中。即在分支定界的每一个节点上，均使用列生成算法求解相应的线性松弛问题。由于列生成的子问题对应的经济意义为价格问题，因此，嵌套后的方法称为分支定价算法。分支定价算法是目前运筹优化领域的主流方法之一，在求解装箱问题、车辆路径问题等经典问题上具有一定的优势。

2.4 　亚启发式算法

亚启发式算法又称元启发式算法，是人们通过对自然现象或过程的观察，经过分析与思考，模拟自然现象或过程而设计出解决优化问题的启发式算法。随着优化问题求解规模的增加，在可接受的时间内，精确算法难以给出问题的最优解，而亚启发式算法将局部搜索技术与基于优先规则的启发式技术相结合，对大规模优化问题求解有较好的适应性，在可接受的时间内，能得到问题的最优解或满意解。

按照搜索方式分类，亚启发式算法可以分为两大类：一类是基于个体搜索方式的算法；另一类是基于群体搜索方式的算法。基于个体搜索方式的算法，其计算过程首先随机生成一个初始解，然后在整个计算过程中不断对初始解进行迭代过程改进，直至满足算法终止条件输出最优解。这类个体搜索方式典型的算法有禁忌搜索算法、模拟退火算法等。基于群体搜索方式的算法，其计算过程首先随机生成一组初始种群，然后对这一组初始种群采用优先规则执行搜索，在迭代过程对初始种群不断进行改进。典型算法有遗传算法、蚁群算法等。

搜索过程分为两个阶段，即开发（exploitation）搜索和探测（exploration）搜索。开发搜索是指在当前解的附近进行搜索，搜索过程中使用局部信息来生成更好的解，这类算法有邻域搜索、模拟退火及禁忌搜索等。探测搜索指在开发搜索的基础上，不断扩大搜索空间，从而找到不同的解决方案，这类算法有遗传算法、蚁群算法及演化算法等。基于开发搜索的算法收敛速度很快，但往往会收敛到局部最优；而基于探测搜索的算法能够有效提高发现全局最优解或近似最优解的概率，但同时降低了算法的收敛速度。

2.4.1 遗传算法

遗传算法是一种基于自然选择和自然遗传机制的搜索优化算法，文献 [1] 是对 Holland 教授在遗传算法方面工作的评价。它是一种多参数组合启发式优化算法，借鉴了自然界"自然选择，适者生存"的优胜劣汰思想，模拟适者生存的自然进化过程。目前，遗传算法已被广泛应用于生产调度、机器学习、自动控制和信号处理等领域。

遗传算法的主要特征包括：①从群体出发而不是从单一个体出发搜索最优解，能有效避免陷入局部最优；②利用适应度值对每次迭代后群体中的个体进行评价，而不是利用传统的目标函数评价个体，具有良好的适应性和可规模化；③具有比较好的全局寻优能力，能够在非连续、多峰、嘈杂的环境中以较大的概率收敛到全局最优解或近似最优解；④对群体中的众多个体进行操作，具有并行处理能力。

遗传算法采用编码方式将解空间映射到编码空间，每个编码位又称为基因，表示求解问题的一个决策变量，一个完整的编码又称为个体或染色体，表示求解问题的一个可行解。首先随机生成一组初始种群，然后在问题求解过程中，按照"自然选择，适者生存"的优胜劣汰思想，依据预先设置适应度函数选择两个个体作为父代，利用预先设计的遗传算子对父代进行交叉和变异，生成的两个子代表示新解的产生，新产生的子代比父代更能适应环境，经过反复迭代计算直到满足算法终止准则。末代个体经过解码得到问题的最优解。遗传算法的基本流程如下。

步骤 1：初始化种群规模、交叉概率、变异概率、终止准则。

步骤 2：生成初始种群。随机生成 M 个个体作为初始种群。

步骤 3：计算适应度值。根据适应度函数，计算每个个体的适应度值，并将适应度值排序。

步骤 4：选择。根据轮盘赌方法，选择遗传到下一代的两个父代。

步骤 5：交叉。依据交叉概率对两个父代进行交叉操作，生成两个新的子代。

步骤 6：变异。依据变异概率对子代进行变异操作。

步骤 7：保留优势解。将两个子代的适应度值与父代的适应度值进行比较，保留适应度值较好的两个体，替代步骤 4 所选择的两个父代并放回种群。

步骤 8：判断是否满足终止条件。若满足则结束；否则执行步骤 3。

遗传算法也常用于成像卫星任务规划问题。Wolfe 等[2]采用遗传算法求解成像卫星对地观测调度问题，在遗传算法编码过程中有两种编码形式：一种表示任务执行的决策变量；另一种表示任务执行位置的决策变量。在种群演化过程采用优先级的贪婪算法（priority dispatch）和 LookAhead 技术，加快了搜索速度。Mansour 等[3]基于遗传算法求解 SPOT-5 卫星优化调度问题。李军等[4]研究了复杂任务需求下的多卫星联合任务规划问题，提出了分层控制免疫遗传算法，第一层采用遗传操作算子，第二层采用免疫操作算子，实验表明算法具有求解复杂任务规划的有效性。孙凯等[5]将卫星联合调度问题分解为任务资源匹配以及单星任务处理两个子问题，并设计了学习型遗传算法来解决该问题。Sun 等[6]研究敏捷卫星成像调度问题，提出了一种改进的遗传算法，提升了调度效果。韩传奇等[7]研究小卫星星群对地观测调度问题，设计了一种改进遗传算法，该算法采用资源随机分配的解码策略及精英保留策略。宋彦杰等[8]研究多星多地面站测控任务规划问题，设计了全局优化和局部优化策略的改进遗传算法，依据求解过程中种群改进情况，在两种策略中进行自适应切换。

2.4.2　蚁群算法

蚁群算法是一种源于大自然中生物世界的仿生类算法。蚂蚁个体在寻找食物的过程中，会在其觅食路径上持续释放出信息素，通过该行为向其他蚂蚁传递路径信息，并以此诱导它们的行为[9]。因此，蚂蚁个体在觅食过程中首先选择信息素浓度高的路径，随后再释放出信息素。这样信息素浓度高的路径，选择它的蚂蚁逐渐增多，同时蚂蚁又在该路径释放更多的信息素，整个蚁群在正反馈机制作用下找到一条觅食最优路径，而其他路径上的信息素会随着蚂蚁数量的减少而逐渐减弱。在蚁群觅食过程中，个体的寻优能力相对有限，而蚁群却能够通过信息素的持续释放发现最佳觅食路径，从而表现为蚁群高度的自组织性。因此蚁群算法在众多 NP（nondeterministic polynominal，非确定性多项式）难题的组合优化问题的求解中取得了较好的成效。

在蚁群算法中所构造的人工蚂蚁具有两种特性：一种特性是对真实蚂蚁属性和行为的抽象与模拟，具有真实蚂蚁的自然属性与行为；另一种特性是人工蚂蚁不是完全盲从的，它还受到问题空间特征的启发，具有预测未来、局部优化等能力。这些能力使得人工蚂蚁种群在求解问题时，具有明显的解空间搜索方向性，因此寻优能力更强，主要体现在以下几个方面。

（1）蚁群算法具有并行搜索能力。通过设置人工蚂蚁的个数以及为每只蚂蚁随机设置不同的起始搜索位置，人工蚂蚁寻优的过程在空间和时间上呈现相互独立的状态，传递信息的唯一方式是在路径上释放信息。人工蚂蚁在问题解空间开展独立搜索，不仅扩展了蚁群的搜索范围，而且提高了蚁群的搜索速度。因此，蚁群算法是一种分布式多 Agent 系统。

（2）蚁群算法具有较强的鲁棒性。相对于其他智能算法，蚁群算法对初始解的要求不高，即算法最终求解结果与初始解的生成好坏关联度不大，整个搜索过程完全依靠蚁群高度的自组织性。另外，蚁群算法参数设置少、实现简单，可广泛应用于众多组合优化问题的求解。

（3）蚁群算法是一种正反馈算法。分析蚂蚁个体寻优过程可以看出，人工蚂蚁是否能够找到最优解，主要取决于其搜索路径上的信息素强度，搜索路径上的信息素强度越强，则个体找到问题解的质量越好，从而个体在该路径释放的信息素越多，因此最优路径上的信息素累积是一个正反馈过程，这是蚁群算法的核心特征所在，表现为蚁群算法具有问题收敛性。

一些学者将蚁群算法用于成像卫星任务规划问题，取得了一定的成效。如陈宇宁等[10]研究了敏捷卫星调度问题，设计了基于蚁群算法的调度求解策略。朱新新等[11]提出了一种改进的蚁群算法用于求解卫星调度问题，使用分类消减方法以及局部更新扰动方法避免陷入局部最优解，实验证实了该方法的可行性和相对优越性。郭浩等[12]基于最大最小蚂蚁系统思想和信息素更新策略，设计了改进的蚁群算法求解敏捷成像卫星观测任务调度问题。陈英武等[13]针对多星对地观测任务调度问题设计了一种动态参数调整的演化学习型蚁群算法。Li 等[14]针对卫星观测任务重调度的问题，引入模糊神经网络，用以确定不确定性的影响程度，选择应对策略，并用蚁群算法进行求解。采用了自适应的信息素增量和信息素挥发系数的蚁群算法来处理重规划问题。严珍珍等[15]提出了一种改进的蚁群算法求解成像卫星调度问题，在蚁群算法求解问题中采用均匀设计思想，解决了蚁群算法参数设计难的问题。刘建银等[16]研究了多星对地观测任务规划问题，建立了基于分治策略的多星观测分层调度框架，第一层采用蚁群算法将任务分配至卫星轨道圈次，第二层采用模拟退火算法求解每个圈次的任务观测序列。

2.4.3　模拟退火算法

模拟退火算法是局部邻域搜索算法的扩展。与局部邻域搜索算法的不同之处是模拟退火算法按一定的概率选择邻域中目标函数值较优的解。理论上来说，它是一个全局优化算法。模拟退火思想最早是由 Metropolis 在 1953 年提出的，1983年 Kirkpatrick 等首先注意到固体退火过程与组合优化问题求解过程相似，基于 Metropolis 准则，提出了模拟退火算法，并成功应用于组合优化问题的求解[17]。

模拟退火算法具有高效性、健壮性、通用性和灵活性等优点，并成功求解了一些确定性算法无法解决的非线性复杂优化问题。其主要特点有以下几方面。

（1）高效性。与局部邻域搜索算法相比，模拟退火算法具有较高的问题求解能力，可以在较短时间里获得问题的近似最优解。模拟退火算法寻优能力不依赖于初始解是如何生成的，因此应用模拟退火算法求解优化问题，无须做过多的前期预处理工作。

（2）健壮性。影响模拟退火算法性能的关键参数之一是问题规模，随着问题规模的增大，算法搜索范围增大，计算时间增加。但随着问题规模的增大，模拟退火算法的解和计算时间趋于稳定。

（3）通用性和灵活性。模拟退火算法能应用于多种不同的组合优化问题求解，即模拟退火算法的适应性比较强。具体表现为求解某一个问题的模拟退火算法，稍加修改就可以应用于其他问题的求解。针对不同规模的算例以及解质量，通过调整邻域搜索长度及冷却进度表，满足算法对问题求解效果和求解效率之间平衡关系的要求。

模拟退火算法的基本思想是：从当前初始温度环境下的初始解出发，随机在当前解的邻域内产生一个候选解，根据 Metropolis 准则，决定是否接受该候选解作为下一次迭代的当前解。重复"生成候选解-计算目标函数值-判断是否接受-接受或舍弃-根据规则降低温度 t"的迭代过程，直至满足算法终止准则，此时当前解即为问题的近似最优解。模拟退火算法的基本流程如下。

步骤 1：初始化算法基本参数。

步骤 2：采用贪婪算法生成初始解。

步骤 3：判断是否满足终止准则。满足则执行步骤 9；否则执行步骤 4。

步骤 4：采用邻域搜索方式生成新候选解。

步骤 5：判断是否满足 Metropolis 准则。满足则执行步骤 6；否则执行步骤 7。

步骤 6：用新候选解替换当前解。

步骤 7：判断是否满足稳定性准则。满足则执行步骤 8；否则执行步骤 5。

步骤 8：执行退火操作，按照温度衰减函数，计算下一次迭代开始时的温度，然后执行步骤 3。

步骤 9：终止算法运行，输出当前最优解。

模拟退火算法的内循环终止准则，又称 Metropolis 抽样稳定准则，用于决定在各温度下产生候选解的数目。常用的抽样稳定准则包括：

（1）检验目标函数的均值稳定；

（2）连续若干步的目标值变化较小；

（3）按一定的步数抽样。

模拟退火算法的外循环终止准则又称算法终止准则，只要算法在运行过程中符合终止准则，算法停止运行，输出最终结果。模拟退火算法终止准则的设置主要包括以下四个方面：

（1）设置终止温度的阈值；

(2) 设置外循环迭代次数；

(3) 算法搜索到达的最优值连续若干步保持不变；

(4) 检验系统熵稳定。

王慧林等[18]与徐欢等[19]采用模拟退火法解决了电子侦察卫星任务规划问题。贺仁杰等[20]研究了成像卫星任务规划问题，建立了考虑任务合成的多星任务规划模型，提出了快速模拟退火算法解决卫星调度问题。针对多星任务规划问题，提出了三种冲突处理策略，设计了基于知识的改进模拟退火算法，加入扰动机制和记忆功能，提高了算法搜索性能[21]。

2.4.4 禁忌搜索算法

禁忌搜索算法的思想最早由美国工程院院士 Glover 教授于 1986 年提出，并在 1989 年和 1990 年对该方法做出了进一步的定义和发展[17]。禁忌搜索算法是一种启发式算法，它既不同于遗传算法、蚁群算法等求解算法，也与模拟退火等算法有所区别，通过禁忌表、禁忌长度及藐视准则的设置，有效克服了搜索过程易于早熟收敛的现象，从而获得全局优化。禁忌搜索算法具有良好的优化能力和较高的效率，所以其在处理复杂的混合优化问题中得到了广泛的应用。

禁忌搜索算法的核心思想就是在搜索过程中，对产生局部最优解的邻域进行标记，形成禁忌对象并存放在禁忌表中，在后续的搜索过程中，限制对禁忌对象的搜索，避免迂回搜索陷入局部最优的局面，从而保证搜索的有效性。值得注意的是，禁忌搜索的这种规避是一定程度的回避，而不是绝对的禁止。在后续的搜索中如果发现被禁忌的对象能够带来更好的解，则应该取消这种回避，这就是藐视准则。藐视准则的作用是释放一些被禁忌的优良状态，以保证搜索过程的有效性和多样性。另外，禁忌长度的设置不能过小，否则算法无法跳出局部搜索范围，易于陷入早熟收敛。禁忌长度设置主要有静态设置和动态设置两种方法。静态设置方法是指在算法初始化时指定禁忌长度为一个固定值，在整个算法搜索过程中禁忌长度固定不变。动态设置方法是指在搜索过程中，禁忌长度动态变化，当算法搜索能力较强时，可以增大禁忌长度从而延续当前的搜索能力，并避免搜索陷入局部最优解，反之亦然。

禁忌搜索算法区别于其他启发式算法的显著特点，是利用具有记忆功能的禁忌表和禁忌长度来引导搜索过程，是人工智能的体现。禁忌搜索算法关键参数设置有邻域长度、禁忌表、禁忌长度、藐视准则等，基本步骤如下。

步骤 1：初始化邻域长度、禁忌长度，设置禁忌表为空，随机生成初始解。

步骤 2：判断是否满足终止条件，若满足，执行步骤 5；否则，执行步骤 3。

步骤 3：对当前解进行邻域搜索生成一组新的解，从中挑选出若干候选解。

步骤 4：判断若干候选解是否在禁忌表中。若不在禁忌表中。则从中选择最好的解为当前解，同时将其作为禁忌对象放入禁忌表中；若在禁忌表中，则依据藐视准则进行处置，执行步骤 2。

步骤 5：如果满足终止条件，算法终止运行并输出最优解。

不同于模拟退火算法，禁忌搜索算法性能好坏依赖于初始解的生成。在初始化阶段，如果生成的初始解的质量高，则禁忌搜索算法会获得高质量的求解效果和求解效率；如果生成的初始解的质量差，则禁忌搜索算法的搜索时间较长。因此，禁忌搜索算法使用前需要做较多的前期预处理工作，即首先利用其他算法生成较好的初始解，然后再用禁忌搜索算法进行问题求解。

Vasquez 等[22,23]利用背包模型对卫星调度问题进行建模，设计了禁忌搜索算法对模型进行求解。Habet 等[24]对禁忌搜索算法进行了改进，采用一致性渗透的采样方法来增加搜索空间，同时引入了局部穷举的搜索算法，从而提高了算法的优化结果。Cordeau 与 Laporte[25]运用禁忌搜索算法求解单个卫星单个轨道的任务调度问题，对当前解采用插入、移除和替换任务等操作，设计了 6 种邻域搜索方法。Bianchessi 等[26,27]设计了禁忌搜索算法求解多星调度问题。李菊芳等[28,29]将多星多地面站系统集成调度问题描述为一种变体形式的车辆路线问题（vehicle routing problem，VRP），采用了禁忌搜索算法求解问题。李菊芳在文献［29］中设计了交替改进型和调整型两类邻域的变邻域禁忌搜索算法。交替改进型和调整型两类邻域增强了禁忌搜索算法对解空间的探索能力和规避局部极值的能力。

一些学者针对上述介绍的遗传算法、蚁群算法、模拟退火算法、禁忌搜索算法以及其他不同算法的性能进行了比较研究。Wolfe 和 Sorensen[2]分别采用贪婪算法、遗传算法和具有前看功能的贪婪算法求解成像卫星对地观测调度问题。在遗传算法中设计了变异算子和一些特别的交叉操作，实验表明遗传算法可以较大幅度地改进贪婪算法的调度结果。Bensana 等[30-32]研究了 SPOT-5 卫星调度问题，分别采用动态规划、深度优先搜索、俄罗斯套娃搜索（Russian Doll Search）和禁忌搜索、贪婪搜索求解不同规模下的问题实例。实验结果表明，对于小规模任务调度问题，采用完全搜索算法可以在短时间内得到最优解，随着问题规模的增大，采用禁忌搜索算法可以在合理的时间内得到问题的满意解。Globus 等[33-35]面向点目标的多星成像调度问题，基于置换序列分配成像资源规则设计了贪婪调度算子。在此基础上，分别采用随机采样法、遗传算法、吱呀轮优化（SWO）算法、模拟退火算法、随机爬山法五类方法求解多星调度问题，实验结果证明模拟退火算法的求解效果最好。李曦[36]研究了面向区域目标的多星多任务规划问题，分别采用贪婪算法和遗传算法对问题进行求解，并对两种算法的求解性能进行了对比分析。阮启明[37,38]设计了模拟退火算法、禁忌搜索算法及贪婪随机变邻域搜索算法求解卫星任务规划问题，给出了不同问题实例下三种算法的计算结果并进行了分析。李菊芳等[39]设计了三种启发式局部搜索算法求解成像卫星调度问题，实验表明三种算法各有优缺点，贪婪随机插入算法搜索速度最快，变邻域搜索算法最稳定，综合性能较好的是导引式禁忌搜索。

2.4.5 超启发式算法

超启发式算法（hyper-heuristic algorithms）提供了一种高层策略（high-level strategy，HLS），对底层启发式（low-level heuristics，LLH）算法进行管理与调度，选择合适的算法求解问题，进而生成新的启发式算法求解问题[40]。超启发式算法实质是管理与调度一组启发式算法。传统算法的搜索空间是问题的解空间，而超启发式算法的搜索空间是一组算法空间。

因此，超启发算法框架由底层启发式算法集合和高层的算法管理与调度策略两部分组成。底层启发式算法集合由求解具体邻域问题的各种算法组成，即 $H=\{H_1, H_2, \cdots, H_n\}$，而且在底层提供了邻域问题定义、问题形式化描述、问题初始解以及适应度函数等信息。高层由算法管理、选择、调度和构造新的启发式算法，具体邻域问题求解，以及可接受解等三个功能组件构成。超启发式算法框架如图 2.4 所示。

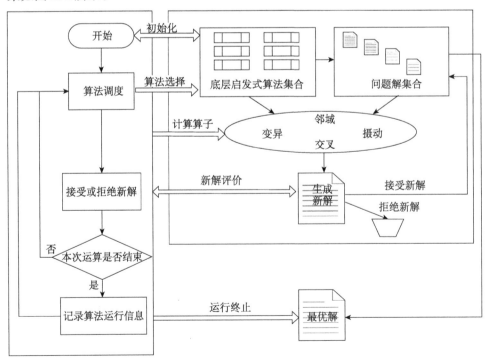

图 2.4　超启发式算法的实现框架

算法调度组件包括：①算法选择，根据当前问题的计算状态以及相似状态下的底层算法求解记录，选择适用性较好的算法求解问题；②计算因子，主要操作有邻域、摄动、交叉与变异操作，用于构造新的启发式算法并应用于当前问题的计算状态；③算法评价，主要从算法的执行效果及 CPU 运行时间对算法在不同阶段的搜索结果进行评价；④算法选择与算法学习机制等。超启发式算法的主要流程如下。

步骤 1：进行初始化设置；

步骤 2：生成问题的初始解；

步骤 3：计算底层算法集中各个算法的评价值；

步骤 4：选择评价值最大的算法作为精英算法；

步骤 5：运用精英算法对问题当前解进行优化；

步骤 6：修改算法的评价值；

步骤 7：修改算法运行效力评价因子和算法选择评价因子；

步骤 8：算法终止条件判断。

2.5　机器学习方法

在成像卫星任务规划问题的求解过程中，如果输入数据的复杂性极大程度上增加了求解的复杂度，即使具有相同的表达形式而输入数据不同的组合优化问题，也需要设计新的算法方案。机器学习（machine learning）方法的优势在于其可以通过对大量数据的学习，提取数据中潜在的特征，并利用这些特征构造问题的求解方法，在一定程度上为解决上述问题提供了新的方向。

从求解组合优化问题的角度来看，机器学习的作用体现在两个方面。第一，人们希望通过一种快速近似方法替代传统求解算法中的繁重计算，此时机器学习可以完成该项工作，即以通用方式构建一个基于学习的近似算法，而不需要设计显式算法。第二，部分问题中人为设计的算法表现不佳，此时机器学习方法可以从数据中探索问题的决策空间，并从探索经验中学习最佳策略，以改进算法的表现水平[41]。

使用机器学习解决组合优化问题的方式主要有三种[41]：一是通过构建端到端的机器学习模型直接学习求解策略；二是使用机器学习模型拟合传统求解算法的参数，加入有价值的信息；三是将机器学习模型作为传统算法求解的子模块与传统求解算法结合，如图 2.5 所示。

本节简要阐述机器学习中的神经网络和强化学习方法的基本原理，以及两种新颖的求解组合优化问题的机器学习框架。

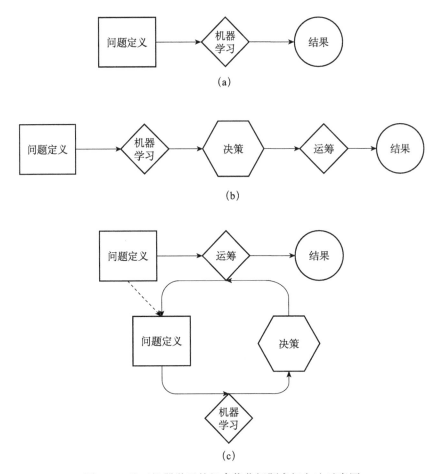

图 2.5　基于机器学习的组合优化问题求解方法示意图

(a) 使用机器学习算法独立地解决一类问题；(b) 利用机器学习模块，将有价值的信息加入运筹算法中；
(c) 将机器学习模块作为传统算法求解的子模块，组合优化算法通过反复查询同一机器学习模块进行决策。
机器学习模块将算法的当前状态或问题定义等作为输入

2.5.1　神经网络

神经网络（neural network，NN）具有自学习性、自适应性、鲁棒性等特点，有较好的容错和并行处理能力及对非线性复杂问题的搜索能力，使得其在解决组合优化难题上具有明显的优势，因而得到越来越广泛的研究和应用。由于组合优化问题大部分都是 NP 难题，传统的数学规划方法求其最优解具有较大的难度，利用神经网络结构可将组合优化问题进行表示及求解，从而为寻求最优解问题提供一种有效的解决手段[42,43]。

神经网络是一种模仿动物神经网络的行为特征，进行分布式并行信息处理的算法数学模型。这种网络依靠系统的复杂程度，通过调整内部大量神经元之间的相互连接关系，从而达到处理信息的目的[44]。为了更好地了解神经网络，可将它看作一个复合函数，输入一些数据后，将输出一些数据。这一复合函数通过基本组成单元"神经元"进行连接，形成不同的层次结构，并利用求解算法获取网络中的各参数，从而获取最优解。深度学习作为神经网络的延伸，近些年在人工智能领域掀起了一波热潮，在很多实际问题中取得了很好的应用效果。以下将对神经网络的基本原理及深度神经网络的发展进行简要介绍。

1. 神经元

神经元模型是一个包含输入、输出与计算功能的模型。输入可类比为神经元的树突，而输出可类比为神经元的轴突，计算则可以类比为细胞核。图 2.6 是一个典型的神经元模型。

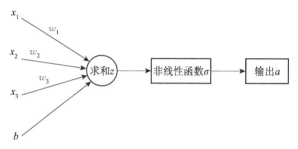

图 2.6 神经元模型

对于上述神经元，其输出可表示为

$$a = \sigma(z) \tag{2.18}$$

$$z = w_1 x_1 + w_2 x_2 + w_3 x_3 + b \tag{2.19}$$

其中，w_i 代表权重；函数 σ 称为激活函数，激活函数有多种形式，如 Sigmoid 函数、ReLU 函数、tanh 函数、Maxout 函数等。Sigmoid 函数的形式为

$$\sigma(z) = \frac{1}{1 + e^{-z}} \tag{2.20}$$

在神经网络结构中，采用 Sigmoid 作为神经元激活函数，若神经元的输出为 1，则表示该神经元已被激活；否则显示未被激活。

2. 神经网络结构

神经网络是通过联结很多的神经元组成的。一个简单的神经网络结构如图 2.7 所示。

图 2.7 是含有一个隐藏层的神经网络模型，L_1 为输入层，有 3 个输入单元；L_2 为隐藏层，有 4 个单元；L_3 为输出层，有 1 个输出单元。在神经网络的结构中，可以有多个隐藏层，也可以有多个输出神经单元。神经网络中的参数标识有：网络的层数 n_l，将第 l 层记为 L_l；网络权重和偏置 (W, b)，上述网络的权

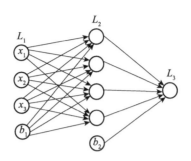

图 2.7　神经网络结构

重和偏置向量为 $(W,b)=(W^{(1)},b^{(1)},W^{(2)},b^{(2)})$，其中 $w_{ij}^{(l)}$ 表示第 l 层的第 j 个神经元和第 $l+1$ 层的第 i 个神经元之间的连接参数，$b_i^{(l)}$ 标识的是第 $l+1$ 层的第 i 个神经元的偏置项。

3. 神经网络的计算

在神经网络中，一个神经元的输出将作为另一个神经元的输入。假设 $z_i^{(l)}$ 表示第 l 层的第 i 个神经元的输入，$a_i^{(l)}$ 表示第 l 层的第 i 个神经元的输出。其中，当 $l=1$ 时，$a_i^{(1)}=x_i$。利用上述神经网络中的权重和偏置，可计算神经网络中每一个神经元的输出，从而计算出神经网络的最终输出。

$$z_1^{(2)} = w_{11}^{(1)}x_1 + w_{12}^{(1)}x_2 + w_{13}^{(1)}x_3 + b_1^{(1)} \tag{2.21}$$

$$a_1^{(2)} = \sigma(z_1^{(2)}) \tag{2.22}$$

$$z_2^{(2)} = w_{21}^{(1)}x_1 + w_{22}^{(1)}x_2 + w_{23}^{(1)}x_3 + b_2^{(1)} \tag{2.23}$$

$$a_2^{(2)} = \sigma(z_2^{(2)}) \tag{2.24}$$

$$z_3^{(2)} = w_{31}^{(1)}x_1 + w_{32}^{(1)}x_2 + w_{33}^{(1)}x_3 + b_3^{(1)} \tag{2.25}$$

$$a_3^{(2)} = \sigma(z_3^{(2)}) \tag{2.26}$$

$$z_4^{(2)} = w_{41}^{(1)}x_1 + w_{42}^{(1)}x_2 + w_{43}^{(1)}x_3 + b_4^{(1)} \tag{2.27}$$

$$a_4^{(2)} = \sigma(z_4^{(2)}) \tag{2.28}$$

得到最终输出结果为

$$a^{(3)} = \sigma(w_{11}^{(2)}a_1^{(2)} + w_{12}^{(2)}a_2^{(2)} + w_{13}^{(2)}a_3^{(2)} + w_{14}^{(2)}a_4^{(2)} + b_1^{(2)}) \tag{2.29}$$

该种计算步骤称为前向传播（forward propagation，FP），指的是信号通过输入层进入，经过过程中的所有隐藏层，直到输出神经元的传播过程。

4. 神经网络中参数的求解

对于所构建的神经网络模型，假设有 m 个训练样本 $\{(x^{(1)},y^{(1)}),\cdots,(x^{(m)},y^{(m)})\}$，对于一个训练样本 (x,y)，其损失函数为

$$J(W,b;x,y) = \frac{1}{2}\|a-y\|^2 \tag{2.30}$$

给定一个包含 m 个样例的数据集，可定义整体损失函数为

$$J(W,b) = \left[\frac{1}{m}\sum_{i=1}^{m} J(W,b;x^{(i)},y^{(i)})\right] + \frac{\lambda}{2}\sum_{l=1}^{n_{l-1}}\sum_{i=1}^{s_l}\sum_{j=1}^{s_{l+1}} (W_{ij}^{(l)})^2 \qquad (2.31)$$

损失函数 $J(W,b)$ 第一项为均方差项，第二项为一个正则化项，其目的是减小权重的幅度，防止模型过拟合。为获得参数 W 和 b，以使损失函数 $J(W,b)$ 达到最小值，首先需要对参数进行随机初始化，即将参数初始化为一个很小的接近零的随机值。利用 FP 算法得到预测值 a，进而得到损失函数。基于损失函数，利用梯度下降方法对参数进行调整：

$$W_{ij}^{(l)} = W_{ij}^{(l)} - \alpha\frac{\partial}{\partial W_{ij}^{(l)}}J(W,b) \qquad (2.32)$$

$$b_i^{(l)} = b_i^{(l)} - \alpha\frac{\partial}{\partial b_i^{(l)}}J(W,b) \qquad (2.33)$$

其中，α 为学习率，$\dfrac{\partial}{\partial W_{ij}^{(l)}}J(W,b)$ 和 $\dfrac{\partial}{\partial b_i^{(l)}}J(W,b)$ 的具体形式如下：

$$\frac{\partial}{\partial W_{ij}^{(l)}}J(W,b) = \left[\frac{1}{m}\sum_{i=1}^{m}\frac{\partial}{\partial W_{ij}^{(l)}}J(W,b;x^{(i)},y^{(i)})\right] + \lambda W_{ij}^{(l)} \qquad (2.34)$$

$$\frac{\partial}{\partial b_i^{(l)}}J(W,b) = \left[\frac{1}{m}\sum_{i=1}^{m}\frac{\partial}{\partial b_i^{(l)}}J(W,b;x^{(i)},y^{(i)})\right] \qquad (2.35)$$

在神经网络模型中，由于网络结构复杂，每次计算梯度的代价很大，要想实现参数更新，需利用反向传播（back propagation，BP）算法[45]。BP 算法是利用神经网络结构进行的计算，通过 FP 算法计算出每一个神经元的输出值，对第 l 层的每一个节点 i，计算出残差 $\delta_i^{(l)}$，表明该节点对最终输出值的残差所产生的影响。对于非输出神经元，假设 $z_i^{(l)}$ 表示第 l 层上的第 i 个神经元的输入加权和，若 $a_i^{(l)}$ 表示第 l 层上的第 i 个神经元的输出，则有 $a_i^{(l)}=\sigma(z_i^{(l)})$。

对于输出层 n_l 上的神经元 i，残差为

$$\delta_i^{n_l} = \frac{\partial}{\partial z_i^{n_l}}J(W,b;x,y) = \frac{\partial}{\partial z_i^{n_l}}\frac{1}{2}\|y-a\|^2 = \frac{\partial}{\partial z_i^{n_l}}\frac{1}{2}\sum_{i=1}^{s_{n_l}}\|y_i-a_i^{n_l}\|^2$$

$$= (y_i-a_i^{n_l})\cdot(-1)\cdot\frac{\partial}{\partial z_i^{n_l}}a_i^{n_l} = -(y_i-a_i^{n_l})\cdot\sigma'(z_i^{n_l}) \qquad (2.36)$$

对于非输出层，即 $l=n_{l-1}$，n_{l-2}，$\cdots$，2 各层，第 l 层上的残差计算如下（本书以第 n_{l-1} 层为例进行计算）：

$$\delta_i^{n_{l-1}} = \frac{\partial}{\partial z_i^{n_{l-1}}}J(W,b;x,y) = \frac{\partial}{\partial z_i^{n_{l-1}}}\frac{1}{2}\|y-a\|^2$$

$$= \frac{\partial}{\partial z_i^{n_{l-1}}}\frac{1}{2}\sum_{j=1}^{s_{n_l}}\|y_j-a_j^{n_l}\|^2$$

$$= \frac{1}{2}\sum_{j=1}^{s_{n_l}}\frac{\partial}{\partial z_i^{n_{l-1}}}\|y_j-a_j^{n_l}\|^2$$

$$= \frac{1}{2} \sum_{j=1}^{s_{n_l}} \frac{\partial}{\partial z_i^{n_l}} \parallel y_j - a_j^{n_l} \parallel^2 \cdot \frac{\partial}{\partial z_i^{n_{l-1}}} z_j^{n_l}$$

$$= \sum_{j=1}^{s_{n_l}} \delta_j^{(n_l)} \cdot \frac{\partial}{\partial z_i^{n_{l-1}}} z_j^{n_l}$$

$$= \sum_{j=1}^{s_{n_l}} \left(\delta_j^{(n_l)} \cdot \frac{\partial}{\partial z_i^{n_{l-1}}} \sum_{k=1}^{s_{n_{l-1}}} \sigma(z_k^{n_{l-1}}) \cdot W_{jk}^{n_{l-1}} \right)$$

$$= \sum_{j=1}^{s_{n_l}} (\delta_j^{(n_l)} \cdot W_{jk}^{n_{l-1}} \cdot \sigma'(z_i^{n_{l-1}}))$$

$$= \sum_{j=1}^{s_{n_l}} (\delta_j^{(n_l)} \cdot W_{ji}^{n_{l-1}} \cdot \sigma'(z_i^{n_{l-1}})) \tag{2.37}$$

得到

$$\delta_i^{(l)} = \left(\sum_{j=1}^{s_{l+1}} \delta_j^{(l+1)} \cdot W_{ji}^{(l)} \right) \cdot \sigma'(z_i^{(l)}) \tag{2.38}$$

神经网络中的权重和偏置的更新公式为

$$\frac{\partial}{\partial W_{ij}^{(l)}} J(W,b) = a_j^{(l)} \delta_i^{(l+1)} \tag{2.39}$$

$$\frac{\partial}{\partial b_i^{(l)}} J(W,b) = \delta_i^{(l+1)} \tag{2.40}$$

根据权重与偏置的更新公式，不断重复迭代，直到梯度接近零时截止，所有的参数将恰好达到使损失函数形成一个最低值的状态，从而得到最优解。

5. 神经网络模型分类

自 1943 年 M-P 模型被提出后，神经网络的研究持续了很长一段时间。目前，主流的神经网络模型已有几十种，如 BP 网络、Hopfield 网络、自适应共振理论（adaptive resonance theory，ART）网络、自组织特征映射网络、小波神经网络和 Boltzmann 机模型等。依据不同的分类标准，可将现有的神经网络模型进行有效分类。按照性能可将神经网络分为离散型和连续型，如离散型 Hopfield 神经网络和连续型 Hopfield 神经网络。前者适合处理输入为二值逻辑的样本，主要用于联想记忆；后者适合处理输入为模拟量的样本，主要用于分布存储。按拓扑结构可将神经网络分为前向型网络和反馈型网络。前向型网络中各个神经元的输入为前一级的输出，并将神经元的结果继续输出至下一级。由于在该过程中网络的流向一直是正向的，不具有反馈功能，因此可用一个有向无环路图表示整个过程。前向型网络内包含多个简单非线性函数，经过多次复合可将输入空间的信号变换到输出空间，如多层感知器、BP 网络等。反馈型网络内每层神经元间都具有一定的反馈，因此整个过程可以用一个无向的完备图进行表示，从而变换神经网络信息处理的状态，如 Hopfield 网络、Boltzmann 机。

6. 深度神经网络

2006 年，Hinton 利用预训练方法让初始权值较接近最优解，从而缓解自编码器容易陷入局部最优解的问题，使得神经网络开始进入深度网络时代，深度网络开始改变整个机器学习的格局，由此揭开了深度学习的热潮[46]。深度神经网络（deep neural network，DNN）可理解为具有很多隐藏层的神经网络，在不同的领域中，"深度"具有不同的定义，如语音识别领域的深度神经网络，一般认为能够具有 4 层神经网络就代表了具有一定的深度；而在图像识别领域中的深度神经网络，层数最多可达 100 多层。并且为了解决梯度弥散问题，ReLU 函数、Maxout 函数等激活函数替代了 Sigmoid 函数的使用。图 2.8 为一个深度神经网络基本结构。

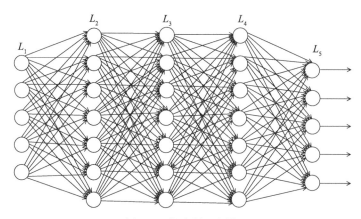

图 2.8　深度神经网络

从图中可看到深度神经网络有多个隐藏层，多隐藏层的网络具有优异的特征学习能力，这种学习得到的特征对于数据有着更本质的刻画。常用的深度神经网络模型包括：自动编码器（auto-encoder，AE）、卷积神经网络（convolutional neural network，CNN）、循环神经网络（recurrent neural network，RNN）、深度信念网络（deep belief network，DBN）等。从广义上来说，可认为深度神经网络包含了 CNN、RNN 这些具体的变种形式。在实际应用中，深度神经网络往往也融合了多种已知的结构，包括卷积层或长短时记忆（long short-term memory，LSTM）网络单元。随着深度学习热度的持续，更灵活的组合方式和更多的网络结构也将被创造出来。

2.5.2　强化学习

组合优化问题大多都涉及决策顺序问题，如旅行商问题（travel sales problem，TSP)、车辆路径问题 (vehicle routing problem，VRP) 等，因此组合优化问题可描述为一个多阶段序列决策问题。强化学习 (reinforcement learning，RL) 作为一种可有效解决组合优化问题的方法，近期得到了广泛的发展，它结合了神经网络、人工智能、认知科学、仿真和函数近似理论等领域的有关思想，具有解决状态空间巨大和难于建立精确数学模型这两类问题的能力。

1. 强化学习的定义

强化学习是一种具有奖励和惩罚的学习方法。智能体通过与环境不断交互，不断搜索具有高回报的动作，获取环境反馈，提升自身决策能力。强化学习和监督学习相比具有不同的特点，在学习过程中，智能体只能通过与环境不断交互，获取反馈信息来决策采取哪个动作，而没有任何的先验信息来指导智能体。由于强化学习能够主动学习去适应环境，可为未知环境下智能体决策问题的解决提供一种有效的方法[47]。强化学习模型如图 2.9 所示。

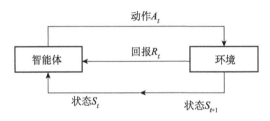

图 2.9　强化学习模型

在 t 时刻，智能体获取环境状态 S_t，基于强化学习算法得到动作 A_t 并执行，系统环境在该动作的影响下进入了新的的状态 S_{t+1}，并反馈给智能体一个回报 R_t，以表征刚执行动作的优劣，如此往复执行。智能体在持续迭代过程中将不断改进自身的动作选择，最终学习到最优策略。

强化学习方法在模拟动物的学习过程中，具有两个显著特征：一是试错学习，在智能体与环境的交互过程中，智能体在没有先验信息的指导下通过不断进行动作选择，根据回报值探索尝试找到具有高回报值的动作策略；二是延迟回报，智能体根据环境信息执行不同的动作选择，动作执行后智能体是无法立刻获得回报值的，而是要在环境状态转移到下一状态时，才能获得环境反馈的回报值。通过不断地循环学习，智能体不断优化动作选择策略，最终找到一条最优策略[48]。强化学习研究的不是独立同分布的数据，更多的是时间序列的数据，因此其主要应用于序贯决策问题。

2. 马尔可夫决策过程

马尔可夫决策过程是序贯决策的主要研究领域，其能表征大部分的强化学习问题，将强化学习过程建模为马尔可夫决策过程能够更方便准确地表示。马尔可夫决策过程中的决策与人类的决策具有一致性，都是在一定规则条件下从可选的策略中选择一个。在整个过程中，决策不会一直正确，在做出错误决策时，会进行调整并重新做出决策，即序贯决策。使用马尔可夫决策过程需具有马尔可夫性的环境，即下一时刻所处的状态分布与之前的状态无关的特性，只与当前状态有关。强化学习问题大多具有状态转移与历史无关的性质，因此可利用马尔可夫决策过程来描述强化学习问题。

　　一般可以用四元组 $\langle S,A,T,R \rangle$ 来表示一个马尔可夫决策过程，其中 S 表示智能体的状态空间，即系统环境状态的集合，在 t 时刻，智能体处于一个确定的状态 $s_t \in S$；A 表示智能体的动作空间，即智能体可采取的动作集合，在 t 时刻，智能体从中选取一个动作 $a_t \in A$ 并执行；T 表示系统的状态转移函数，通常 T 是一个函数形式，如 T：$S \times A \rightarrow P(S|S,A)$，这代表 T 是从状态空间和动作空间的笛卡儿积到状态的概率分布的映射。用 $p(s'|s,a)$ 描述智能体在当前状态 $s \in S$ 下，执行动作 $a \in A$ 后，状态转移到 $s' \in S$ 的概率；R 表示智能体作用于环境后，环境给出的回报模型，也以一个函数的形式表示 R：$S \times A \times S \rightarrow R,r(s,a,s')$ 表示在状态 s 下智能体执行动作 a 后，环境状态转移至 s' 时所获得的回报。一般用正数表示积极回报，用负数表示消极回报。

　　马尔可夫决策的动态过程表示如下：在一个马尔可夫决策过程中，智能体的初始状态为 $s_0 \in S$，之后选择动作 $a_0 \in A$ 并执行，环境根据状态转移函数 $p(s_1|s_0,a)$ 转移至下一个状态 $s_1 \in S$，并反馈给智能体一个回报值 r_0。然后根据后续状态选择下一个动作 $a_1 \in A$ 并执行，环境状态转移至状态 $s_2 \in S$，依次循环执行以上过程，如图 2.10 所示[49]。

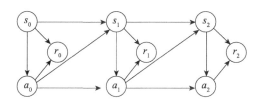

图 2.10　马尔可夫决策的动态过程

3. 强化学习的基本要素

　　一个强化学习系统除了包含智能体和环境两部分外，还包括策略、值函数、回报函数等因素。

　　1）策略 π

　　在给定一个马尔可夫决策过程 $\langle S,A,T,R \rangle$ 的情况下，策略就是在某个状态下，选取某一动作或选取某一动作的概率。策略 π 在强化学习系统中处于核心位置，策略的好坏能够决定智能体在执行动作过程中所获得的回报值及学习的好坏。策略 π 可分为确定策略和随机策略，其中确定策略 $\pi(s)$ 可定义为 π：$S \rightarrow A$，表示从一个状态集合 S 到动作集合 A 的映射；随机策略 $\pi(s,a)$ 可定义为 π：$S \times A \rightarrow [0,1]$，表示对于某一个状态，它的输出为在该状态下所要选择的动作概率，并且有 $\pi(s,a) \geqslant 0$，且 $\sum_{a \in A} \pi(s,a) = 1$。

2）值函数 $V(S)$

值函数 $V(S)$ 是在策略 π 和回报值 r_t 之间构造的函数，考虑到在动作挑选过程中环境状态的不确定性。对值函数的评估是强化学习算法的基础，从而将马尔可夫决策过程的最优标准和策略联系起来。值函数 $V(S)$ 是指智能体在策略 π 的指导下，从状态 s 转移至最终状态过程中累积回报值的期望，其表达式如下：

$$V_\pi(s) = E_\pi \left(\sum_{k=0}^{\infty} \gamma^k r_{t+k} \,\middle|\, s_t = s \right) \tag{2.41}$$

其中，γ 为折扣因子，取值为 $[0,1]$；r_t 为 t 时刻的回报值，表示当前状态的优劣；s_t 为 t 时刻的环境状态。对于智能体采取的任意策略 π，t 时刻在环境状态 s_t 下的值函数为

$$V_\pi(s_t) = r_t + \gamma \sum_{s_{t+1} \in S} p(s_{t+1}|s_t,a_t) V_\pi(s_{t+1}) \tag{2.42}$$

其中，$p(s_{t+1}|s_t,a_t)$ 表示状态转移概率。

对于一个智能体来说，与环境不断进行交互学习的目的是获得最优策略 π^* 或者逼近最优的 π^*，从而最大化一段时间内的回报值，即

$$V_{\pi^*}(s_t) = \max_{a \in A} \left\{ r_t + \gamma \sum_{s_{t+1} \in S} p(s_{t+1}|s_t,a_t) V_{\pi^*}(s_{t+1}) \right\} \tag{2.43}$$

3）回报函数 R

回报函数 R 是强化学习过程中的信号，有正强化和负强化之分。强化学习过程中智能体通过正负信号进行动作选择，从而尽可能提高正强化信号的概率。另外，R 也是智能体与环境进行不断交互学习时，环境给予智能体的反馈信号，一般采用标量进行表示，可以将其作为评价智能体选择动作执行所带来的效果好坏的指标。强化学习的目标是通过最大化智能体的回报值，最终得到最优策略。

4. 强化学习基本算法

解决强化学习问题本质上就是计算一个最优策略，使得到的回报最大化。根据问题的不同，解决强化学习问题的方法可以分为两大类：一类是值函数估计法，这也是研究和应用得最广泛的方法，如蒙特卡罗（Monte Carlo，MC）法、瞬时差分（temporal difference，TD）法、Q-学习（Q-learning）算法等；另一类是策略空间直接搜索法，如模拟退火算法、遗传算法及其他进化算法等[49]。另外，通过确认强化学习方法中是否采用了马尔可夫决策过程模型框架，可将其分为模型无关（model-free）法和模型有关（model-based）法。模型有关法如

Sarsa 算法；模型无关法广泛应用的有 MC 算法、TD 算法、Q-learning 算法等。

2.5.3　S2V-DQN 方法

S2V-DQN（structure2vec deep Q-learning）[50]方法提供了一种基于图形结构求解组合优化问题的方法，可以通过对一类算法的学习，来解决同一类基于图的组合优化问题。S2V-DQN 也被称为解决基于图的组合优化问题的"学习算法的算法"，是使用了强化学习和图形嵌入等技术的一种学习型算法。总体来说，该方法的核心技术包括三个方面。

（1）采用了一种贪婪的元算法设计。在图结构的基础上，通过逐次添加节点来构造可行解，并保持其满足图约束条件。许多组合问题是图结构的，这种存在于图上的相同高层设计可以无缝地解决不同的图数据优化问题。

（2）使用一种图形嵌入网络 S2V 来表示贪婪算法中的策略。S2V 是基于实例图的深度学习体系结构，将图中的节点"特征化"，允许策略区分每个节点的有用性，并将其推广到不同大小的问题实例。此外，图形嵌入特性捕获了节点在其邻域上下文中的属性，从而为部分解决方案添加了更好的节点。

（3）使用强化学习中的 Q-learning 来学习由图形嵌入网络参数化的贪婪策略。使用 Q-learning 方法的主要优点是其可以处理延迟的奖励且数据效率高。在贪婪算法的每一步中，根据局部解对图形的嵌入进行更新，将每个节点的新知识反映到最终目标值。

1. S2V 模型

使用机器学习等学习型算法从序列、树和图等复杂结构化数据中学习，通常需要先将这些数据显式或者隐式地转换成向量表示，这种转换是特征提取的一种方式，被称为向量化或者嵌入（embedding）。转换后的向量与原始数据相比，在保存足够信息的同时，是一种更容易访问、形式更加简洁的数据表示形式。本节将介绍一种用于结构数据向量化表示的嵌入模型：S2V[51]。S2V 是一种有效的、可扩展的结构化数据表示方法，该方法将潜在变量模型嵌入到特征空间中，利用判别信息学习特征空间。

S2V 模型沿用了核方法（kernel method）的一些理论，在介绍 S2V 之前，这里先对核方法进行相应的介绍，并且在介绍过程中补充所涉及的一些基本的数学原理，以便读者更好地理解 S2V 模型。

核方法是一种模式识别算法，其核心处理思路是通过某种非线性映射将原始数据嵌入到合适的高维特征空间后，再利用通用的线性学习器在这个新的空间中完成模式的分析和处理。核方法处理问题的核心要求是将原始数据进行高维嵌入，这样的数据转化基于一个假设：低维空间中的线性不可分能够通过函数映射转变为高维空间内的线性可分。核方法的具体原理可以参考文献 [52，53]。

S2V 模型是一种基于实例图的深度学习结构，其将图中的节点"特征化"，并使用神经网络来拟合非线性函数。S2V 在嵌入时引入了结构化数据的特性，对图结构（或者其他结构）进行了分析和建模。在不失一般性的前提下，假设每个结构化数据点 χ 是一个图，图的节点组为 $\nu = \{1, \cdots, V\}$，边组为 ε，x_i 表示 i 节点的属性，其中节点属性与整个图的标签不同。结构化数据点 χ 被建模为从图形模型中提取的实例。具体来说是使用一个变量对图中每个节点 X_i 的标签建模，此外将另一个隐藏变量 H_i 与之关联。然后，在这些随机变量集合上定义一个两两配对的马尔可夫随机场（Markov random field，MRF）：

$$p(\{H_i\}, \{X_i\}) \propto \prod_{i \in \nu} \Phi(H_i, X_i) \prod_{(i,j) \in \varepsilon} \Psi(H_i, H_j) \tag{2.44}$$

其中 Φ 和 Ψ 分别是非负的节点势（node potential）和边势（edge potential）。在该模型中，变量根据图形结构进行连接，意味着直接使用输入数据的图形结构作为无向图模型的条件独立结构。图 2.11 是构造图形模型的具体示例[51]。

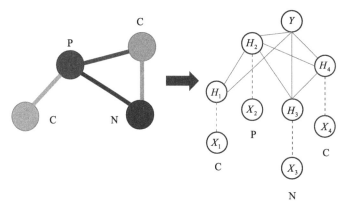

图 2.11　将图形数据表示为潜在变量模型

$\{H_i\}$ 的后验将被嵌入到特征空间，这里使用特征映射 $\phi(H_i)$ 嵌入隐藏变量的后验边缘（posterior marginal）$p(H_i \mid \{x_i\})$，即

$$\mu_i = \int_H \phi(h_i) p(h_i \mid \{x_i\}) \mathrm{d}h_i \tag{2.45}$$

该计算来自分布的希尔伯特空间嵌入。希尔伯特空间嵌入是分布到潜在无限维特征空间的映射，详细的细节可查阅文献 [54]。其中，$\phi(H_i)$ 的确切形式和 $p(H_i \mid \{x_i\})$ 中的参数不是固定的，需要使用监督标签来学习，以实现最终的优化目标，设定 $\phi(H_i) \in \mathbf{R}^d$ 是有限特征空间。

计算嵌入对于一般图形来说是一项非常具有挑战性的任务：它涉及在图形模型中执行的一个推论，在这个推论中需要集成所有的变量的期望 H_i：

$$p(H_i \mid \{x_i\}) = \int_{H^{V-1}} p(H_i, \{h_i\} \mid \{x_i\}) \prod_{j \in \nu \setminus i} \mathrm{d}h_j \qquad (2.46)$$

这个计算量在现实中难以实现，为此，使用嵌入平均场推理（embedding mean-field inference）和循环置信传播（loopy belief propagation）等方法简化运算，求取其近似值，并将其中非线性函数映射参数化为一个神经网络，转化方法详见文献 [51]。

以嵌入平均场推理为例，$\mu_i = \int_H \phi(h_i) p(h_i \mid \{x_i\}) \mathrm{d}h_i$ 被转化为

$$\tilde{\mu}_i = \sigma\Big(W_1 x_i + W_2 \sum_{j \in \mathcal{M}(i)} \tilde{\mu}_j + W_3 \sum_{j \in \mathcal{M}(i)} x_j\Big) \qquad (2.47)$$

其中，σ 为激活函数；W_1，W_2 和 W_3 为系数矩阵；$\mathcal{N}(i)$ 表示与节点 i 相邻的所有节点。

这里使用图的标签信息来学习特征空间、转换函数以及目标值的回归器或分类器。具体来说，首先提供了一个训练数据集 $\mathcal{D} = \{\chi_n, y_n\}_{n=1}^{\mathcal{N}}$，这里 χ_n 是一个结构化数据点，而且 $y_n \in \mathcal{Y}$，其中对于回归问题，$\mathcal{Y} = \mathbf{R}$ 或者对于分类问题 $\mathcal{Y} = \{1, \cdots, K\}$。每个数据点将表示为一组嵌入 $\{\tilde{\mu}_i^n\}_{i \in V_n} \in \mathcal{F}$，现在的目标是学习一个回归或者一个分类函数 f 连接 $\{\tilde{\mu}_i^n\}_{i \in V_n}$ 到 y_n。

在回归问题中，参数化函数 $f(\chi_n)$ 为 $u^{\mathsf{T}} \sigma\big(\sum_{i=1}^{V_n} \tilde{\mu}_i^n\big)$，其中 $u \in \mathbf{R}^d$ 是从总和嵌入到输出的最终映射。通过最小化经验平方损失来学习嵌入中涉及的参数 u 和这些 W。最小化经验平方损失函数定义如下：

$$\min_{u,W} \sum_{n=1}^{N} \Big(y_n - u^{\mathsf{T}} \sigma\big(\sum_{i=1}^{V_n} \tilde{\mu}_i^n\big)\Big)^2 \qquad (2.48)$$

由于每个数据点的结构不同，它们都有自己的图形模型和嵌入式特性，但是参数 u 和 W 在这些图形模型中是共享的。

在 K 类分类问题中，定义 z 为 y 的 1-of-k 表示，例如，$z \in \{0, 1\}^K$，如果 $y = k$，$z^k = 1$，并且对于 $\forall i \neq k$，$z^i = 0$。

通过采用 softmax 损失，得到了嵌入参数的优化和判别分类器估计为

$$\min_{u = \{u^k\}_{k=1}^K, W} \sum_{n}^{N} \sum_{k=1}^{K} - z_n^k \log u^k \sigma\big(\sum_{i=1}^{V_n} \tilde{\mu}_i^n\big) \qquad (2.49)$$

其中，$u = \{u^k\}_{k=1}^K$，$u^k \in \mathbf{R}^d$ 是映射嵌入输出的参数。同样的思想也可以推广到其他具有不同损失函数的判别任务，其中目标函数与相应的判别任务直接相关，W 和 u 也是如此。

从概念上讲，该过程首先通过一个图形模型来表示每个数据，该图形模型是根据其具有共享潜在功能的单个结构构造的，然后，这些图形模型嵌入到相同的

特征映射中，最后，利用预测函数对嵌入的边缘进行聚合，得到一个判别任务。将共享的势函数、特征映射和最终预测函数结合起来学习，以完成带有监控信号的最终任务，可以但是不限于使用随机梯度下降来优化目标。

2. Q-learning 算法

Q-learning 是一种基于值（value-based）的强化学习算法，其中 Q 即指 $Q(s,a)$，具体就是在某一时刻的 $s(s \in S)$ 状态下，采取动作 $a(a \in A)$ 能够获得收益的期望。

Q-learning 方法中会构建一个 Q 值表（Q-table）来存储这些与状态和动作对应的 Q 值，Q 值将会成为选取最大收益动作的依据。以表 2.1 为例，其存储了环境里的三种状态 s_1，s_2，s_3，采取动作 a_1，a_2 所对应的 Q 值。

表 2.1   Q 值表

状态	动作	
	a_1	a_2
s_1	$Q(s_1, a_1)$	$Q(s_1, a_2)$
s_2	$Q(s_2, a_1)$	$Q(s_2, a_2)$
s_3	$Q(s_3, a_1)$	$Q(s_3, a_2)$

Q-learning 算法的核心要素为可以做出动作的智能体，以及根据智能体的动作给出相应变化和奖励值的环境及其状态。首先将需要优化的场景抽象为一个马尔可夫决策过程。这里使用 s_t 表示环境的每一种状态，s_0 表示环境的初始状态，$\pi(a|s)$ 则表示在状态 s 下采取动作 a 策略，$P(s'|s,a)$ 表示在状态 s 下选择 a 动作时转换到下一个状态 s' 的概率，$R(s'|s,a)$ 表示在状态 s 下采取 a 动作转移到状态 s' 时可以获得的奖励，γ 表示折现系数，H 表示动作次数上限。优化目标是找到一条能够获得最大奖励的策略，即序列动作，所以优化目标是最大化策略的奖励期望：

$$\max_\pi E\Big[\sum_{t=0}^{H} \gamma^t R(S_t, A_t, S_{t+1}) \mid \pi\Big] \tag{2.50}$$

Q-learning 使用了时间差分（temporal difference，TD）法来实现离线学习，并且使用贝尔曼（Bellman）方程求解马尔可夫过程的最优策略。在探索环境之前，Q-table 会给出相同的任意的设定值，通常设定为 0。随着对环境的持续探索，Q-table 会通过迭代更新 $Q(s,a)$ 来获得越来越好的 $Q(s,a)$ 近似。

贝尔曼方程也被称为动态规划方程（dynamic programming equation），而动态规划是把一个规划问题转化为抽象状态之间的转移。使用贝尔曼方程求解马尔可夫决策过程的最佳策略或动作序列，需要构建状态值函数 $V_\pi(s)$ 来评价当前状态的好坏，而其后任意时间的状态变量数值都是可变的，而且每个状态的奖励值不仅由当前状态决定，也会受到后续状态的影响，所以当前 s 的状态值函数 $V(s)$

被定义为累计奖励的期望，公式如下：

$$V_\pi(s) = E_\pi[R_{t+1} + \gamma[R_{t+2} + \gamma[\cdots]]] \mid S_t = s] \tag{2.51}$$

$$V_\pi(s) = E_\pi[R_{t+1} + \gamma[V(s')] \mid S_t = s] \tag{2.52}$$

那么最优值函数为 $V^*(s) = \max_\pi V_\pi(s)$，其中 $V^*(s)$ 表示奖励值最高的最优累计期望，所以 $V^*(s) = \max_\pi E\left[\sum_{t=0}^{H} \gamma^t R(S_t, A_t, S_{t+1}) \mid \pi, s_0 = s\right]$，其中 π 表示策略。

Q-learning 中 $Q(s,a)$ 状态动作值期望的计算函数与上述类似，

$$q_\pi(s,a) = E_\pi[R_{t+1} + \gamma q_\pi(S_{t+1}, A_{t+1}) \mid A_t = a, S_t = s] \tag{2.53}$$

展开后为

$$q_\pi(s,a) = E_\pi[r_{t+1} + \gamma r_{t+2} + \gamma^2 r_{t+3} + \cdots \mid A_t = a, S_t = s] \tag{2.54}$$

由上式可以看出，每个时间的奖励 r 会被乘上折现系数的幂指数，因为折现系数 $\gamma \in (0,1)$，所以随着指数增大，其值趋近于 0。γ 衰变值对 Q 函数的影响表现在 γ 越接近于 1，代表它越有远见，会提高后续状态的价值权重，γ 越接近 0，则会更多地忽略长远，只考虑当前的奖励影响。那么最优价值动作函数为

$$Q^*(s,a) = \max_\pi Q^*(s,a)$$

打开期望，$Q^*(s,a)$ 计算公式转化为

$$Q^*(s,a) = \sum_{s'} P(s'|s,a)(R(s,a,s') + \gamma \max_{a'} Q^*(s',a')) \tag{2.55}$$

明确了 Q 值，以及最优价值的计算，下一步在 Q-learning 中将使用时间差分方法来迭代更新 Q 值。更新公式为

$$\mathrm{New}Q(s,a) = Q(s,a) + \alpha[R(s,a) + \gamma \max Q'(s',a') - Q(s,a)] \tag{2.56}$$

其中 α 表示学习率。

Q-learning 算法的通用步骤总结如下。

步骤 1：初始化 Q 值，构造对应动作和状态为维度的二维列表，并将其中的 Q 值进行初始化，通常初始化为 0。

步骤 2：选取一个动作。在基于当前环境状态 s 得出的 Q 值下选择一个动作 a。

步骤 3：在环境中执行动作 a，并且观察输出的新状态 s' 和奖励 r，并更新 Q 值。

步骤 4：重复步骤 2～步骤 3，不断更新 Q 值，直到达到最大的更新迭代数或收益，结束学习。

3. S2V-DQN 算法

Dai 在 2017 年[50]提出一种探索自动化解决基于图论的组合优化问题的新方法 S2V-DQN，该方法结合了上面讲到的图形嵌入结构和 Q-learning 算法，实现了一种类似元算法的算法，对基于图论的组合优化问题的研究有着开创性的作用。

该算法整体框架是一种贪婪算法，基于最大化某个评价函数的目标，逐步添加节点来得到问题的解。针对一个问题实例，当评价函数最优时，这个函数都能在贪婪算法下找到最优解。通常情况下，寻找最优的评价函数这一任务本身就是NP难题，因此往往需要近似找出一个评价函数 Q。解决这类问题的传统贪婪算法需要人工设计评价函数 Q，而手动设计一个合理的评价函数在复杂问题中是很困难的，因此，这里引入图形嵌入来寻找评价函数，并使用强化学习中的 n 步 Q-learning 方法来学习图形嵌入网络的参数。

图 2.12 概括了算法的整体设计，首先将组合优化问题建立为图模型，并执行图形嵌入，然后通过构建 Q 函数，利用 Q-learning 算法完成图形嵌入中的网络参数训练，参数训练完成意味着贪婪策略的选定，最后执行贪婪算法来构造解决方案。

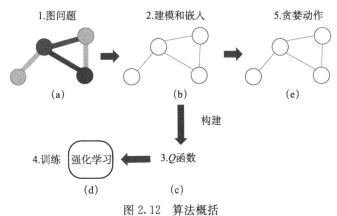

图 2.12　算法概括

使用 $G(V,E,\omega)$ 来表示一张图，V 是节点的组合，E 是边的组合，ω 表示权值函数，则 $\omega(u,v)$ 表示特定边 $(u,v)\in E$ 的权值。部分解表示为有序列表 S，其也是 V 的子集。此外，设定一个二元决策变量的向量 x，其中一个维度 x_v 对应于一个节点 v。如果 $v\in S$，则 $x_v=1$，否则 $x_v=0$。

使用 $\hat{Q}$ 表示参数化需要拟合的评价函数，依据 S2V 模型，则

$$\hat{Q} = \theta_1^{\mathrm{T}}\mathrm{relu}\big[\theta_2\sum_{u\in V}\mu_u^{(T)},\theta_3\mu_v^{(T)}\big] \tag{2.57}$$

其中，$\mu_v^{(T)}$ 是通过迭代计算的，T 表示迭代次数，而嵌入任意节点 v 的嵌入 μ_v 的更新过程是基于图的拓扑结构进行的。只有在上一轮所有节点的嵌入更新完成之后，才会开始新一轮的节点嵌入。更新公式如下：

$$\mathrm{Update}\mu_v^{(t)} := \mathrm{relu}\big(\theta_4 x_v + \theta_5\sum_{u\in\mathcal{N}(v)}\mu_u^{(t-1)} + \theta_6\sum_{u\in\mathcal{N}(v)}\mathrm{relu}(\theta_7\omega(v,u))\big)$$

$$\tag{2.58}$$

该计算将遍历所有节点，并在 T 次之内迭代更新，直到更新至 $\mu^{(T)}$。其中 $\mathcal{N}(v)$ 表示与节点 v 相邻的所有节点，$\theta_1\sim\theta_7$ 均表示需要拟合的参数向量。

上述所有的参数将使用 Q-learning 来学习，从空的解决方案开始到添加节点至完整序列被定义为一个片段（episode），而 episode 中的一个 step 表示一个动作，即添加一个节点。标准 Q-learning 通过执行梯度步（gradient step）去最小化平方回归损失，在 episode 的每个 step 更新函数近似器的参数。平方回归损失为 $(y - \hat{Q}_t)^2$。

n 步 Q-learning 有助于解决延迟奖励的问题，在这种情况下，最终奖励在未来很长一段时间内才会收到。在这里设置为：添加了许多节点后解决方案的最终目标值才会显示出来，所以 y 的计算公式为

$$y = \sum_{i=0}^{n-1} r(S_{t+i}, v_{t+i}) + \gamma \max_{v'} \hat{Q}_{t+n} \tag{2.59}$$

其中状态 S 处的奖励函数 $r(S, v)$ 定义为采取行动 v 过渡到状态 S' 后成本函数的变化：

$$r(S, v) = c_{S'}(G) - c_S(G) \tag{2.60}$$

成本函数根据具体的问题和需要来构建，参数的更新依旧依据 loss 算法，采用随机梯度下降的方式完成。

确定了近似评估函数 $\hat{Q}$ 之后，执行贪婪算法，通过顺序向部分解决方案添加节点来构造解决方案。首先根据模型或者真实数据实例化一个图：$G(V, E, s)$，并构造一个辅助过程 $h(S)$，将一个有序列表 S 映射到一个满足问题特定约束的组合结构。然后构造一个非线性函数 $c(h(S), G)$ 来评价部分解的质量。因为最终解决方案的长度可能会根据实例和问题的类型而有所不同，所以构造二元函数 $t(h(S))$ 表示部分解 S 为问题实例的完全可行解，作为迭代的终止条件。S 将通过不断地加入节点进行迭代扩展运算：

$$S := (S, v^*), \qquad v^* := \underset{v \in S}{\text{argmax}} \, Q(h(S), v) \tag{2.61}$$

其中，(S, v^*) 定义为添加 v^* 到 S 列表的末尾。

4. 在卫星任务规划中的应用分析

S2V-DQN 方法提供了一种基于图形结构求解组合优化问题的方法，该方法是使用机器学习算法探索自动化解决此类问题的成果之一，可以通过对一类算法的学习，来解决同一类的基于图论的组合优化问题。

卫星任务规划问题需要寻找任务可执行时间窗之间的关联关系，并基于该关系构造可行的任务规划方案，因此可以采用图论的方法进行建模表示。通过将卫星任务规划问题建模为图，可以直观地表示不同任务执行时间窗之间的关联关系，如同一颗卫星对不同任务执行时间窗之间的关系，同一个任务在不同卫星上执行时间窗之间的关系。S2V-DQN 方法可以利用基于神经网络的方法自主挖掘图形结构中的复杂关系，并基于对这些关系的理解指导任务规划方案的生成，很好地解决任务规划中的重点问题，因此 S2V-DQN 方法是一种可行的解决任务规

划问题的新方法。

S2V-DQN 方法的基础是基于图论模型，因此如何利用图结构更好地描述任务规划问题中的各种约束，如卫星资源的能量约束、存储容量约束，建立优质的图论模型是研究的重要方向。此外，如何根据图结构的特征重构 S2V-DQN 方法的流程，调整神经网络结构，更好地适应问题特性也是研究中的关键问题。

2.5.4　指针神经网络

指针神经网络是一种利用神经网络和强化学习解决组合优化问题的框架[55,56]，该框架主要由 LSTM 的序列化模型（sequence to sequence，Seq2Seq）和注意力机制（attention）组成，如图 2.13 所示，并由强化学习方法进行训练。该模型改进了序列化模型和注意力机制的协作方式，从而克服了传统序列化模型方法的输出仅能从设定好的取值空间内进行组合，无法有效解决取值空间随输入变化的问题。

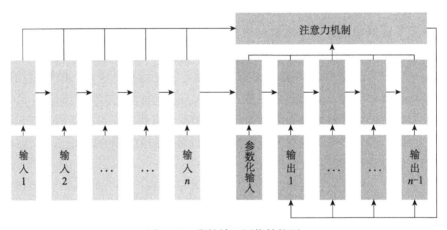

图 2.13　指针神经网络结构图

指针神经网络通过信息的提取和解读来实现输入序列到输出序列的映射变换。如图 2.13 所示，架构下方部分为序列化模型，负责逐序读取输入序列，生成并维护描述序列元素关联关系的隐藏向量，提供给注意力机制生成输出序列，是该框架的驱动器。框架上方部分为由注意力机制改进形成的指针机制，负责接收序列化模型输入的信息并进行计算，根据输入产生的动态取值空间生成输出，实现组合优化问题的求解。

1. 序列化模型

序列化模型主要由两个循环神经网络组成，如图 2.14 所示[57,58]，实现输入序列到输出序列端到端的映射。序列化模型的核心是通过循环神经网络的独特结构分析输入序列数据的前后关联特征，形成输入序列的信息向量，然后从信息向量中逐步分离得到输出序列数据。

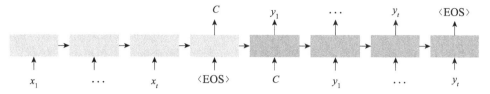

图 2.14　序列化模型结构

本节以经典序列化模型结构为例进行基本原理阐述。如图 2.14 所示，序列化模型由编码器（encoder，图中左侧部分，始于 x_1，止于〈EOS〉）和解码器（decoder，图中右侧部分，始于 C，止于 y_t）两部分组成。编码器负责输入序列元素中关联信息的抽取，该信息包含针对特定问题的相关特征，如在 TSP 问题中点的相对位置信息。编码器的工作过程为：当编码器获得输入序列 $X=[x_1,$ $x_2, \cdots, x_n]$ 时，按时间步逐序读入输入元素，即第一个时间步读取元素 x_1，第二个时间步读取元素 x_2，直至读入整个输入序列，生成包含整个输入序列隐藏信息的向量 C。编码器在第 t 个编码时间步读入输入元素后，对应的编码单元（encoder cell）基于上一编码步的关联信息 h_{t-1} 和当前编码步的输入元素 x_t 按照式（2.62）计算元素关联信息 h_t，并传递给下一步的编码单元。其中 f 为编码单元以神经网络参数化的编码函数；$t=1$ 时 h_0 为指定的超参数向量，通常向量值取 0。

$$h_t = f(h_{t-1}, x_t) \tag{2.62}$$

解码器负责根据编码器生成的含有输入序列抽象信息的向量 C 逐步解码形成输出序列。解码器工作过程为：解码器获得编码器输出的向量 C，按时间步逐序生成输出元素，即第一个时间步生成元素 y_1，第二个时间步生成元素 y_2，直至生成整个输出序列。在第 t 个解码时间步，解码单元（decoder cell）首先基于上一解码步的输出信息向量 h'_{t-1}、编码信息向量 C 和上一解码步的输出元素 y_{t-1} 按照式（2.63）计算输出信息向量 h'_t，然后按照式（2.64）对输出信息向量进行线性变换，将其映射到取值空间内，最后使用 softmax 函数获得输出元素 y_t 对应的概率值，并将输出元素和输出信息向量传递给下一个解码步。其中 g 和 liner 分别为解码单元神经网络结构参数化的解码函数和线性映射函数，$t=1$ 时 h'_0 为指定的超参数向量，通常向量值取 0。此外，还有一种思想认为输出信息向量 h'_t 已经包含了编码信息向量 C 的相关信息，因此对式（2.62）进行了简化以节省计算成本，形成了式（2.65）

$$h'_t = g(h'_{t-1}, c, y_{t-1}) \tag{2.63}$$

$$y_t = \mathrm{softmax}(\mathrm{liner}(h'_t)) \tag{2.64}$$

$$h'_t = g(h'_{t-1}, y_{t-1}) \tag{2.65}$$

序列化模型充分利用了循环神经网络的结构特性，在每一步计算时均将上一时间步的输出作为当前时间步的输入进行计算，因此当前计算中得到的信息向量

和输出向量包含了之前步骤的信息,契合于输入与输出具有较强的前后关联性问题的求解。由序列化模型生成输出的过程可以表示为基于 $p(y_t|y_1,y_2,\cdots,y_{t-1},C)$ 进行选择的过程,即根据输入序列信息向量为 C,前 $t-1$ 步的输出为 $y_1,y_2,\cdots,y_{t-1}$ 的条件下,第 t 步输出为 y_t 的概率选择输出元素,则整个输出序列可表示为 $p(Y\mid X)=\max\prod_{i=1}^{n}p(y_i|y_1,y_2,\cdots,y_{i-1},C)$, 即根据输入序列 X 获得正确输出序列 Y 的条件概率为每一步输出正确元素的条件概率乘积的最大化。同时考虑序列化模型采用梯度下降的方式训练神经网络,且每一步输出元素的概率取值在 0 到 1 之间,连乘的表达式将导致 $p(Y|X)$ 取值极小,产生梯度弥散,影响神经网络训练的效果,因此在不影响取值含义的条件下,在式子两侧同时取对数,将原目标函数转换为

$$p(Y|X)=\max\sum_{i=1}^{n}\log(p(y_i|y_1,y_2,\cdots,y_{i-1},C))。$$

采用传统循环神经网络结构为编码器和解码器的序列化模型,因其循环单元计算隐藏状态时将所有信息不加区别地作为输入,所以当输入序列较长时,模型常面临梯度弥散与梯度爆炸的问题。为此人们使用长短时记忆单元或门控循环神经网络作为编码单元和解码单元。这两种神经网络在传统循环神经网络的基础上添加了"门"的设置,更集中于需要关注的信息以提高计算的效率。此外,基于传统循环神经网络的序列化模型仅考虑了正向序列关系而未考虑逆向序列关系,即仅考虑了从 x_1 到 x_n 的正向序列信息,而无法采集从 x_n 到 x_1 的逆向序列信息,为此可以采用双向 RNN 分别从两个方向获取序列信息,然后将信息通过向量拼接或相加的方式进行信息融合。

基于传统循环神经网络的序列化模型具有一定的不足,但是可以通过各种方式进行改进,以适应不同的需求。总而言之,序列化模型可以很好地学习数据间的相互关联关系,提供了一种可以广泛应用于序列映射问题的求解框架。

2. 指针注意力机制

序列化模型提供了一种序列映射关系的学习框架,在此基础上可以进行多种改进以适应不同的实际问题,但在实践过程中发现单纯使用序列化模型解决较长序列问题时效果不理想。导致上述问题的主要原因有两点:一是在序列化模型内,编码器将输入序列信息全部压缩到一个固定长度的输入信息向量内,当输入序列较长时会存在过度压缩,导致信息流失的问题;二是在解码器中所有解码单元均使用同一个输入信息向量进行输出的解码生成,该过程变相地将所有输入元素等价地进行了考虑。

针对上述问题,注意力机制应运而生。注意力机制充分借鉴了人类辨识物体的过程,即人类在辨识物体时不会将注意力分散在所有接收到的信息上,而是聚焦到核心信息上。注意力机制借鉴了这一特性,在解码的过程中引入了编码器逐

步编码的结果作为额外信息，并计算各编码结果向量与解码向量的相似度作为信息重要程度的度量，计算形成与当前输出位置紧密相关的上下文向量，并用于最终输出的生成，从而实现重要信息的偏向性考虑。

注意力机制主要由查询（query）向量、关键词（key）向量和值（value）向量三部分组成，如图 2.15 所示，查询表示当前考虑的信息，在序列化模型中表示为当前解码步产生的输出信息向量，关键词向量和值向量通常是同质的，表示已经接收到的信息，在序列化模型中表示为编码器每个编码步得到的关联信息向量。注意力机制将两者进行汇总计算，获得当前步骤的输出向量。

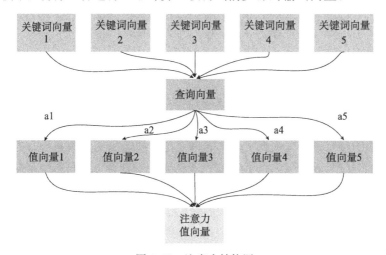

图 2.15　注意力结构图

注意力机制通常有两种方式与序列化模型进行结合：一种是嵌入式注意力机制，该类注意力机制参与到解码输出信息向量的计算过程中，如图 2.16 所示[59]；另一种是独立式注意力机制，该类注意力机制在解码输出信息向量计算完成后计算，然后与输出信息向量进行混合计算，如图 2.17 所示[60]。

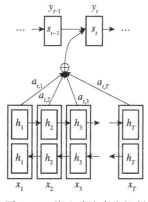

图 2.16　嵌入式注意力机制

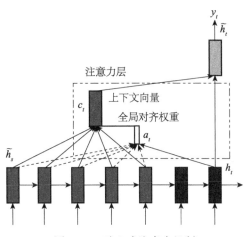

图 2.17　独立式注意力机制

在嵌入式注意力机制中，每个解码步都会调用由编码器根据输入序列 $X = [x_1, x_2, \cdots, x_n]$ 编码得到的对应关联信息向量序列 $H = [h_1, h_2, \cdots, h_n]$，在第 t 个解码步，解码单元将首先根据上一解码单元传入的输出信息向量 h'_{t-1} 和关联信息向量序列 $H = [h_1, h_2, \cdots, h_n]$ 按照式（2.66）分别计算 h'_{t-1} 与每个关联信息向量 h 的相关性，并由式（2.67）转换为相关性分数，该相关性分数表示了编码器形成的关联信息向量与上一时间步形成的输出信息向量间的相关性，其中 a 为对齐函数；然后基于相关性分数和关联信息向量序列，再根据式（2.68）形成与当前输出相关的上下文信息 c_t；随后当前解码单元基于上一解码步的输出信息向量、上一解码步的输出元素向量和新生成的上下文信息向量，根据式（2.69）计算当前解码步的输出信息向量 h'_t，其中 f 表示解码单元神经网络结构参数化的函数；最后基于新计算的输出信息向量、上一解码步的输出元素向量和新生成的上下文信息向量，根据式（2.70）计算输出元素的条件概率，其中 g 为概率映射函数。

$$e_{tj} = a(h'_{t-1}, h_j), \quad j = 1, \cdots, n \tag{2.66}$$

$$a_{tj} = \frac{\exp(e_{tj})}{\sum\limits_{k=1}^{n} \exp(e_{tk})}, \quad j = 1, \cdots, n \tag{2.67}$$

$$c_t = \sum\limits_{j}^{n} a_{tj} h_j \tag{2.68}$$

$$h'_t = f(h'_{t-1}, y_{t-1}, c_t) \tag{2.69}$$

$$p(y_t \mid y_1, \cdots, y_{t-1}, X) = g(y_{t-1}, h'_t, c_t) \tag{2.70}$$

在独立式注意力机制内，每个解码步都会先计算当前步骤的输出信息向量 h'_t，然后与由编码器根据输入序列 $X = [x_1, x_2, \cdots, x_n]$ 得到的所有对应关联信息向量序列 $H = [h_1, h_2, \cdots, h_n]$ 计算上下文向量，最后计算当前步骤的输出元素

y_t。其计算过程为：在第 t 个解码步，解码单元根据上一时间步的输出信息向量 h'_{t-1}、上一时间步的输出元素 y_{t-1} 和上一时间步计算得到的最终表示向量 $\tilde{h}'_{t-1}$，按照式（2.71）计算当前步骤的输出信息向量 h'_t，其中 f 表示解码单元神经网络结构参数化的函数，之后进入独立注意力运算，根据当前步骤的输出信息向量和编码器得到的关联信息向量按照式（2.72）分别计算两者之间的相关性，其中 a 为对齐函数，并用式（2.73）归一化为相关性的度量值，并用该度量值和对应关联信息向量按照式（2.74）计算表征与当前输出紧密相关的上下文向量 c_t，最后将上下文向量和当前步骤的输出信息向量进行拼接，按照式（2.75）通过线性变换和 tanh 函数激活变换求得当前步骤最终表示向量 $\tilde{h}'_t$，以式（2.76）计算当前输出元素的条件概率 $p(y_t \mid y_1, \cdots, y_{t-1}, X)$，其中 g 为概率映射函数。

$$h'_t = f(h'_{t-1}, y_{t-1}, \tilde{h}'_{t-1}) \tag{2.71}$$

$$e_{tj} = a(h'_t, h_j), \quad j = 1, \cdots, n \tag{2.72}$$

$$a_{tj} = \frac{e^{e_{tj}}}{\sum\limits_{k=1}^{n} e^{e_{tk}}}, \quad j = 1, \cdots, n \tag{2.73}$$

$$c_t = \sum_{j}^{n} a_{tj} h_j \tag{2.74}$$

$$\tilde{h}'_t = \tanh(W_c[c_t; h'_t]) \tag{2.75}$$

$$p(y_t \mid y_1, \cdots, y_{t-1}, X) = g(\tilde{h}'_t) \tag{2.76}$$

在上述两种注意力机制中，对齐函数 a 常用三种计算方式，如式（2.77）所示，分别为直接点乘、加权点乘和拼接映射点乘，其中 W_a 和 v_a^{T} 分别为参数化的矩阵和向量，伴随模型的优化可以根据梯度下降法进行调优。概率映射函数 g 常包含两部分，如式（2.78）所示，第一部分为线性映射函数，将信息映射到解取值空间内，第二部分为 softmax 函数，将各解的对应值转化为概率，并基于概率选择当前解码步的输出元素。

$$a(h'_t, h_j) = \begin{cases} h_t'^{\mathrm{T}} h_j, & \text{直接点乘} \\ h_t'^{\mathrm{T}} W_a h_j, & \text{加权点乘} \\ v_a^{\mathrm{T}} \tanh(W_a[h'_t; h_j]), & \text{拼接映射点乘} \end{cases} \tag{2.77}$$

$$g(\tilde{h}'_t) = \text{softmax}(\text{liner}(\tilde{h}'_t)) \tag{2.78}$$

注意力机制在序列化模型的基础上，在解码过程中添加了输入序列的对齐计算，使每一个解码步都着重于与其相关的信息，从而加强了模型解决长序列问题的能力。此外，为了更进一步地加强模型处理长序列问题的能力，还提出了局部注意力机制，如图 2.18 所示[60]。该机制计算过程与上述的嵌入式和独立式注意力机制相同，不同之处在于计算上下文信息向量时仅选取部分编码得到的关联信息向量序列进行计算，选取方式为在输入序列内确定一个对应位置 p_t，选择该位

置前后步长 D 区域 $[p_t-D, p_t+D]$ 内的关联信息向量，其中步长 D 为超参数，可人工配置。对应位置的选取主要有两种方式：第一种方式为单调对应，即简单认为对应位置为输入序列内与当前解码位置相同的编码位置 $p_t=t$；第二种为预测对齐，通过式（2.79）的预测函数确定位置，其中 S 为输入序列的长度，f 为通过神经网络参数化的位置映射函数。

$$p_t = S \cdot \mathrm{Sigmoid} f(h'_t) \tag{2.79}$$

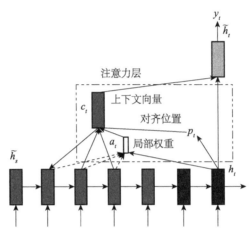

图 2.18　局部注意力机制

注意力机制给出了一种集中于重要信息进行计算的方式，从而有效地提高了序列化模型的优化性能，但传统的注意力结构仅能在预先设定好的取值空间内进行映射，生成输出序列，导致模型不能摆脱前文中描述的强输出依赖问题，从而极大地限制了模型的实际应用范围。指针注意力机制对传统注意力机制进行了改进[50,56]，使得输出序列元素直接从输入序列元素内进行选择，在一定程度上拓展了模型的适用范围。

指针注意力机制从独立式注意力机制演变而来，其主要计算过程与独立式注意力机制相似，如式（2.80）～式（2.82）所示，但不再计算上下文向量，即精简了式（2.73）～式（2.76）。指针注意力机制直接根据当前解码步的输出信息向量 h'_t 和编码得到的所有关联信息向量序列 $H=[h_1, h_2, \cdots, h_n]$ 内的各向量分别计算相关性，然后使用 softmax 函数直接归一化为相关性的度量值，并基于度量值直接生成当前步骤的输出元素，其中输出元素对应输入序列内的某一元素，即所谓的指针。

$$h'_t = f(h'_{t-1}, y_{t-1}, \tilde{h}'_{t-1}) \tag{2.80}$$

$$e_{tj} = a(h'_t, h_j), \quad j=1, \cdots, n \tag{2.81}$$

$$p(y_t \mid y_1, \cdots, y_{t-1}, X) = \mathrm{softmax}(e_{ti}) \tag{2.82}$$

3. 强化学习训练方法

指针神经网络是一种基于学习的神经网络算法，该类算法需要大量训练数据作为支撑，但由于大多数组合优化问题是一种 NP 难题，因此难以采用具有标签数据（即最优解）的监督学习方式进行训练。强化学习方式可以不借助于标签数据，通过大量的迭代自主进行神经网络参数的调优，因此适用于基于指针神经网络模型的训练。

强化学习训练方法通常分为两种：一种为基于价值的方法（value-based method）；另一种为基于策略的方法（police-based method）。基于价值的方法学习的是价值函数，即问题的每个状态-动作对（s-v）的价值函数，并依据当前状态及对应的价值函数选择输出序列，常用方法有 Q-learning 和 Deep Q-learning（DQN）。基于策略的方法直接学习的是策略，即跳过了对状态-动作对（s-v）的价值函数的计算，直接根据输入序列给出总体回报值最大的动作序列，常用方法为策略梯度下降（policy gradient）。其中基于价值的方法对离散化状态过多的问题计算较复杂且对随机策略探索不足，基于策略的方法计算较迅速，但不稳定，易陷入局部最优困境。为此产生了两种方法结合的 Actor-Critic 算法，在 Critic 部分利用基于价值的方法提升样本利用效率，在 Actor 部分利用基于策略的方法训练策略。

为有助于与前文的连接和对本节内容的理解，先进行符号的转换与定义。在前文的序列化模型中每一步的输出 y_t 都是基于输入序列 X 前面几步的输出序列 $[y_1,\cdots,y_{t-1}]$ 计算得到的，则定义当前步骤的状态为 $s_t=[y_1,\cdots,y_{t-1},X]$，当前步骤的动作为 $a_t=y_t$。序列化模型的目标函数为 $p(Y\mid X)=\max\sum_{i=1}^{n}\log(p(y_i\mid y_1,y_2,\cdots,y_{t-1},X))$，即输出序列的条件概率最大，在实际问题中，每一步的输出将导致即时回报值的产生，将其定义为 $r(s_t,a_t)$，则整个输出序列的整体回报值为 $Q=\sum_{t=1}^{n}r(s_t,a_t)$，目标函数可以转换为 $J(\theta)=\max\left[\sum_{t=1}^{n}r(s_t,a_t)\right]\left[\sum_{i=1}^{n}\log p_\theta(a_i|s_i)\right]$，其中 θ 为神经网络参数。

基于价值的方法由价值函数驱动，并以价值函数作为策略生成的基础，因此在该类算法的优化过程中主要优化的对象为价值函数。在组合优化问题中，当前步骤的决策将影响后续步骤的选择，因此在计算当前步骤的价值时，不仅需要考虑当前动作带来的即时汇报值 $r(s_t,a_t)$，还需要考虑后续回报值的影响，此外，由于后续回报值并非即时呈现，需乘上一个折扣因子 γ，得到式（2.83）。由于最初并不知道最优的价值函数，需要通过探索不断更新对价值函数的认识，因此便在当前认识的价值函数基础上，加入最新认识的因素，如式（2.84）所示，其

中 $Q_w(s_t,a_t)$ 为当前认识的价值函数，$r(s_t,a_t)+\gamma Q(s_{t+1},a_{t+1})$ 为最新认识的价值函数，α 为学习率，$Q_w'(s_t,a_t)$ 为更新后的认识，从而实现价值函数的不断优化，进而促进学者策略的不断提升。常用的价值函数计算更新方法有时序差分（TD）法和蒙特卡罗法。

$$Q_w(s_t,a_t)=r(s_t,a_t)+\gamma Q(s_{t+1},a_{t+1}) \tag{2.83}$$
$$Q_w'(s_t,a_t)=Q_w(s_t,a_t)+\alpha(r(s_t,a_t)+\gamma Q(s_{t+1},a_{t+1})-Q_w(s_t,a_t)) \tag{2.84}$$

基于策略的方法由策略函数驱动，在不同状态下问题的策略由策略函数直接给出，不需要计算价值函数。在该类方法内问题求解的目标函数可直接写为式（2.85），即方案的总体回报值与声称该方案的概率之间的乘积，为进行策略的优化，只需以目标函数最大化为导向进行求导计算与参数更新即可，如式（2.86）所示。常用的策略函数更新方法有策略梯度函数。

$$J(\theta)=\Big[\sum_{t=1}^{n}r(s_t,a_t)\Big]\Big[\sum_{i=1}^{n}\log p_\theta(a_i\mid s_i)\Big]$$
$$=Q\Big[\sum_{i=1}^{n}\log p_\theta(a_i\mid s_i)\Big] \tag{2.85}$$
$$\nabla_\theta J(\theta)=E\Big[\nabla_\theta\Big[\sum_{t=1}^{n}r(s_t,a_t)\Big]\Big[\sum_{i=1}^{n}\log p_\theta(a_i\mid s_i)\Big]\Big]$$
$$=E\Big[\nabla_\theta Q\Big[\sum_{i=1}^{n}\log p_\theta(a_i\mid s_i)\Big]\Big] \tag{2.86}$$

Actor-Critic 算法综合利用了上述两种方法，Actor 神经网络负责基于状态进行动作选择形成方案，Critic 神经网络负责对 Actor 神经网络生成的方案进行评价，两者协同训练，Actor 神经网络参数优化方式如式（2.87），Critic 神经网络参数优化方式如式（2.88）。

$$\theta=\theta+\alpha(J(\theta)-Q_w)\nabla_\theta Q\Big[\sum_{i=1}^{n}\log p_\theta(a_i\mid s_i)\Big] \tag{2.87}$$
$$w=w+\beta(J(\theta)-Q_w)\nabla Q_w \tag{2.88}$$

在指针神经网络架构的训练过程中，Actor 神经网络即上述介绍的指针神经网络结构，Critic 神经网络由三部分组成，分别为：与上述内容相同的编码器、一个 LSTM 处理过程和一个由两层 ReLU 函数组成的解码器。LSTM 处理过程采用类似于文献［61］中的方法，对每个由编码器计算得到的信息关联向量 h 都会执行 P 次运算以更新其代表的当前价值函数。解码器接受 LSTM 处理过程的输出，并预测输出作为 Critic 神经网络的单步输出[56]。

4. 在卫星任务规划中的应用分析

指针神经网络提供了新的求解组合优化问题的方式，相较于传统的序列化模型，添加注意力机制的组合可以通过指针的方式从输入序列选择输出元素，从而提升了模型的灵活性，更加适用于输入序列，即为决策变量的组合优化问题。当前已有许多组合优化问题的求解采用了指针神经网络的思想。例如，Bello 等[56]首次提出使用指针神经网络求解旅行商问题（TSP），Nazari 等[62]使用简化设计的指针神经网络求解了车辆路径规划问题（VRP），Hu 等[63]使用指针神经网络作为解决三维装箱问题的求解方法。

在卫星任务规划问题方面。通常以卫星与地面目标、地面站的可见时间窗为决策变量，以卫星的能量、存储容量等为约束条件，求解可行的任务规划方案。作为决策变量的可见时间窗具有离散的特性，可通过排序等简单的处理直接变形为序列化的输入，此外决策变量之间具有复杂的关联关系，如同一个任务的多个可见时间窗仅能被选择一个，受卫星能量及存储容量上限约束，同一卫星的多个时间窗仅能选择部分执行等，简单的启发式规则难以很好地总结概括，最后可行的任务规划方案是由输入序列内的任务可见时间窗组成，且针对不同时段、不同资源、不同任务，可见时间窗的选择空间极大。指针神经网络的特点很好地符合了卫星任务规划问题的特点，因此不失为一种解决卫星任务规划问题的新方法。

2.6　评　估　方　法

成像卫星任务规划方案的评估过程是一个系统的决策过程，一般包括以下环节：分析评估问题、确定评估目标、建立指标体系、拟定评估方案、实施评估方案。为了实现对任务规划方案的量化评估，必须将评估目标相互关联、相互制约的复杂因素之间的关系层次化、条理化，进而构建评估指标体系。在构建指标体系时需要考虑系统性原则、层次性原则、可测性原则、一致性原则、简明性原则和独立性原则。最后基于构建的指标体系运用拟定的评估方法对多种规划方案进行比较，选出最优方案进而实施。

在评估过程中，如何选择恰当的评估方法，使其在评估过程中可以尽可能降低不确定因素对评估结果的影响是需要考虑的关键问题。目前，评估理论的研究已经涉及众多领域，且日益受到国内外学者的关注。学者们提出了许多方法来处理具有不完全信息的规划方案评估问题，可以在评估过程中较好地集结规划方案对应的指标信息以及评估者的个人偏好，使得规划方案的评估结果更加客观、科学。

2.6.1　层次分析法

层次分析法[64]（analytic hierarchy process，AHP）是美国运筹家、匹兹堡大学 Saaty 教授在 20 世纪 70 年代初期提出的，其步骤是首先把复杂评估问题分解为若干个相互关联决策元素的层次结构，使复杂评估问题更加清晰、有条理。然后，将具有一定客观事实的主观判断与评估者的客观判断直接而有效地结合[65]，在给定有限方案集的情况下将同一层次的元素两两比较，并将两两比较的重要性进行定量描述。假设在特定标度下（通常由某个范围内的整数组成，比如1~9）对方案1与方案2进行比较，如果方案1强优于方案2，则方案1与方案2比较的对应项可以被设置为8或者9。如果方案1优于方案2，则方案1与方案2比较的对应项可以设置为6或者7。如果方案1不优于方案2，则可以确定方案2优于方案1，并将方案2与方案1对应项的倒数作为方案1与方案2比较的对应项。因此，在方案进行两两比较时会形成一个互反矩阵，互反矩阵对角线上的数值代表方案自身与自身的比较且数值为1，运用AHP将各个备选方案进行两两比较可以将复杂的评估问题清晰化。

运用AHP解决评估问题的起点是获得倒数矩阵中各元素数值，这些数值是由相关领域专家或者用户提供的。此外，评估者在进行两两比较时可以将两个方案之间的关系描述为一样重要、略微重要、明显重要、非常重要、极其重要，并且将其转换为重要程度数值为1，3，5，7，9，而其中间数字2，4，6，8则表示相邻数值的中间值，其具体含义如表2.2所示。

表2.2　各属性在两两比较过程中的重要程度数值含义[64]

重要程度	重要性程度含义
1	一样重要
3	略微重要
5	明显重要
7	非常重要
9	极其重要

AHP的主要优点有：①决策的科学性，减少决策者在评估过程中个人主观因素的影响。AHP不是为了取代决策者的个人想法，而是更好地组织决策者的个人想法，帮助决策者进行分析和决策。基于两两比较的思想，决策者可以充分考虑各个方案的优劣，避免因为某个重要指标而直接做出决策的情况，从而提高决策结果的科学性。②简化评估程序，便于决策者理解和应用。AHP的实施步骤相对简单，便于决策者理解，并且可以将复杂问题划分成一些便于理解的子问题，使得在评估过程中可以充分考虑评估问题的各个方面，使复杂的评估过程更加清晰。③数据精准，可以准确获得各个方案对应的数值信息。在AHP中首先要建立统一的评价标准，然后基于该标准对各个方案进行比较并给出准确数值，最后基于给定的数值对每个方案进行评估。由于每个方案对应的数值精确度比较高，有利于决策者对差别较小的两个方案的重要程度进行判断择优。

针对成像卫星任务规划方案的评估问题，首先结合应用需求构建评估指标体系，一般指标体系的构建分为三层，分别为综合效能层、能力指标层以及基本指标层。综合效能层作为阶层结构顶端的目标层，其主要代表评估目标，如做出最佳决策（或选择最佳替代方案）的目标等；能力指标层代表阶层结构中间的决策层，包含有助于实现评估目标的指标；基本指标层代表阶层结构最低端的指标层，作为能力指标层中各个指标更具体的决策指标。基于构建的指标体系将同一阶层中具有相同上层指标的每一个指标进行两两比较，判断每个指标相对于其他指标的重要程度。根据两两比较获得的数值构建判断矩阵，并且检验该矩阵是否满足一致性要求，一致性检验步骤为：①根据递阶层次结构构造判断矩阵，并计算各个判断矩阵的最大特征值。②计算判断矩阵的一致性指标 CI。③计算判断矩阵的一致性比率 CR。④分析获得的 CR 值，如果 CR<0.1，则说明该判断矩阵的不一致程度可以接受，最大特征值对应的特征向量可以作为每个指标的相对权重，否则需要调整该判断矩阵中的数值直到满足条件 CR<0.1。最后，确定每一层所有指标对于总目标相对重要性的权值排序称为层次总排序。层次总排序由下到上进行，根据 AHP 思想，运用加权求和的方法获得各个观测方案的评价得分值，其中得分值最高的方案即为最佳方案。

AHP 以定性与定量相结合的方法处理复杂度较高的评估问题，得到了广泛的重视与应用。刘晨涛等[66]运用 AHP 将卫星系统进行复杂性、整体性、层次性分析，明确对地观测卫星系统效能评估的具体要素，将卫星系统综合效能划分成三个阶层，并基于仿真数据获取各个指标相对权重，同时运用 ADC 方法基于可用性、可依赖性以及能力三大要素对整个卫星系统进行综合评估。覃鹏程[67]针对成像卫星综合效能评估中存在的不确定性以及模糊性，结合 AHP 及灰色理论的思想，提出了一种实现定性与定量相结合的灰色效能评估模型。在构建评估模型时，引入专家打分机制确定相应指标权重，充分考虑相关领域专家的判断信息，提高评估结果的精度。

2.6.2　D-S 证据理论

证据理论是一种能够在无先验信息的条件下表示和处理不确定信息的方法。在 1967 年 Dempster[68]首次提出该理论，Shafer[69]于 1976 年在此基础上进一步拓展，因此人们也称其为 Dempster-Shafer 证据理论（D-S 证据理论）。D-S 证据理论是一种以信任函数和似然推理为基础的数学理论，可以通过结合不同的证据来计算事件发生的概率，现已被广泛应用于诸多领域。

D-S 证据理论中，由互不相容的基本命题（假定）组成的完备集合称为识别框架[70]，以某一事件为例，识别框架 Θ 表示该事件可能发生的所有结果的集合，但其中只有一个结果会发生。在 D-S 证据理论中对命题的信任程度称为基本可信度分配函数，也称为 mass 函数，该函数值的大小反映了对命题信任度的大小。根据 mass 函数的基本可信度分配可以获得 Θ 上的信任函数和似然函数，信任函数和似然函数分别表示对命题为真的支持程度和命题为非假的信任程度[71]。假设对于某命题 A，根据其基本可信度分配函数获得对应的信任函数 $\mathrm{Bel}(A)$ 以似然函数 $\mathrm{Pl}(A)$，则 $[\mathrm{Bel}(A),\mathrm{Pl}(A)]$ 表示对命题 A 的不确定区间，$[0,\mathrm{Bel}(A)]$ 表示对命题 A 的支持证据区间，$[\mathrm{Pl}(A),1]$ 则表示对命题 A 的拒绝证据区间。在 D-S 证据理论中，运用其组合规则可以获得任意命题共同作用产生的反映融合信息的基本概率分配函数。

D-S 证据理论模型包括以下三点：①根据决策问题的实际情况以及具体要求构建识别框架，识别框架要尽可能完整，以保证获得更好的融合结果。②对识别框架中各个命题对应的基本可信度进行赋值，其对应的基本可信度分配函数需要根据具体情况恰当选择。③根据组合规则将所有证据的基本可信度值进行融合，根据融合后的数值确定最终决策结果。

在成像卫星任务规划方法的评估过程中，一些不确定因素可能直接影响评估结果的准确度和置信度。根据 D-S 证据理论的优势，将其应用在成像卫星任务规划方案的评估过程中，可以降低不确定因素对评估结果的影响。具体过程为：首先构建一个评语集，如优、良、中、差，来描述每个指标。根据实际测量或仿真实验或专家打分等方法基于评语集获得基本指标层中各指标的评价，并运用隶属度函数计算指标体系中每个指标对应于评语集中各评语的隶属度，以此看作 D-S 证据理论中的基本可信度分配函数。随后构建各指标隶属于各评价等级的可信度分配函数矩阵，并利用 D-S 证据理论中的聚合准则，聚合所有指标的基本可信度分配函数。最后根据评语集中各评语的权重计算每个方案的综合效能值，选取综合效能值最高的方案作为最优方案。

2.6.3 TOPSIS 方法

Hwang 和 Yoon[72] 在 1981 年首次提出了 TOPSIS（technique for order preference by similarity to an ideal solution）方法，这是一种基于有限方案的多准则决策方法。TOPSIS 方法本质是计算各个评价方案与正负理想方案间的距离，若评价对象越靠近最优解的同时又远离最劣解，则方案性能越优，因而又称为优劣距离法。

TOPSIS 方法首先根据方案集及指标集构建相应的评价矩阵，经过处理得到规范化评价矩阵。其次运用标准离差法、熵权法、逐层序关系分析法等获得对应指标权重，进而构建权重评价矩阵。基于构建的权重评价矩阵定义正负理想方案，正负理想方案均为虚拟方案，是通过选取每个指标对应的最优值和最差值构成的，即正理想方案是收益最大化的方案，而负理想方案是收益最小化的方案。最后计算每个方案与正负理想方案之间的欧氏距离及相对贴近度，针对每个方案的贴近度值选取性能最优的方案，保证获得的最优方案最接近正理想方案的同时又远离负理想方案。

TOPSIS 方法计算过程简单易行，因此将其应用在成像卫星任务规划过程中对规划方案的评估具有一定的指导作用。运用 TOPSIS 方法评估规划方案的优劣过程为：首先构建需要评估的规划方案集合，以及评估各个方案需要的指标集。其次对各个指标进行无量纲化处理，指标体系中效益型指标值越大越好，成本型指标值越小越好。随后根据各个指标的最优值和最劣值构建正理想方案和负理想方案，再采用相关方法计算指标权重。最后，计算每个规划方案与正理想方案、负理想方案之间的欧氏距离以及每个规划方案的相对贴近度，并选取相对贴近度值最高的方案作为最优的规划方案，相对贴近度值的大小可以量化反映每个方案贴近正理想方案与远离负理想方案的程度。

2.6.4　TODIM 方法

现有的许多决策方法是在期望效用理论的基础之上建立的，即在决策过程中考虑决策者是完全理性的。但是事实表明在实际的决策过程中，由于决策问题的模糊性和不确定性，以及决策者认知的有限性，决策过程不可能是完全理性的，因此决策者所做出的实际决策结果与理性预期结果之间会存在一定的偏差，因而在决策过程中考虑决策者面对风险时个人心理态度对最终决策结果的影响是非常必要的。基于大量的实验及调查，Kahneman 和 Tversky 等[73,74] 提出了可以考虑决策者心理行为的前景理论并且应用于解决各种决策问题。然而，在前景理论的分析过程中，效用与决策之间并没有直接的关联或联系。因此，在 1991 年 Gomes 和 Lima[75] 提出了一种基于前景理论的多属性决策方法，称为 TODIM 方法，该方法是葡萄牙语 tomada de decisao interativa multicriterio 的缩写，又称为交互式多准则决策方法。

TODIM 方法的主要思想是在决策矩阵规范化后，基于前景理论的价值函数建立任意方案在各属性下相对于其他方案的一个相对优势度函数。在计算任意方案相对于其他方案的优势度时，参数值 θ 称为衰退系数，该系数是由决策者根据决策过程中的具体情况确定的，当 $\theta>1$ 时代表决策者在决策过程中面对损失时是风险规避的，θ 值越大决策者的损失规避程度越高；当 $\theta<1$ 时代表决策者在决策过程中面对损失时是风险偏爱的，θ 值越大决策者的损失偏爱程度越高。最后根据获得的优势度，确定各个方案的排序进而选出最佳规划方案。

TODIM 方法充分考虑了决策者在决策过程中的心理活动和特征，旨在帮助决策者在面对风险时做出有效决策，且决策结果贴近决策者的个人偏好。将该方法应用在成像卫星任务规划方案评估过程中，通过考虑决策者的心理态度，使评估结果更符合实际情况。基于 TODIM 方法解决成像卫星任务规划方案评估问题的具体步骤：首先给定一个由有限个任务规划方案组成的离散方案集，以及有限个指标构成的有限指标集，并根据各指标评估值构建决策矩阵。其次为了消除在评估过程中量纲的影响，将构建的决策矩阵进行规范化处理，在指标集中指标类型一般分为两类：一类属于成本型，其评估值越小越好；另一类属于效益型，其评估值越大越好。在对评估矩阵进行规范化处理时，不同指标类型的处理方法是不同的。然后计算各指标相对于参考指标的相对权重，一般将权重值最大的指标选为参考指标，并基于获得的相对权重计算每个方案相对于其他方案的相对优势度，在计算过程中根据决策者的个人偏好选择恰当的参数值 θ。最后计算各方案的全局优势度，并根据优势度大小对方案进行排序，其中优势度最大的方案作为最优方案。

参 考 文 献

[1] 郭科. 最优化方法及其应用 [M]. 北京：高等教育出版社，2007.

[2] Wolfe W J, Sorensen S E. Three scheduling algorithms applied to the earth observing systems domain [J]. Management Science, 2000, 46 (1): 148-166.

[3] Mansour M A A, Dessouky M M. A genetic algorithm approach for solving the daily photograph selection problem of the SPOT5 satellite [J]. Computer & Industrial Engineering, 2010, 58 (3): 509-520.

[4] 李军，郭玉华，王钧，等. 基于分层控制免疫遗传算法的多卫星联合任务规划方法 [J]. 航空学报，2010，31 (8): 1636-1645.

[5] 孙凯，邢立宁，陈英武. 基于分解优化策略的多敏捷卫星联合对地观测调度 [J]. 计算机集成制造系统，2013，19 (1): 127-136.

[6] Sun K, Yang Z Y, Wang P, et al. Mission planning and action planning for agile earth-observing satellite with genetic algorithm [J]. Journal of Harbin Institute of Technology, 2013, 20 (05): 51-56.

[7] 韩传奇，刘玉荣，李虎. 基于改进遗传算法对小卫星星群任务规划研究 [J]. 空间科学学报，2019，39 (1): 129-134.

[8] 宋彦杰，王沛，张忠山，等. 面向多星任务规划问题的改进遗传算法 [J]. 控制理论与应用，2019，36 (09): 1391-1397.

[9] 梁旭，黄明，宁涛. 现代智能优化混合算法及其应用 [M]. 北京：电子工业出版社，2011.

[10] 陈宇宁，邢立宁，陈英武. 基于蚁群算法的灵巧卫星调度 [J]. 科学技术与工程，2011，11（03）：484-489＋502.

[11] 朱新新，谭跃进，邓宏钟，等. 求解成像卫星调度问题的改进蚁群算法 [J]. 科学技术与工程，2012，12（31）：8322-8326.

[12] 郭浩，邱涤珊，伍国华，等. 基于改进蚁群算法的敏捷成像卫星任务调度方法 [J]. 系统工程理论与实践，2012，32（11）：2533-2539.

[13] 陈英武，姚锋，李菊芳，等. 求解多星任务规划问题的演化学习型蚁群算法 [J]. 系统工程理论与实践，2013，33（3）：791-801.

[14] Li Y Q, Wang R X, Xu M Q. Rescheduling of observing spacecraft using fuzzy neural network and ant colony algorithm [J]. Chinese Journal of Aeronautics，2014，27（3）：678-687.

[15] 严珍珍，陈英武，邢立宁. 基于改进蚁群算法设计的敏捷卫星调度方法 [J]. 系统工程理论与实践，2014，34（3）：793-801.

[16] 刘建银，贾学卿，王忠伟. 面向多星观测调度的分层迭代算法 [J]. 国防科技大学学报，2018，40（5）：183-190.

[17] 包子阳. 智能优化算法及其 MATLAB 实例 [M]. 北京：电子工业出版社，2016.

[18] 王慧林，黄小军，马满好，等. 电子侦察卫星任务调度方法 [J]. 系统工程与电子技术 2010，32（8）：1695-1699.

[19] 徐欢，祝江汉，王慧林. 基于模拟退火算法的电子侦察卫星任务规划问题研究 [J]. 装备指挥技术学院学报，2010，21（3）：62-66.

[20] 贺仁杰，高鹏，白保存，等. 成像卫星任务规划模型、算法及其应用 [J]. 系统工程理论与实践，2011，31（3）：411-422.

[21] 黄生俊，邢立宁，郭波. 基于改进模拟退火的多星任务规划方法 [J]. 科学技术与工程，2012，12（31）：8293-8298.

[22] Vasquez M, Hao J K. A "logic-constrained" knapsack formulation and a tabu algorithm for the daily photograph scheduling of an earth observation satellite [J]. Computational Optimization and Applications，2001，20（2）：137-157.

[23] Vasquez M, Hao J K. Upper bounds for the SPOT5 daily photograph scheduling problem [J]. Journal of Combinatorial Optimization，2003，7（1）：87-103.

[24] Habet D, Vasquez M, Vimont Y. Bounding the optimum for the problem of scheduling the photographs of an agile earth observing satellite [J]. Computational Optimization and Applications，2010，47（2）：307-333.

[25] Cordeau J F, Laporte G. Maximizing the value of an earth observation satellite orbit [J]. Journal of the operational Research Society，2005，56（8）：962-968.

[26] Bianchessi N, Cordeau J F, Desrosiers J, et al. A heuristic for the multi-satellite, multi-orbit and multi-user management of earth observation satellites [J]. European Journal of Operational Research，2007，177（2）：750-762.

[27] Bianchessi N, Righini G. Planning and scheduling algorithms for the COSMO-SkyMed con-

stellation [J]. Aerospace Science and Technology, 2008, 12 (7): 535-544.

[28] 李菊芳, 谭跃进. 卫星观测系统整体调度的收发问题模及求解 [J]. 系统工程理论与实践, 2004, 24 (12): 65-71.

[29] 李菊芳, 贺仁杰, 姚锋, 等. 成像卫星集成调度的变邻域禁忌搜索算法 [J]. 系统工程理论与实践, 2013, 33 (12): 3040-3044.

[30] Bensana E, Verfaillie G, Agnèse J C, et al. Exact & INEXACT Methods for Daily Management of Earth Observation Satellite [C] //Space Mission Operations and Ground Data Systems-Proceedings of the Fourth International Symposium, 1996.

[31] Bensana E, Lemaitre M, Verfaillie G. Earth observation satellite management [J]. Constraints, 1999, 4 (3): 293-299.

[32] Bensana E, Verfaillie G, Michelon-Edery C, et al. Dealing with Uncertainty when Managing an Earth Observation Satellite [C] //ISAIRAS 99, 1999.

[33] Globus A, Crawford J, Lohn J, et al. Scheduling Earth Observing Fleets Using Evolutionary Algorithms: Problem Description and Approach [C] //Proceedings of the 3rd International NASA Workshop on Planning and Scheduling for Space, NASA, 2002.

[34] Globus A, Crawford J, Lohn J, et al. Scheduling earth observing satellites with evolutionary algorithms [J]. Proceedings of Conference on Space Mission Changes for Information Technology, 2003.

[35] Globus A, Crawford J, Lohn J D, et al. A Comparison of Techniques for Scheduling Earth Observing Satellites [C] //Conference on Nineteenth National Conference on Artificial Intelligence. DBLP, 2004.

[36] 李曦. 多星区域观测任务的效率优化方法研究 [D]. 长沙: 国防科学技术大学, 2005.

[37] 阮启明, 谭跃进, 李菊芳, 等. 对地观测卫星的区域目标分割与优选问题研究 [J]. 测绘科学, 2006, 31 (01): 98-100.

[38] 阮启明, 谭跃进, 李永太, 等. 基于约束满足的多星对区域目标观测活动协同 [J]. 宇航学报, 2007, 28 (1): 238-242.

[39] 李菊芳, 白保存, 陈英武, 等. 多星成像调度问题基于分解的优化算法 [J]. 系统工程理论与实践, 2009, 29 (08): 134-143.

[40] Burke E K, Gendreau M, Hyde M, et al. Hyper-heuristics: a survey of the state of the art [J]. Journal of the Operational Research Society, 2013, 64 (12): 1695-1724.

[41] Bengio Y, Lodi A, Prouvost A. Machine learning for combinatorial optimization: a methodological tour d'Horizon [J]. European Journal of Operational Research, 2020.

[42] Manngård M, Kronqvist J, Böling J M. Structural learning in artificial neural networks using sparse optimization [J]. Neurocomputing, 2018.

[43] 张宗梅. 利用神经网络求解组合优化问题 [D]. 济南: 山东大学, 2006.

[44] 付研宇. 轨道车辆动态称重数据处理算法研究 [D]. 大连: 大连交通大学, 2009.

[45] Hecht-Nielsen R. Theory of the Backpropagation Neural Network [C] //International Joint Conference on Neural Networks. IEEE, 2002, 593-605.

［46］ Hinton G E，Salakhutdinor R R. Reducing the dimensionality of data with neural networks ［J］. Science（New York，N. Y.)，2006，313（5786)：504-507.

［47］ Kaelbling L P，Littman M L，Moore A W. Reinforcement learning：a survey ［J］. Journal of Artificial Intelligence Research，1996，4（1)：237-285.

［48］ 王艺鹏 . 多波束卫星通信系统中的动态波束调度技术研究 ［D］. 北京：北京邮电大学，2019.

［49］ 高慧 . 基于强化学习的移动机器人路径规划研究 ［D］. 成都：西南交通大学，2016.

［50］ Dai H，Khalil E B，Zhang Y，et al. Learning combinatorial optimization algorithms over graphs ［J］. 2017.

［51］ Dai H J，Dai B，Song L. Discriminative embeddings of latent variable models for structured data ［J］. 2016.

［52］ Burges C J C. A tutorial on support vector machines for pattern recognition ［J］. Data Mining & Knowledge Discovery，1998，2（2)：121-167.

［53］ Cristianini N，Shawe-Taylor J. An Introduction to Support Vector Machines and other Kernel-based Learning Methods ［M］. Cambridge：Cambridge University Press，2000.

［54］ Smola A，Gretton A，Song L，et al. A Hilbert Space Embedding for Distributions ［C］ //International Conference on Algorithmic Learning Theory. Berlin，Heidelberg：Springer，2007.

［55］ Vinyals O，Fortunato M，Jaitly N. Pointer networks ［J］. Computer Science，2015，28.

［56］ Bello I，Pham H，Le Q V，et al. Neural Combinatorial Optimization with Reinforcement Learning ［C］ //International Conference on Learning Representations（ICLR)，2016.

［57］ Cho K，van Merrienboer B，Gulcehre C，et al. Learning phrase representations using RNN encoder-decoder for statistical machine translation ［J］. Computer Science，2014.

［58］ Sutskever I，Vinyals O，Le Q V. Sequence to sequence learning with neural networks ［J］. Adrances in Neural Information Processing Systems，2014.

［59］ Bahdanau D，Cho K，Bengio Y. Neural machine translation by jointly learning to align and translate ［J］. Computer Science，2014.

［60］ Luong M T，Pham H，Manning C D. Effective approaches to attention-based neural machine translation ［J］. Computer Science，2015.

［61］ Vinyals O，Bengio S，Kudlur M. Order matters：sequence to sequence for sets ［J］. Computer Science，2015.

［62］ Nazari M，Oroojlooy A，V. Snyder L，et al. Reinforcement Learning for Solving the Vehicle Routing Problem ［C］ //Neural Information Processing Systems（NIPS)，2018.

［63］ Hu H Y，Zhang X D，Yan X W，et al. Solving a New 3D Bin Packing Problem with Deep Reinforcement Learning Method ［C］ //International Joint Conference on Artificial Intelligence（IJCAI)，2017.

［64］ Saaty T L. The Analytical Hierarchy Process ［M］. New York：McGraw-Hill，1980.

［65］ 刘育欣，杜呈欣，张彦 . 基于层次分析法的铁路信息系统软件产品易用性的研究 ［J］.

铁路计算机应用，2015，24（04）：14-18.

[66] 刘晨涛，项磊，朱国权. 基于层次分析法与 ADC 模型的对地观测卫星系统综合效能评估研究［C］//第31届中国控制会议论文集，2012.

[67] 覃鹏程. 基于 AHP 灰色 ADC 的遥感卫星应用体系效能评估［J］. 建模与仿真，2017，6（4）：218-227.

[68] Dempster A P. Upper and lower probabilities induced by a multivalued mapping［J］. Annals of Mathematical Statistics，1967，38（2）：325-339.

[69] Shafer G A. Mathematical Theory of Evidence［M］. Princeton：Princeton University Press，1979.

[70] 孙东阳. 多传感器数据融合技术及其在烟尘颗粒浓度测量系统中的应用研究［D］. 青岛：青岛科技大学，2014.

[71] 李嘉仪. 基于 D-S 理论的冲突证据融合算法［D］. 哈尔滨：黑龙江大学，2019.

[72] Hwang C L，Yoon K. Multiple attribute decision making［J］. Lecture Notes in Economics & Mathematical Systems，1981，404（4）：287-288.

[73] Kahneman D，Tversky A. Prospect theory：an analysis of decision under risk［J］. Economica，1979，47（2）：263-291.

[74] Tversky A，Kahneman D. Advances in prospect theory：cumulative representation of uncertainty［J］. Journal of Risk and Uncertainty，1992，5（4）：297-323.

[75] Gomes L F A M，Lima M M P P. TODIM：basic and application to multi-criteria ranking of projects with environmental impacts［J］. Foundations of Computing and Decision Sciences，1991，16（3）：113-127.

第3章 区域观测任务分解方法

卫星成像条带的宽度和长度是有限的，对于一个较大的区域目标，卫星一次成像难以将整个区域目标都扫描到，因此需要多颗卫星协同成像或者单颗卫星多次成像，获得同一区域目标不同部分的图像，然后再通过图像融合处理，得到整个区域目标的总体图像。成像机会是卫星运行至区域目标的上方且能够对区域目标进行成像的时机，每次成像机会所形成的图像都是一个矩形的区域。如何将一个较大的多边形区域目标分解成若干较小的矩形区域目标，使得多个较小的矩形区域目标能够融合形成大的多边形区域目标？这就是本章所述的区域观测任务分解问题。

区域观测任务分解，是对于给定的一个多边形区域目标，为每个成像机会构造一个矩形成像区域，以使得多个矩形的并集能够覆盖整个区域成像目标或者覆盖的区域目标的面积尽可能大。区域观测任务分解属于任务筹划工作的一部分，为卫星调度提供输入，具有十分重要的作用。本章主要介绍四种场景下的区域分解问题，分别是单星区域分解方法、资源受限情形下多星协同区域分解、资源充足情形下多星协同区域分解以及区域目标内部观测收益不均等情形下多星协同区域分解。

3.1 单星区域分解方法

成像卫星一般为近地轨道卫星，搭载相机在经过区域目标上方时对目标进行成像。卫星和地心的连线与地面相交于一点，随着卫星飞行，会形成一条曲线，该曲线为卫星的星下点轨迹。如果将地球视为规则的球体，那么卫星星下点轨迹是球面上的曲线。区域观测目标是地球上的一块球面区域，一般而言，相对于整个地球来说区域目标较小，为了降低计算的复杂性，将区域目标近似视为平面内的多边形区域，使用经纬度表示多边形各个顶点的坐标。相应地，将卫星行经该区域时的星下点轨迹近似看作同一平面区域内的直线。

对于平面内的任意一个多边形区域目标，可以作出其外接矩形，使得该外接矩形的两条边与星下点轨迹垂直，另两条边与星下点轨迹平行，该外接矩形称为区域目标的定向外接矩形。给定一个区域目标，其定向外接矩形两条边所在的直线必然与卫星星下点轨迹相交于两点，如图 3.1 所示，沿卫星飞行方向，分别称为"进入点"和"离开点"，记作 u 和 v。在平面区域内，根据初等几何计算出经过 u 和 v 的直线方程，记为 $L(u,v)$，使用该直线方程近似表示卫星飞临该区域目标的星下点轨迹。

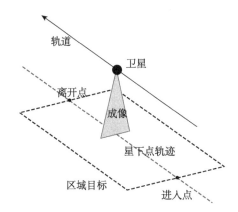

图 3.1　星下点轨迹示意图

　　同一颗卫星多次经过同一个区域目标时的进入点和离开点不同，但同一颗卫星多次经过同一个区域目标时的星下点轨迹近似平行。在卫星星座观测场景下也有相似的特征，成像卫星星座一般是由轨道倾角相似的多颗卫星构成的，星座中的卫星扫描同一区域的星下点轨迹是近似平行的，因此，在这一类场景下区域观测任务分解方法与单星区域分解方法相似。

　　在每个成像机会内可以拍摄一个矩形区域的图像，该矩形的两条边与星下点轨迹平行，另两条边与星下点轨迹垂直，将所成的矩形区域定义为条带。由于同一颗卫星多次经过同一个区域目标时的星下点轨迹是平行的，因此，同一颗卫星多次经过同一个区域目标成像的条带也是平行的。

　　成像卫星的相机具有固定的视场角，如图 3.2（a）所示，视场角的大小在一定程度上决定了条带的宽度。在成像拍摄的过程中，相机可以侧摆，如图 3.2（b）所示。因此，可以对星下点轨迹附近一定范围内的区域进行成像。也就是说，所成像条带的位置可以变化。

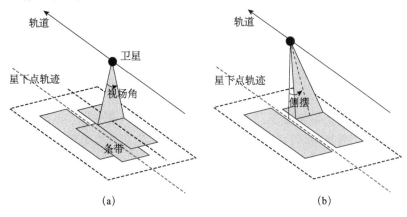

(a)　　　　　　　　　　　　　　　　　　　(b)

图 3.2　卫星视场角和偏转机动示意图

在同一次成像机会下，卫星成像条带的宽度是不固定的，不同的偏转角度对应的条带宽度不同。侧摆角度越大，则所成像的条带越宽。因此，成像条带的宽度由相机的视场角和相机的侧摆角共同决定，可以基于立体几何计算出不同侧摆角度下条带的近似宽度。

图 3.3 给出了计算条带宽度的一个示例。对图中的各点进行标记，在图 3.3（a）中，OB 为中垂线，线段 OB 的长度为卫星距地面的平均高度，记为 h。$\angle AOC$ 为视场角，记为 α，$\angle BOD$ 为偏转角，记为 β。如果：①偏转角大于 1/2 视场角，线段 AC 的长度就是条带的宽度，即如图 3.3（a）所示，此时条带的宽度可以计算得到

$$AC = AB - BC = h \cdot \tan\left(\beta + \frac{\alpha}{2}\right) - h \cdot \tan\left(\beta - \frac{\alpha}{2}\right) \tag{3.1}$$

②如果偏转角小于等于 1/2 视场角，线段 AB 的长度就是条带的宽度，如图 3.3（b）所示，此时条带的宽度可以计算得到

$$AB = AC + BC = h \cdot \tan\left(\frac{\alpha}{2} + \beta\right) + h \cdot \tan\left(\frac{\alpha}{2} - \beta\right) \tag{3.2}$$

卫星成像的视场角是固定的，因此只要再提供卫星的侧摆角，就能计算出相应的条带宽度。

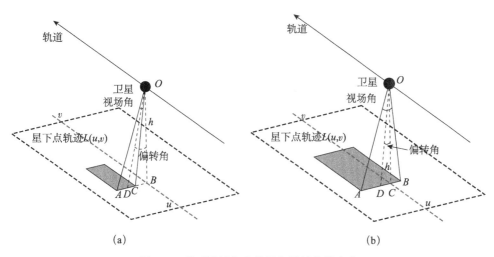

图 3.3 基于视场角和偏转角计算条带宽度

给定一个多边形区域目标 R，R 由 n 个顶点构成，按顺时针的方向，其顶点分别为（P_1，P_2，P_3，$\cdots$，P_n），并有成像卫星 S，在给定的规划周期内，卫星 S 共有 m 个成像机会可以对 P 进行成像，成像机会集合记为 O，每个成像机会 i 对应一个访问的进入点 u_i 和离开点 v_i，根据前文所述，可以使用平面内的直线来表示每个成像机会的星下点轨迹，其轨迹直线方程记为 L_i，这些星下点轨迹是平

行的，不妨以经纬度分别代表 x、y 坐标值，设成像机会 i 的直线方程为 $Ax + By + Ci = 0$。定义 x 轴的负方向一侧为"左侧"，x 轴的正方向一侧为"右侧"。观测区域的并行分割，就是根据这些直线方程构造出若干相邻平行的条带矩形，从而覆盖整个多边形区域 R。具体的步骤如下。

步骤 1：将全部成像机会按照星下点轨迹直线的位置从左到右（参见上述"左侧"的定义）依次进行排序，排序后的成像机会记为 i_1，i_2，$\cdots$，i_k，$\cdots$；

步骤 2：选择一条星下点轨迹 L_{i_1}，以 L_{i_1} 的方向为基准，构造多边形区域 R 的外接矩形 Q，使得 Q 的两条边与 L_{i_1} 平行，另两条边与 L_{i_1} 垂直；

步骤 3：将 Q 平行于 L_{i_1} 的两条边分别记为 e_1 和 e_2，其中 e_1 位于 e_2 的"左侧"，以 e_1 为起始边，构造矩形 T_{i_1} 作为成像机会 i_1 的条带；

步骤 4：选择条带 T_{i_1} 平行于 L_{i_1} 两条边的右侧边作为起始边，构造矩形 T_{i_2} 作为成像机会 i_2 的观测条带；

步骤 5：选择观测条带 T_{i_k} 平行于 L_{i_k} 两条边的右侧边作为起始边，构造矩形 $T_{i_{k+1}}$ 作为成像机会 i_{k+1} 的观测条带；

 ……

重复步骤 5，直到①全部观测条带的并集已经覆盖了整个区域 R 或者②已遍历全部的成像机会时止。

在上述构造过程中，步骤 5 基于一条起始边构造成像机会的条带，其中偏转角的计算方式需展开讨论。

对于给定的成像机会，已知其距地面的高度 h 和视场角 α，其星下点轨迹的直线方程已知，因此不难求出起始边到星下点轨迹之间的距离 d。如果偏转角大于 $1/2$ 相机视场角，如图 3.4（a）所示，则此时的偏转角 β 为 $\angle AOB$ 减去 $1/2$ 视场角，即 $\beta = \angle AOB - \dfrac{\alpha}{2} = \arctan \dfrac{d}{h} - \dfrac{\alpha}{2}$；如果侧摆角度小于等于 $1/2$ 视场角，如图 3.4（b）所示，则此时的侧摆角为 $\angle AOC$ 减去 $1/2$ 视场角，即 $\beta = \angle AOC - \dfrac{\alpha}{2} = \arctan \dfrac{d}{h} - \dfrac{\alpha}{2}$。因此，无论在何种情况下，偏转角 β 的计算公式均为

$$\beta = \arctan \frac{d}{h} - \frac{\alpha}{2} \tag{3.3}$$

在步骤 5 中，基于给定的起始边构造条带时，条带的长度可以和区域目标外接矩形的尺寸保持一致。但为了减少成像资源的浪费，也可以对条带的长度进行压缩。这一过程比较简单，只需找出起始边和另一条平行边所在的直线与多边形各边所有的交点，然后从中找出沿星下点轨迹方向距离最大的两个交点，该最大距离就是压缩后条带的长度，以这两个交点构造起始边的垂线就能得到条带的剩余两条边。

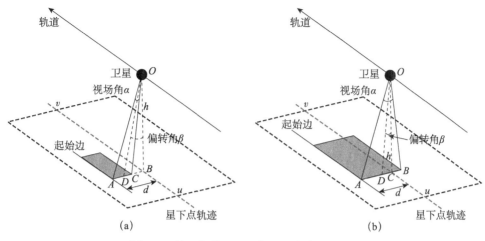

图 3.4 基于起始边和成像机会计算侧摆角度

3.2 资源受限情形下多星协同区域分解

当区域目标的尺寸特别大时，必须将区域目标分成很多条带，如果使用单颗成像卫星进行观测往往耗时持久。若此时急需获取区域目标的图像，就必须使用多颗卫星以协同的方式对区域目标进行观测。而多颗卫星经过同一个区域的星下点轨迹不一定是平行的，因此，对应条带之间有可能重叠。该场景下如何进行区域的分割，为每个成像机会构造相应的条带就有一定的难度。

首先考虑资源受限的情形，尽管使用了多颗卫星的成像机会，然而由于区域过大或者给定的规划周期过短，总的成像机会相对而言仍然不足。在该情形下，用户希望使用这些有限的成像机会拍摄到尽可能大的区域。由于存在"最大化成像区域"这一追求，因此该问题是一个优化问题，这与 3.1 节介绍的单星区域分解方法有所区别。

3.2.1 问题描述

成像需求是一个尺寸较大的区域目标 R，仍然在平面区域内进行处理，建立平面直角坐标系，建立经纬度和 x、y 轴之间的对应关系，区域目标是平面内的一个多边形，由若干个顶点组成。成像资源是多个卫星的多个成像机会，每个成像机会由一条星下点轨迹确定，星下点轨迹可以通过平面内的直线方程确定，设第 i 个成像机会的星下点轨迹为 L_i。由于可以控制成像卫星相机的机动动作，不同的开关机时间和偏转角度对应不同位置和不同宽度的条带，那么如何安排各个成像机会的开关机时间和偏转角度使得它们的并集能够覆盖尽可能大的区域?

由于条带之间有可能重叠,条带的并集并不能轻松地计算得到,需要借助计算几何图形学的方法,这需要消耗一定的计算资源。在运筹学中处理这类问题的一般方法是离散化,因为问题复杂的根本原因是平面二维图形的连续性。假设拥有极大的计算能力,那么就可以把区域目标分成一个个像素大小的小区域,统计每个影像数据覆盖了哪些小区域,这样总的影像数据覆盖了哪些小区域,以及还有哪些小区域未被覆盖就能够简单地统计出来。当然,受限于计算能力,将区域目标分解成像素大小的小区域是不现实的,但可以将区域目标分成单元格区域,这就是网格离散化方法。

整个多边形区域 R 被网格化,网格由多个单元格组成,每个单元格是一个正方形,正方形的边长称为单元格的尺寸,正方形的四条边分别与两个坐标轴平行,任意相邻的两个单元格共边,共顶点的四个单元格组成尺寸更大的正方形,全部单元格整体组成一个网格,用 G 表示,多边形 R 的边界被包含在网格 G 的边界内,且每个单元格与多边形 R 的交集不为空集。每个单元格被指定一个唯一的编号,用 i 表示。

给定多个成像机会,使用 s 表示成像机会,成像机会 s 对应的星下点轨迹直线方程记为 l_s。每个成像机会内可以安排一个成像行为,每个成像行为对应一个条带,选择不同的开关机时间和偏转角度,所获得的条带的位置和大小不同。成像机会对应的星下点轨迹不一定平行,相应的条带之间有可能出现重叠。记成像机会 s 对应的条带为 t_s,如果单元格 i 的四个顶点均处于矩形内部,则称单元格 i 被条带 t_s 覆盖。

一个单元格如果被覆盖至少一次,则单元格对应的区域就被成像了。区域目标 R 经离散化后得到大量的单元格,相对而言成像机会数量较少,不足以覆盖所有的单元格,规划的目标是如何安排每个成像机会的条带位置和大小,使得有限的成像机会能够覆盖尽可能多的单元格。

3.2.2 数学模型

上述问题是一个典型的优化问题,因此先对问题进行建模。在该问题中,可以自由取值的是每个成像机会内相机的开关机时间和偏转角度,这便是实际意义上的决策变量。选择不同的开关机时间和偏转角度会得到不同的条带,从而覆盖不同位置和不同数量的单元格。然而,基于开关机时间和偏转角度来构造条带的过程是一个非常复杂的过程,也可以说条带是开关机时间和偏转角度的复杂函数,具有极强的非线性。因此很难直接建立出该问题准确的数学模型,也很难直接进行求解。

为此，不妨假设能够枚举出每个成像机会所有可能的开关机时间和偏转角的取值，即枚举出所有可能的条带，那么为每个成像机会从众多可能的条带中选择一个即可。事实上，卫星的开关机时间和偏转角度是连续变量，可能的条带个数有无穷多个，因此根本无法全部枚举。然而，由于开关机时间和偏转角度发生一些细微变化后得到的条带位置和形状往往十分相似，因此，只需枚举出许多具有代表性的条带就能够对问题进行很好地近似。

那么哪些条带具有代表性呢？很自然地想到这样一个"临界"的情况：当一个条带覆盖了若干单元格，而部分被覆盖的单元格顶点恰好位于条带的边上，此时条带向某一个方向做出细微的移动，就有可能导致一部分被覆盖的单元格超出边界，从而使得被覆盖的单元格发生变化。因此，这些处于临界位置上的观测条带可能具有代表性。

不妨称这些处于临界位置上的条带为"基本条带"，而不处于临界位置上的条带称为非基本条带。稍加分析不难发现，对于同一个成像机会，大部分非基本条带都可以通过稍微变动位置或调整条带的长度变为一个基本条带，而且变动后得到的基本条带覆盖的单元格与变动前非基本条带覆盖的单元格一致或者十分接近。假设问题的最优解中包含若干个非基本的条带，如果将这些非基本的条带转变为基本条带，便能得到一个新解，且新解覆盖的单元格与最优解覆盖的单元格一致或者十分接近，而新解全部由基本条带组成，因此一定能够基于全部的基本条带找到问题的最优解或接近最优解，因此，基本条带具有代表性。

所以不需要考虑无穷多的非基本条带，只需要枚举出数量有限的基本条带即可。条带的两条与星下点轨迹平行的边分别定义为左侧边和右侧边，另两条垂直的边分别定义为上侧边和下侧边。左、右侧边之间的距离为条带的宽度，上、下侧边之间的距离为条带的长度。由于条带的宽度是由相机的视场角和偏转角共同决定的，因此，只需确定条带的上侧边、左侧边、下侧边就能得到整个基本条带。事实上，在成像机会数量不足的场景下，最佳的选择是让条带取最大的长度，因为这样有可能覆盖到更大的区域，最优解也一定能够在全部取最大长度的基本条带上取得。成像机会所能生成的最大条带跟其最长开机时间相关，因此是一个固定的参数输入。最终只需要确定上侧边和左侧边，就能计算出整个基本条带。

由于星下点轨迹的直线方程既定，因此，上侧边和左侧边的斜率已知，那么，只需再确定经过的顶点，就可以获得两条边所在的直线方程。而根据前面的定义可知，基本条带是一种临界状态下的产物，被基本条带覆盖的单元格中，有一部分单元格的顶点正好落在基本条带的边上。反过来，可以根据单元格的顶点来确定基本条带的边。为了不遗漏基本条带，可以通过枚举所有可能的顶点组合的方法来构造出全部的基本条带。给定成像机会 s，构造其所有的基本条带的详细的步骤如算法 3.1 所示。

算法 3.1：基本条带构造算法

输入：成像机会 s，网格 G

输出：基本条带集合 C_s

步骤 1：令集合 $C_s = \varnothing$；

步骤 2：遍历网格 G 中的单元格，构造单元格组合的集合 Q；

步骤 3：如果 $Q = \varnothing$，转步骤 6，否则选择单元格组合 $\langle m, n \rangle \in Q$；

步骤 4：尝试以 m 的顶点确定上侧边，n 的顶点确定左侧边，构造基本条带 $t_{m,n}$，如果成功，令 $C_s = \{C_s, t_{m,n}\}$；

步骤 5：令 $Q = \{Q \setminus \langle m, n \rangle\}$，转步骤 3；

步骤 6：输出集合 C_s。

在算法 3.1 中，步骤 4 是根据两个单元格的顶点尝试构造基本条带的过程，如图 3.5 所示。需要注意的是，单元格顶点的选取不是固定的。以确定上侧边的单元格 m 为例进行说明，将单元格 m 的四个顶点分别命名为左上角顶点、右上角顶点、右下角顶点、左下角顶点，那么当星下点轨迹所在的直线方程斜率大于零时，即"向右倾斜"，此时为保证单元格 m 能被所构造的基本条带覆盖，应选择 m 的右上角顶点来确定上侧边；反之，如果星下点轨迹"向左倾斜"，则应选择 m 的左上角顶点来确定上侧边。

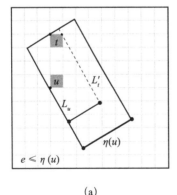
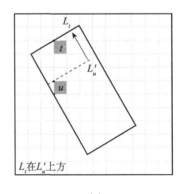

(a)   (b)

图 3.5 可行上单元格限制条件示意图

在选定单元格 m 和 n 的顶点后，就可以计算出上侧边和左侧边所在的直线方程，结合星下点轨迹可以计算出相机的偏转角，进而能够计算出条带的宽度，最后结合条带的最大长度参数，构造出整个条带。部分与计算几何相关的内容可以参考 3.1 节单星区域分解方法。在构造出整个条带后，就可以计算出该条带覆盖了哪些单元格。使用 0-1 型的数据来表示条带与单元格的关系，如果成像机会 s 的观测条带 j 覆盖了单元格 i，则参数 $a_{sj}=1$，否则 $a_{sj}=0$。

对于给定的任意成像机会 s，均可以枚举出其全部的基本条带 C_s，优化问题是如何为每一个成像机会 s 选择一个合适的基本条带，使得所选择的基本条带覆盖尽可能多的单元格的呢？使用两类决策变量来对问题进行建模，设 $x_i \in \{0, 1\}$ 表示单元格 i 是否被覆盖，y_{sj} 表示成像机会 s 是否选择观测条带 j，那么可以建立出优化问题的整数线性规划模型，如 [P3.1] 所示。

[P3.1]

$$z = \max \sum_{\forall i \in G} x_i \tag{3.4}$$

$$x_i \leqslant \sum_{\forall s \in S} \sum_{\forall j \in C_s} y_{sj} a_{sj}, \quad \forall i \in G \tag{3.5}$$

$$\sum_{\forall j \in C_s} y_{sj} \leqslant 1, \quad \forall s \in S \tag{3.6}$$

$$x_i \in \{0,1\}, \quad \forall i \in G, \quad y_{sj} \in \{0,1\}, \quad \forall j \in C_s, \quad \forall s \in S \tag{3.7}$$

其中，式（3.4）为优化目标函数，表示最大化覆盖的单元格数量之和。式（3.5）是强制添加的覆盖变量约束，它建立了单元格是否被覆盖和观测条带是否被选择之间的联系，沟通了两类决策变量。式（3.6）为成像机会的选择约束，即每个成像机会下，最多能够选择一个观测条带。式（3.7）为变量取值约束。

3.2.3　优化算法

上述问题是一个典型的组合优化问题，其最大的特点是变量的维度高，因此设计高效的精确算法难度较大，而区域分割对时效性要求较高，因此在这种情况下，设计高效的启发式求解算法非常有必要。

1. 启发式求解算法

约束（3.6）的存在使得变量取值具有稀疏性，即大部分决策变量取 0，只有少部分决策变量取 1，针对这一特点，基于动态贪婪的搜索方式设计出高效的启发式算法，详细的算法步骤见算法 3.2。

算法 3.2：求解 [P3.1] 的启发式算法

输入：单元格集合 G，基本条带集合 $C=\{C_s \mid s \in S\}$

输出：选定的基本条带集合 $C^*=\{j \mid j \in C_s, s \in S\}$

步骤1：对于 $i \in G$，令其状态为"未覆盖"；

步骤2：令 $k = 1$，$C^* = \varnothing$；

步骤3：如果 $k = |C|$，则转步骤6，否则继续；

步骤4：选择 C 中第 k 个基本条带，D_k 为其覆盖的单元格集合；

步骤5：统计 D_k 中状态为"未覆盖"的单元格数量，记为 z_k，z_k 作为 C 中第 k 个基本条带覆盖有效单元格的数量，转步骤3；

步骤6：如果 $C = \varnothing$，则转步骤12，否则继续；

步骤7：选择 $k^* = \underset{1 \leqslant k \leqslant |C|}{\mathrm{argmax}}\, z_k$，$k^*$ 对应的成像机会为 s^*；

步骤8：令 $C^* = \{C^*, k^*\}$；

步骤9：对于 $i \in D_{k^*}$，令其状态为"已覆盖"；

步骤10：令 $C = \{C \setminus C_{s^*}\}$；

步骤11：令 $k = 1$，转步骤3；

步骤12：输出 C^*。

算法 3.2 的时间复杂度主要依赖三个参数，分别是单元格的总数 $|G|$、基本条带的总数 $|C|$ 以及成像机会的总数 $|S|$。记算法 3.2 的平均时间复杂度为 δ，则有 $\delta \leqslant \dfrac{|C| \cdot |S| + |S|}{2} |G|$。这一结论不难证明，由于平均每个成像机会对应 $\dfrac{|C|}{|S|}$ 个基本条带，算法 3.2 中执行第一次选择时需判断 $|C|$ 个基本条带，每个基本条带需判断其覆盖的有效单元格数，因此执行步数小于等于 $|C||G|$。第一次选择结束后，有 $\dfrac{|C|}{|S|}$ 个基本条带退出后续选择，因此第二次选择时执行步数小于等于 $\left(|C| - \dfrac{|C|}{|S|}\right) \cdot |G|$，算法一共执行 $|S|$ 次选择，因此，平均时间复杂度

$$\delta \leqslant \underbrace{\left\{ |C| + \left(|C| - \frac{|C|}{|S|}\right) + \left(|C| - 2 \cdot \frac{|C|}{|S|}\right) + \cdots + \left(|C| - (|S| - 1)\frac{|C|}{|S|}\right) \right\} \cdot |G|}_{m}$$

$$= \frac{|C| \cdot |S| + |S|}{2} |G|$$

2. 拉格朗日松弛上界

算法 3.2 的计算效率较高，但求得的解的质量到底如何呢？由于是最大化问题，可以使用上界来评估求得的解的质量。在问题 [P3.1] 中，优化目标为最大化覆盖的单元格的数量，因此，一个最容易计算的上界就是全部单元格的数量。当然这一上界不一定紧凑，为了计算出更加紧凑的上界，应使用拉格朗日松弛方法。

观察问题［P3.1］不难发现，如果去掉约束（3.5），则问题存在多项式时间算法。因此，可以使用拉格朗日乘子将约束（3.5）松弛到目标函数，获得拉格朗日松弛问题。先将问题［P3.1］写为如下形式：

［P3.1］

$$z = \max \sum_{\forall i \in G} x_i \tag{3.8}$$

$$\sum_{\forall s \in S} \sum_{\forall j \in C_s} y_{sj} a_{sj} - x_i \geqslant 0, \ \forall i \in G \tag{3.9}$$

$$\sum_{\forall j \in C_s} y_{sj} \leqslant 1, \ \forall s \in S \tag{3.10}$$

$$x_i \in \{0,1\}, \ \forall i \in G, \ y_{sj} \in \{0,1\}, \ \forall j \in C_s, \ \forall s \in S \tag{3.11}$$

设 $\lambda_i \geqslant 0$，$i \in G$ 为拉格朗日乘子，将式（3.9）松弛到目标函数，得到拉格朗日松弛问题［P3.2］，问题［P3.2］形式如下：

［P3.2］

$$z_{LR}(\lambda) = \max \sum_{\forall i \in G} x_i + \sum_{\forall i \in G} \lambda_i \cdot \left(\sum_{\forall s \in S} \sum_{\forall j \in C_s} y_{sj} \cdot a_{sj} - x_i \right) \tag{3.12}$$

$$(3.10) \quad (3.11)$$

（注：上行公式号（3.10）和（3.11）代表问题［P3.2］使用这两个公式。）

对式（3.12）进行变形，可以将问题［P3.2］写为如下形式：

［P3.2］

$$z_{LR}(\lambda) = \max \sum_{\forall i \in G} (1 - \lambda_i) \cdot x_i + \sum_{\forall s \in S} \sum_{\forall j \in C_s} \left[\left(\sum_{\forall i \in G} \lambda_i \cdot a_{sj} \right) \cdot y_{sj} \right] \tag{3.13}$$

$$(3.10) \quad (3.11)$$

令 $c_i = 1 - \lambda_i$，$d_{sj} = \sum_{\forall i \in G} \lambda_i \cdot a_{sj}$，则［P3.2］可以进一步可写为

［P3.2］

$$z_{LR}(\lambda) = \max \sum_{\forall i \in G} c_i \cdot x_i + \sum_{\forall s \in S} \sum_{\forall j \in C_s} d_{sj} \cdot y_{sj} \tag{3.14}$$

$$(3.10) \quad (3.11)$$

观察问题［P3.2］可知，约束（3.10）只对变量 y_{sj} 进行限制，约束（3.11）是变量取值范围的限制，而变量 x_i 可以自由取 0 或 1，因此很容易验证，在给定的拉格朗日乘子情况下，［P3.2］的最优解 $\langle \overline{X}, \overline{Y} \rangle$ 为

$$\overline{x}_i = \begin{cases} 1, & c_i > 0 \\ 0, & c_i \leqslant 0 \end{cases} \tag{3.15}$$

$$\overline{y}_{sj} = \begin{cases} 1, & d_{sj} \geqslant d_{sj'}, \forall j' \in C_s \\ 0, & \text{其他} \end{cases} \tag{3.16}$$

$\langle \overline{X}, \overline{Y} \rangle$ 是问题［P3.2］的最优解，但不一定是问题［P3.1］的解，因为

其不一定满足约束（3.9）。但稍加观察可知，可以通过修正 $\langle \overline{X}, \overline{Y} \rangle$ 使其满足约束（3.9），从而获得问题 [P3.1] 的可行解，设 $\overline{x}_i'$ 为修正 $\overline{x}_i$ 后获得的解：

$$\overline{x}_i' = \begin{cases} 1, & \sum_{\forall s \in S} \sum_{\forall j \in C_s} \overline{y}_{sj} \cdot a_{sj} \geqslant 1 \\ 0, & \text{其他} \end{cases} \tag{3.17}$$

$\overline{x}_i'$ 对应的解向量记为 $\overline{X}'$，则 $\langle \overline{X}', \overline{Y} \rangle$ 是问题 [P3.1] 的可行解。即给定任意非负的拉格朗日乘子，也可以快速求出 [P3.1] 的一个可行解。

给定任意非负的拉格朗日乘子，$z(\overline{X}, \overline{Y})$ 都是问题 [P3.1] 最优解的上界，那么如何求得最佳的拉格朗日乘子，使得对应的拉格朗日上界最紧凑呢？根据定理可知，拉格朗日松弛问题是拉格朗日乘子的线性分段函数，在定义域内的每一点上均存在次梯度，因此可以使用次梯度算法对拉格朗日乘子进行搜索。

设 $\langle \overline{X}, \overline{Y} \rangle$ 是给定拉格朗日乘子 $\overline{\lambda}$ 时 [P3.2] 的最优解，则向量

$$\mu(\overline{\lambda}) = \left\{ \mu_j \Big| \sum_{\forall s \in S} \sum_{\forall j \in C_s} y_{sj} \cdot a_{sj} - x_i \right\} \tag{3.18}$$

为拉格朗日函数在 $\overline{\lambda}$ 处的次梯度。给定一个初始的拉格朗日乘子 λ^0，通过迭代的方式不断改变拉格朗日乘子，设 λ^k 为第 k 代时的拉格朗日乘子，则第 $k+1$ 代拉格朗日乘子的计算公式为

$$\lambda^{k+1} = \lambda^k - \omega^k \cdot \mu(\lambda^k) \tag{3.19}$$

其中，$\mu(\lambda^k)$ 是根据式（3.18）计算得到的第 k 代的次梯度；ω^k 为次梯度下降的步长，是一个标量，此处采用线性步长，其计算公式为

$$\omega^k = \frac{\omega^0 \cdot (K-k)}{K} \tag{3.20}$$

其中，ω^0 为初始步长，一般在（0，2]中取值；K 为总的迭代次数。

在优化拉格朗日乘子的过程中，不仅可以求得 [P3.1] 的上界，还可以求得 [P3.1] 的可行解，详细的步骤如算法 3.3 所示。

算法 3.3：次梯度算法求取拉格朗日上界

输入：问题 [P3.1] 的数据

输出：已发现的最佳可行解以及最佳上界

步骤 1：设定 λ^0 和 ω^0，$z_{LR}^* = M$，M 为足够大的数；

步骤 2：设定 $z^* = 0$，$x^* = \varnothing$ 为已发现的最佳可行解；

步骤 3：设置迭代次数 $k=0$；

步骤 4：如果 k 超出最大迭代次数，转步骤11；否则继续；

步骤 5：根据式（3.14）~式（3.16）计算 $z_{LR}(\lambda^k)$，若 $z_{LR}(\lambda^k) \leqslant z_{LR}^*$，则令 $z_{LR}^* = z_{LR}(\lambda^k)$；

步骤 6：根据式（3.16），式（3.17）计算可行解 $x(\lambda^k)$ 以及 $z(\lambda^k)$；若
$z(\lambda^k) \geqslant z^*$，则令 $z^* = z(\lambda^k)$，$x^* = x(\lambda^k)$；

步骤 7：根据式（3.18）计算 $\mu(\lambda^k)$；

步骤 8：根据式（3.20）计算 ω^k；

步骤 9：根据式（3.19）计算 λ^{k+1}；

步骤 10：令 $k = k + 1$，转步骤 4；

步骤 11：算法终止，输出 $\langle x^*, z^*, z_{\mathrm{LR}}^* \rangle$。

需要注意的是在编程实现次梯度算法的过程中，始终要确保拉格朗日乘子非负，如果在迭代过程中，按照公式计算得到取负数的拉格朗日乘子，此时可以将拉格朗日乘子重置为零。

3. 基于嵌套网格的逼近策略

上述所建立的数学模型、设计的启发式算法以及拉格朗日松弛上界，都是以网格离散化为基础的，启发式算法的计算量依赖于单元格的数量。在这种情况下，网格离散化的粒度十分关键。如果单元格的尺寸较大，那么启发式算法能够快速求解，但是这对原问题的近似程度就较低。如果单元格的尺寸较小，虽然能够获得较高的近似程度，但会严重影响启发式算法的求解速度。如何在提高网格离散化粒度的同时提升计算的效率十分关键。

为此，提出了一种基于嵌套网格的逼近求解策略。具体地，先使用粗粒度的网格对区域进行离散化，并使用启发式算法进行求解。求解结束后，使用粒度更细的网格对区域进行离散化，粗粒度网格和细粒度网格形成嵌套关系，它们分别被称为父网格和子网格。将基于父网格求得的解映射到子网格上，得到子网格下若干条带。以子网格为基础，在这些条带周围构造一些临近条带。然后再次使用启发式算法从临近条带集合中搜索更优的解。将该过程称为一次逼近求解，为求得高质量的解，可以进行多次逼近求解，直到单元格的尺寸足够细小。

在一次逼近求解过程中第二次搜索基本条带时，不对子网格所有的基本条带进行搜索，只搜索了映射条带的临近基本条带，而避开大量的非临近基本条带，这实际上是一种逐步求精的策略。在该搜索策略下，以父网格下的解方案为输入，在减少计算量的同时，能够以较大的概率求得高质量的解，因此具有极高的工程应用价值和理论指导意义。

3.2.4　仿真实验

1. 实验数据及平台介绍

本节实验获取了高分系列、风云系列、遥感系列、海洋系列等真实的卫星数

据和相应的轨道数据，借助相关的仿真软件构造出仿真实验环境。图 3.6 展示了基于仿真软件构造的仿真实验环境。从图中可以看到，仿真了多颗在轨卫星及其轨道，每颗卫星下方长边与轨道垂直的矩形条带分别表示该卫星在当前位置时通过侧摆能达到的最大成像范围。每一颗卫星都配备一个成像传感器，各成像传感器的视场角、最大侧摆角等参数信息可通过仿真软件获取。图中用矩形 R 表示待观测的区域目标，其顶点坐标使用经纬度表示。

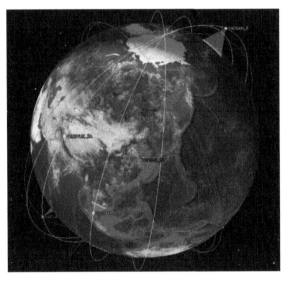

图 3.6   基于仿真软件构造的仿真实验环境图示（扫描封底二维码可看彩图）

图 3.7 展示的是某成像卫星在对区域目标成像的一个瞬时状态。图中，较大的红色矩形为待成像区域 R；卫星下方蓝色矩形区域为该卫星在当前时刻可成像的最大范围；蓝色矩形区域中的红色矩形表示卫星在不偏转时的成像范围，其宽度为卫星在不偏转时条带的宽度。

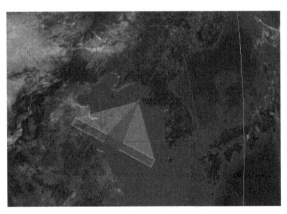

图 3.7   仿真环境中区域目标及卫星成像过程图示（扫描封底二维码可看彩图）

基于仿真软件，计算卫星对区域目标的成像机会，如图3.8所示。图中共列出8列数据，其中第1列表示各成像机会的开始访问时间，第2列表示各成像机会的结束访问时间，第3列表示卫星到达区域R时对应地面位置的经度，第4列表示卫星到达区域R时对应地面位置的纬度，第5列表示卫星到达区域R上方时的高度，第6列表示卫星离开区域R时对应地面位置的经度，第7列表示卫星离开区域R时对应地面位置的纬度，第8列表示卫星离开区域R时的高度。各成像机会对应的星下点轨迹直线方程可以通过这些数据近似计算得到。从图中可以看出，第5列（进入时高度）和第8列（离开时高度）的数据十分接近，即卫星在访问区域R时高度变化极小，因此可直接取进入时高度和离开时高度的平均值作为卫星访问区域R的高度。

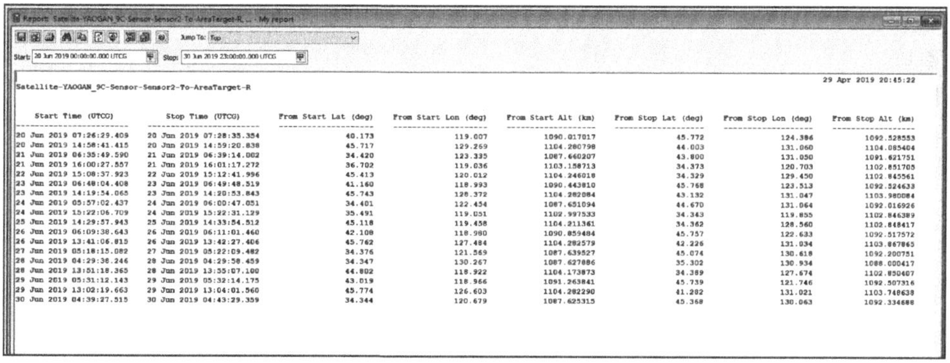
Report: Satellite-YAOGAN_9C-Sensor-Sensor2-To-AreaTarget-R, ... - My report

Jump To: Top

Start: 20 Jun 2019 00:00:00.000 UTCG　Stop: 30 Jun 2019 23:00:00.000 UTCG

Satellite-YAOGAN_9C-Sensor-Sensor2-To-AreaTarget-R

29 Apr 2019 20:45:22

Start Time (UTCG)	Stop Time (UTCG)	From Start Lat (deg)	From Start Lon (deg)	From Start Alt (km)	From Stop Lat (deg)	From Stop Lon (deg)	From Stop Alt (km)
20 Jun 2019 07:26:29.409	20 Jun 2019 07:28:35.354	40.173	119.007	1090.017017	45.772	124.386	1092.528553
20 Jun 2019 14:58:41.415	20 Jun 2019 14:59:20.838	45.717	129.269	1104.280798	44.003	131.060	1104.085404
21 Jun 2019 06:35:49.590	21 Jun 2019 06:39:14.002	34.420	123.335	1087.660207	43.800	131.050	1091.621751
21 Jun 2019 16:00:27.557	21 Jun 2019 16:01:17.272	36.702	119.036	1103.158713	34.373	120.703	1102.851705
22 Jun 2019 15:08:37.923	22 Jun 2019 15:12:41.996	45.413	120.012	1104.246018	34.329	129.450	1102.845561
23 Jun 2019 06:48:04.408	23 Jun 2019 06:49:48.519	41.160	118.993	1090.443810	45.768	123.513	1092.524633
23 Jun 2019 14:19:54.065	23 Jun 2019 14:20:53.843	45.743	128.372	1104.282084	43.132	131.047	1103.980084
24 Jun 2019 05:57:02.437	24 Jun 2019 06:00:47.051	34.401	122.454	1087.651094	44.670	131.064	1092.016926
24 Jun 2019 15:22:06.709	24 Jun 2019 15:22:31.129	35.491	119.051	1102.997533	34.343	119.855	1102.846389
25 Jun 2019 14:29:57.943	25 Jun 2019 14:33:54.512	45.118	119.458	1104.211361	34.362	128.560	1102.848417
26 Jun 2019 06:09:38.643	26 Jun 2019 06:11:01.460	42.108	118.980	1090.859484	45.757	122.633	1092.517572
26 Jun 2019 13:41:06.815	26 Jun 2019 13:42:27.406	45.762	127.484	1104.282579	42.226	131.034	1103.867865
27 Jun 2019 05:18:15.082	27 Jun 2019 05:22:09.482	34.376	121.569	1087.639527	45.074	130.618	1092.200751
28 Jun 2019 04:29:38.246	28 Jun 2019 04:29:58.459	34.347	130.267	1087.627886	35.302	130.934	1088.000417
28 Jun 2019 13:51:18.365	28 Jun 2019 13:55:07.100	44.802	118.922	1104.173873	34.389	127.674	1102.850407
29 Jun 2019 05:31:12.143	29 Jun 2019 05:32:14.175	43.019	118.966	1091.263841	45.739	121.746	1092.507316
29 Jun 2019 13:02:19.663	29 Jun 2019 13:04:01.560	45.774	126.603	1104.282290	41.282	131.021	1103.748638
30 Jun 2019 04:39:27.515	30 Jun 2019 04:43:29.359	34.344	120.679	1087.625315	45.368	130.063	1092.334688

图3.8　基于仿真软件计算获取卫星成像机会数据的示例

2. 实验过程

本节的仿真实验分为两部分：第一部分使用启发式算法进行求解和验证；第二部分使用逼近策略进行求解和验证。本实验使用Visual Studio 2015基于C#(.net framework 4.0)编程实现，基于PC运行求解，配置为：I7-7700，32GB RAM，Windows 10家庭中文版。

1）启发式算法求解效率验证

首先通过仿真生成了15组算例，编号为R01～R15。在这些算例中，单元格的尺寸为0.5个经纬度，构成的正方形区域网格数有10×10、15×15、20×20、25×25和30×30五种。在每一种规模的网格下，又分别生成三组覆盖机会，每组机会的数量分别为10个、15个和20个，但始终保持资源相对不充足的状态。

为了验证启发式算法的有效性，对算例R01～R15分别使用启发式算法和拉格朗日松弛算法进行求解。其中，拉格朗日松弛算法的迭代次数设置为10000。各组实验的求解结果记录在表3.1中。其中，GAP表示启发式算法找到的解与拉格朗日上界之间的最优性，其计算公式为GAP=（上界－下界）/上界×100%。

表 3.1　基于启发式算法和拉格朗日松弛算法的算例 R01～R15 求解结果

算例	单元格总数	网格	覆盖机会数量	启发式算法			拉格朗日松弛算法			
				目标值	时间/s	GAP/%	目标值	时间/s	上界	GAP/%
R01	100	10×10	10	73	0	1.51	50	3	74.12	32.54
R02			15	98	0	2.21	63	6	100.22	37.14
R03			20	100	0	0.39	62	7	100.39	38.24
R04	225	15×15	10	136	1	1.78	90	35	138.46	35.00
R05			15	179	1	2.61	90	50	183.80	51.03
R06			20	162	2	0.56	87	37	162.92	46.60
R07	400	20×20	10	51	1	0.10	47	16	51.05	7.93
R08			15	217	4	0.54	127	139	218.17	41.79
R09			20	140	7	0.31	94	62	140.44	33.07
R10	625	25×25	10	70	1	0.06	70	9	70.04	0.06
R11			15	114	1	0.07	114	16	114.08	0.07
R12			20	222	14	0.33	148	180	222.73	33.55
R13	900	30×30	10	164	21	0.17	164	369	164.29	0.17
R14			15	142	30	0.22	128	263	142.31	10.06
R15			20	171	44	0.42	141	312	171.72	17.89

从表 3.1 可看出，启发式算法对所有的算例都能够分别给出解方案，拉格朗日松弛算法对于所有的算例也都能够分别给出一个上界和一个可行解。最优性 GAP 值分布在 0.06%～2.61%。由此可以认为，在这些算例中，通过启发式算法所得到的解是近似最优解。

由于表 3.1 中给出的是带有分数形式的拉格朗日上界，但实际上，覆盖的单元格必须取整数结果，因此可以对拉格朗日上界进行向下取整，可得到更紧凑的上界。启发式算法对于算例 R03、R06～R07、R09～R15 已经求得了最优解。

此外，从表 3.1 中也可以看出，拉格朗日松弛算法中附带求得的解与拉格朗日上界之间的最优性 GAP 比较大，如算例 R01～R09、R12、R14～R15 对应的拉格朗日松弛算法中附带求得的解与拉格朗日上界之间的 GAP 都超过了 10%。这一结果说明：启发式算法求得的解要优于拉格朗日松弛算法求得的解。

从时间上来看，启发式算法比拉格朗日松弛算法要更快。在对这 15 组算例进行计算时，启发式算法所花费的时间从 0～44s 不等，拉格朗日松弛算法所花费的时间从 3～369s 不等。同时还可以看出，随着网格规模或覆盖机会数量的增加，所消耗的时间总体上呈明显的上升趋势。

图 3.9 展示的是使用拉格朗日松弛算法求解上述 15 组算例时，最后 1000 次迭代的曲线。从图 3.9 中可以观察到，在各个算例中，拉格朗日上界总体上都是

呈下降趋势，而随着迭代次数增加，拉格朗日上界呈现出上下振荡的趋势，但最终都收敛到一个紧凑的上界水平，由此可以看出所设计的次梯度算法是有效的。

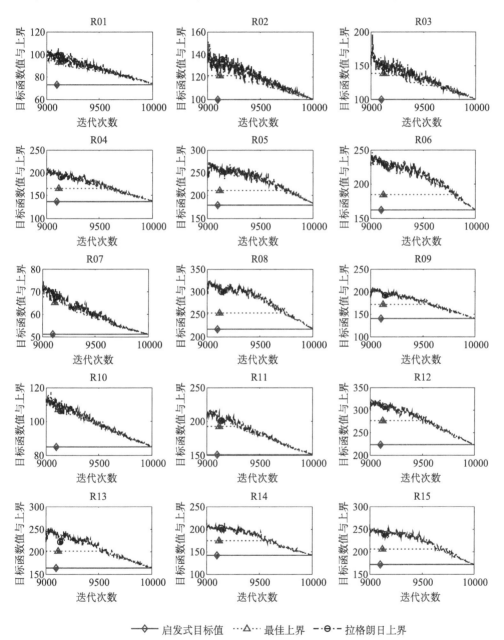

图 3.9　算例 R01～R15 的拉格朗日松弛上界迭代曲线

2）逼近策略求解效率验证

为验证基于嵌套网格逼近策略的优效性，将上述 15 个算例分别进行 5 次逼近。每次调用算法 3.2 求解记为 1 次逼近，5 次逼近即 5 次调用算法 3.2 进行求解。逼近求解详细过程数据见表 3.2。

表 3.2 算例 R01～R15 的逼近求解统计结果

算例	逼近次数	单元格总数	单元格尺寸	覆盖单元格数	覆盖率	运行时间/s
R01	1	100	1.0000	73	0.73	0.11
	2	400	0.5000	338	0.85	0.17
	3	1600	0.2500	1407	0.88	1.64
	4	6400	0.1250	5827	0.91	7.29
	5	25600	0.0625	23560	0.92	35.38
R02	1	100	1.0000	100	1.00	0.26
	2	400	0.5000	400	1.00	0.34
	3	1600	0.2500	1600	1.00	1.91
	4	6400	0.1250	6400	1.00	9.99
	5	25600	0.0625	25600	1.00	44.01
R03	1	100	1.0000	100	1.00	0.28
	2	400	0.5000	400	1.00	0.35
	3	1600	0.2500	1600	1.00	3.24
	4	6400	0.1250	6400	1.00	12.80
	5	25600	0.0625	25600	1.00	60.93
R04	1	225	1.0000	136	0.60	1.15
	2	900	0.5000	634	0.70	0.54
	3	3600	0.2500	2675	0.74	3.69
	4	14400	0.1250	11178	0.78	16.15
	5	57600	0.0625	45351	0.79	74.55
R05	1	225	1.0000	179	0.80	1.52
	2	900	0.5000	791	0.88	0.62
	3	3600	0.2500	3323	0.92	4.47
	4	14400	0.1250	13532	0.94	21.97
	5	57600	0.0625	54569	0.95	108.61
R06	1	225	1.0000	162	0.72	2.15
	2	900	0.5000	767	0.85	0.71
	3	3600	0.2500	3191	0.89	5.19
	4	14400	0.1250	12987	0.90	27.48
	5	57600	0.0625	52590	0.91	128.65
R07	1	400	1.0000	51	0.13	1.78
	2	1600	0.5000	324	0.20	0.30
	3	6400	0.2500	1578	0.25	3.00
	4	25600	0.1250	7000	0.27	18.73
	5	102400	0.0625	29453	0.29	93.39

算例	逼近次数	单元格总数	单元格尺寸	覆盖单元格数	覆盖率	运行时间/s
R08	1	400	1.0000	217	0.54	5.47
	2	1600	0.5000	1083	0.68	1.12
	3	6400	0.2500	4801	0.75	6.61
	4	25600	0.1250	19842	0.78	32.18
	5	102400	0.0625	81448	0.80	146.37
R09	1	400	1.0000	140	0.35	8.66
	2	1600	0.5000	819	0.51	0.74
	3	6400	0.2500	3795	0.59	6.02
	4	25600	0.1250	16305	0.64	36.05
	5	102400	0.0625	67646	0.66	180.72
R10	1	625	1.0000	85	0.14	6.34
	2	2500	0.5000	550	0.22	0.58
	3	10000	0.2500	2635	0.26	6.79
	4	40000	0.1250	11492	0.29	35.91
	5	160000	0.0625	48011	0.30	167.06
R11	1	625	1.0000	151	0.24	11.03
	2	2500	0.5000	864	0.35	1.33
	3	10000	0.2500	4088	0.41	8.99
	4	40000	0.1250	17793	0.44	50.54
	5	160000	0.0625	74180	0.46	229.79
R12	1	625	1.0000	222	0.36	16.02
	2	2500	0.5000	1233	0.49	1.62
	3	10000	0.2500	5730	0.57	11.07
	4	40000	0.1250	24453	0.61	59.30
	5	160000	0.0625	101181	0.63	278.70
R13	1	900	1.0000	164	0.18	22.75
	2	3600	0.5000	842	0.23	0.91
	3	14400	0.2500	3835	0.27	5.79
	4	57600	0.1250	16355	0.28	34.92
	5	230400	0.0625	67519	0.29	177.56
R14	1	900	1.0000	142	0.16	36.69
	2	3600	0.5000	799	0.22	1.89
	3	14400	0.2500	3756	0.26	13.48
	4	57600	0.1250	16267	0.28	74.41
	5	230400	0.0625	67671	0.29	348.22
R15	1	900	1.0000	171	0.19	47.73
	2	3600	0.5000	960	0.27	1.62
	3	14400	0.2500	4505	0.31	13.49
	4	57600	0.1250	19551	0.34	81.26
	5	230400	0.0625	81385	0.35	398.47

实验针对每个算例分别进行了 5 次逼近求解，对应的单元格尺寸由最初的单位 1.0000 逐步细化到 0.0625，此时网格划分粒度已经非常得精细了。可以从表中看出，随着逼近次数的增加，覆盖率有明显的增长。例如，算例 R01 的覆盖率从 0.73 增长到 0.92、算例 R15 的覆盖率从 0.19 增长到 0.35。说明了逼近算法能够优化问题求解。

随着逼近不断精细化，求解时间也在不断增加，这是因为逼近求解需要消耗一定的计算量。值得注意的是，逼近次数越多，单次逼近消耗的时间也会随之增加。这是因为逼近次数越多，单元格总数越多，大量的单元格需要消耗不少时间。例如，在算例 R01 中，第 1 次逼近求解共消耗 0.11s，而第 5 次逼近求解消耗了 35.38s。不过，实验中所有算例的求解时间均少于 500s，都在可接受的范围内。

为更好地分析覆盖率与运行时间随逼近次数增长之间的关系，绘制出算例 R01～R15 的覆盖率与运行时间随逼近次数增长的曲线，如图 3.10 所示。从图 3.10 中可以观察到，随着逼近次数增长，覆盖率曲线整体呈上升趋势，运行时间曲线整体上也呈上升趋势。大部分时间曲线在第 4 次逼近求解之后都出现了急剧上升，这说明在大部分算例求解过程中，第 5 次逼近求解消耗的计算时间较前几步有一个明显的增长。

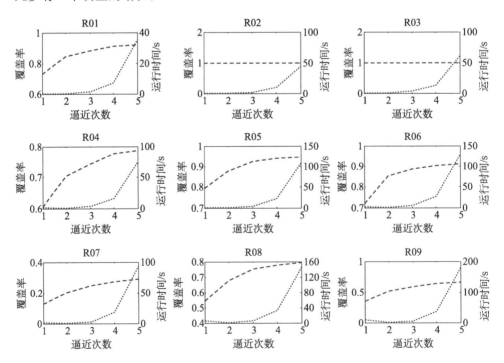

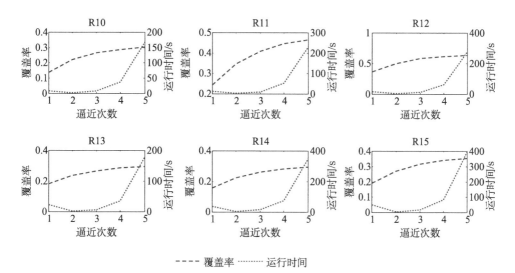

图 3.10　算例 R01～R15 的覆盖率与运行时间随逼近次数增长的曲线

　　为了进一步更直观地反映逼近策略的效果，选择 R07、R08、R09 三个算例，分别绘制出它们在第 1 次、第 3 次和第 5 次逼近求解下的覆盖结果，如图 3.11 所示。其中 R07-1 表示算例 R07 在第 1 次逼近求解后所得的覆盖方案，其余类推。

　　从图 3.11 中可以看出，对于算例 R07 来说，子图 R07-5 所展示的覆盖方案已是全局最优覆盖方案。因为该方案中所有的基本条带都处于待观测区域内部，且各基本条带之间没有重叠。显然，覆盖方案所覆盖的区域面积不能超过全部覆盖机会中最长基本条带的面积之和，而子图 R07-5 所绘制的方案中覆盖的区域面积已经达到该上界值。子图 R07-1 以及子图 R07-3 所展示的覆盖方案都不是全局最优的，因为它们所覆盖的待观测区域的面积均小于子图 R07-5 所示的。

　　但是，如算例 R07 那样能够达到上界值的是特殊情况，通常更一般的情况是如算例 R08 和 R09 所示的，基本条带之间始终存在一定的重叠。因为覆盖机会的方向是不同的，因此重叠是不可避免的。而对于覆盖资源有限的最大化覆盖面积问题，一般情况下，覆盖方案越优，重叠的部分应该越少。如算例 R08 和算例 R09 对应的 6 个子图所示，随着逼近次数增加，基本条带之间的重叠区域不断减少。

　　逼近求解策略本质上是一种调整策略，通过不断嵌套逼近，将粗粒度网格下的基本条带对应到细粒度网格下，并且尽量调整到更好的位置。通过以上仿真实验可以看出，该策略是有效的。

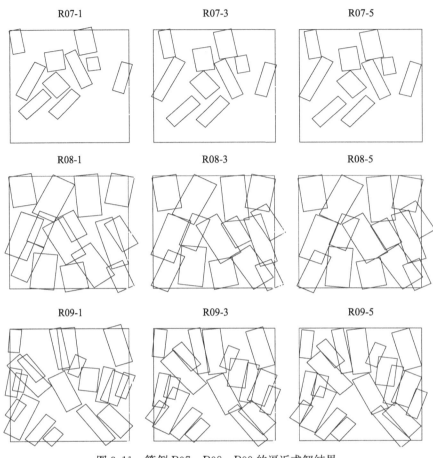

图 3.11　算例 R07、R08、R09 的逼近求解结果

3.3　资源充足情形下多星协同区域分解

在 3.2 节所讨论的场景中，在给定的时间内成像机会不足，无法成像整个待观测区域。此时如果将规划周期延长，能够得到更多的成像机会。当规划周期延长到足够长时，一定能够得到足够的成像机会，能够完整地成像整个区域。那么不禁要问，需要将规划周期延长多久，才能够完整地成像整个区域呢？

3.3.1　问题描述

在成像资源充足情形下的最小完工时间问题中，需要探讨使用哪些成像机会，如何制订这些成像机会下的成像行为才能够使得区域目标被尽可能早地成像？同样给定一个待成像的区域，以及大量的成像机会，每个成像机会对应一对开始时间和结束时间，称为成像时间窗。以成像时间窗的结束时间点作为成像机会的结束时间，规定协同成像计划中最晚的完成时间为该计划的完工时间。优化的目标则是如何制订出合适的成像计划，使得在保证区域完全覆盖的前提下，计划完工时间尽可能得早？

3.3.2　数学模型

与资源受限情形下多星协同区域分解类似，该问题同样是一个与计算几何高度耦合的连续空间组合优化问题，直接求解具有一定的难度。通过对比不难发现，前面提出的网格离散化方法和逼近求解框架依然可以用来处理本问题。针对本问题的特点，本章设计了高效的两阶段启发式算法。即在逼近求解过程中，采用"割平面＋变量修正代入法"的求解方法。

仍使用 R 表示待观测的区域，使用 S 表示覆盖机会的集合，其中 $s \in S$ 表示某个覆盖机会。每个覆盖机会 s 对应 5 个基本属性：星下点轨迹直线方程、最大开机时间、覆盖条带的最大长度、相机最大侧摆角和相机视场角。由于卫星只能在飞到区域 R 正上方的时候才能够对其进行观测，因此将这段时间窗称为覆盖时间窗。用 $\alpha(s)$ 和 $\beta(s)$ 分别表示覆盖机会 s 的卫星进入和离开区域 R 正上方的时间，如图 3.12 所示，即 $[\alpha(s)，\beta(s)]$ 为覆盖机会 s 对区域 R 的覆盖时间窗，记这段时间的长度为 d_s。以 $\beta(s)$ 作为覆盖机会 s 的覆盖结束时间。

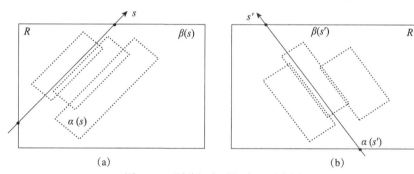

图 3.12　覆盖机会时间窗口示意图

同样先对区域 R 进行网格离散化，使用网格代替原区域。采用 3.1 节所述方法构造基本条带集合。使用 C_s 表示覆盖机会 s 对应的基本条带的集合，其中 $c_s^i \in C_s$ 表示基本条带。a_s^{ij} 表示基本条带 c_s^i 是否覆盖了单元格 j。决策变量 $x_s^i = \{0，1\}$ 表示是否选择基本条带 c_s^i，则优化的整数优化模型可以写为

$$z = \operatorname{minmax}(d_s \cdot x_s^i) \tag{3.21}$$

$$\sum_{\forall s \in S} \sum_{\forall c_s^i \in C_s} (a_s^{ij} \cdot x_s^i) \geqslant 1，\ \forall j \in J \tag{3.22}$$

$$\sum_{\forall c_s^i \in C_s} x_s^i \leqslant 1，\ \forall s \in S \tag{3.23}$$

$$x_s^i \in \{0,1\}, \quad \forall c_s^i \in C_s, \quad \forall s \in S \tag{3.24}$$

其中，式（3.21）是优化目标函数，表示在最大化覆盖的单元格数量之和的前提下最小化。式（3.22）是覆盖变量约束。式（3.23）是成像机会的选择约束，保证在每个成像机会下，最多能够选择一个观测条带。式（3.24）是变量取值约束。由于式（3.21）中包含有非线性表达式，此时可以引入决策变量 d，消除非线性，得到整数线性规划模型，如 [P3.3] 所示。

[P3.3]

$$z = \min d \tag{3.25}$$

$$d - \sum_{\forall c_s^i \in C_s} (x_s^i \cdot d_s) \geqslant 0, \quad \forall s \in S \tag{3.26}$$

$$\sum_{\forall s \in S} \sum_{\forall c_s^i \in C_s} (a_s^{ij} \cdot x_s^i) \geqslant 1, \quad \forall j \in J \tag{3.27}$$

$$\sum_{\forall c_s^i \in C_s} x_s^i \leqslant 1, \quad \forall s \in S \tag{3.28}$$

$$x_s^i \in \{0,1\}, \quad \forall c_s^i \in C_s, \quad \forall s \in S \tag{3.29}$$

3.3.3 优化算法

1. 两阶段启发式求解算法

本问题的优化目标为最小化成像完工时间，因此，应当尽可能地使用那些覆盖结束时间较早的成像机会。假设已知某个可行解对应的目标函数值为 d^*，则不难推断，d^* 将所有的成像机会分成了两大类：一类是结束时间早于或等于 d^* 的成像机会；另一类是结束时间晚于 d^* 的成像机会。分别用集合 S_1 和 S_2 表示。显然 S_1 和 S_2 是没有交集的，且 S_1 和 S_2 的并集就是全部成像机会。S_1 中的成像机会应当尽可能地被使用。据此，如果将所有的成像机会按时间划分成两部分，将时间较小的一部分所包含的全部成像机会都用来覆盖区域 R，是有希望找到最优解的。

本章设计了一种两阶段启发式算法求得可行覆盖方案。第一阶段：将全部成像机会按结束时间进行非降序排序；第二阶段：按排序后的顺序依次选取成像机会，并为每个成像机会选择一个覆盖"有效"单元格数量最多的基本条带，直到所有的单元格都被覆盖。算法的详细步骤见算法 3.4。

算法 3.4：获得可行覆盖方案的启发式算法

输入：待覆盖网格区域 G、覆盖机会集合 S

输出：可行覆盖方案及覆盖机会子集 S_A

步骤 1：将 S 内覆盖机会按覆盖结束时间进行非降序排序，得到列表 $S' = \{s_1, s_2, \cdots, s_{|S|}\}$；

步骤 2：标记所有的单元格为"未覆盖"状态；

步骤 3：令 $k=1$；

步骤 4：取覆盖机会 s_k，遍历 s_k 所有的基本条带，选择覆盖"有效"单元格数量最多的基本条带 $c^*(s_k)$；

步骤 5：将基本条带 $c^*(s_k)$ 所覆盖的单元格改为"已覆盖"状态；

步骤 6：如果所有的单元格均是"已覆盖"状态或 $k=|S|$，则转步骤 7；否则令 $k=k+1$，转步骤 4；

步骤 7：输出 $S_A=\{s_1, s_2, \cdots, s_k\}$ 以及可行覆盖方案 $\{c^*(s_1), c^*(s_2), \cdots, c^*(s_k)\}$。

设基本条带总数量为 $|S|$，每个基本条带最多被"判断"一次，每一次判断时，需判断其覆盖的"有效"单元格数量，因此算法 3.4 的平均时间复杂度小于等于 $|S| \cdot |G|$。

算法 3.4 在得到原问题的一个可行解的同时也给出了原问题的一个上界。通过该上界，可以将全部成像机会分为两个部分，记为集合 S_A 和 S_B。其中 S_A 内所有成像机会的结束时间均早于当前可行解的结束时间，S_B 内所有成像机会的结束时间均晚于当前可行解的结束时间。

可以推出，最优解一定可以在 S_A 内的成像机会上取得。由反证法易证：假设最优解不能在 S_A 上取得，则必须添加 S_B 内的成像机会，如果添加的 S_B 内的成像机会的结束时间等于 $\bar{d}$，则说明 $\bar{d}$ 已经是最优解，最优解可以在 S_A 上取得；如果添加的 S_B 内的成像机会的结束时间晚于 $\bar{d}$，则最优解大于可行解 $\bar{d}$，这与最优解的定义矛盾，因此假设不成立，原命题成立。

通过上述分析可知，要想求得最优解，只需要考虑 S_A 即可。如何进一步处理，以搜索到更优的解？在运筹学领域中有一种经典的方法是对解空间进行切割。例如，在求解整数线性规划问题时，可以通过生成切平面的方式来切割线性松弛可行域，迫使其逼近整数可行域的凸包。

这里尝试采用切割集合 S_A 的方式来寻找更优的解。从集合 S_A 的"尾部"进行切割，即先将集合 S_A 中结束时间最晚的成像机会删除，得到一个削减的集合 $S'_A=\{S_A \setminus s^* \mid s^*=\text{argmax } d_s\}$，然后在 S'_A 上寻找可行解。如果在 S'_A 上可以找到可行解，则重复上述"削减"操作；如果在 S'_A 上未找到可行解，则终止寻找，将 S_A 对应的可行解作为最终的解方案。在给定一个削减的成像机会集合 S'_A 中寻找可行解时，优化问题转化为 3.2 节所述的最大化成像面积问题。因此，此时可采用算法 3.2 进行搜索，改进算法的详细步骤见算法 3.5。

> **算法 3.5：改进算法**
>
> 输入：待覆盖区域网格 G、覆盖机会子集 S_A、S_A 对应的可行覆盖方案 P
>
> 输出：最终覆盖方案
>
> 步骤 1：将 S_A 内覆盖机会按结束时间进行升序排序；
>
> 步骤 2：令 $S'_A = \{S_A \setminus s^* \mid s^* = \mathrm{argmax}\, d_s\}$；
>
> 步骤 3：对集合 S'_A 调用算法 3.2，求 S'_A 的最大化覆盖方案 P'；
>
> 步骤 4：如果 P' 是问题 [P3.3] 的可行解，则令 $S_A = S'_A$，$P = P'$，转步骤 2；否则转步骤 5；
>
> 步骤 5：输出最终覆盖方案 P。

2. 基于嵌套网格的逼近策略

虽然算法 3.4 和算法 3.5 均为多项式时间算法，但当使用细粒度的网格对区域进行离散化时，会产生大量的单元格和基本条带。与 3.2 节类似，本问题依然采用基于嵌套网格的逼近策略，在"解的质量"和"求解资源消耗"之间做一个权衡，以消耗尽可能少的计算资源获得质量尽可能高的解方案。

与 3.2 节不同的是，在最大化覆盖面积问题中，成像机会选择任意的临近基本条带都可以构成一个可行解。而在最小化完工时间问题中，如果随机选择临近基本条带，很有可能出现部分网格无法被覆盖的情况，从而成为一个不可行解。因此，[P3.3] 对应的逼近问题更难求解。

观察 [P3.3]，不难发现该问题有以下特点：①变量均为整数型变量，问题为整数线性规划问题；②在逼近求解的过程中，变量的数量等于所有成像机会临近基本条带的总数，这是一个不大的数；③约束（3.26）、（3.28）的数量较少，均为 $|S|$ 个，式（3.27）的数量为 $|G|$ 个，全部约束的数量为 $2 \cdot |S| + |G|$ 个。其中子单元格的数量 $|G|$ 会随着逼近次数的增加而增加。

对于这样一个变量较少、约束数量可接受的整数线性规划问题，可以使用精确算法进行求解，此处采用"割平面＋VFD"求解算法。

割平面算法的主要思想简单来说就是通过不断地生成有效不等式，对线性松弛可行域进行切割，将不包含整数可行解的部分切割掉，迫使切割后的可行域沿优化方向不断地逼近整数可行域的凸包。由于整数线性规划问题的最优解一定可以在其对应凸包的顶点上取得，因此最终一定能求得整数最优解。

如果一个不等式能够切割掉线性松弛问题的可行域，但不会切割掉整数可行域，则该不等式为有效不等式。有效不等式可以分为"一般不等式"和"定制不等式"。

使用割平面算法求解 [P3.3] 的逼近问题，需要使用两种"一般不等式"，分别是 MIR 不等式和 GMI 不等式。生成不等式的过程称为原问题的分离问题。目前主流的商业或开源的优化软件均包含生成这两种不等式的算法程序，可直接调用。通过程序调用商业求解软件 Gurobi 中的相关功能，生成 MIR 不等式和 GMI 不等式，实现割平面算法。

在使用割平面算法的同时，采用 VFD 法搜索整数可行解。其主要思想是：使用单纯型法或对偶单纯型法求解线性松弛问题，在求得线性松弛最优解后，取出单纯型表，从中选择一部分整数变量，这些整数变量在单纯型表中取分数值，对这些变量绑定整数边界，重新代入单纯型表后继续迭代，求解至最优。不断重复这一过程，有可能求得整数解。VFD 基于单纯型表在线性迭代内部进行搜索，只需要消耗很少的计算资源，因此其计算速度非常快。本章所述的 VFD 方法，每次选取全部分数变量的 1/4 进行绑定边界。详细步骤见算法 3.6。

算法 3.6：VFD 算法

输入：线性松弛问题、最大迭代次数 $\bar{k}$

输出：线性松弛解 $\bar{x}$（可能为整数解）或"不可行"标志

步骤 1：使用对偶单纯型法求解线性松弛问题，如果不可行，则转步骤 9；否则求得线性松弛最优解 $\bar{x}$；

步骤 2：已迭代次数 $k=1$；

步骤 3：如果已迭代次数等于 $\bar{k}$，转步骤 9；

步骤 4：如果 $\bar{x}$ 已为整数解，转步骤 9；

步骤 5：获取 $\bar{x}$ 中取分数值的变量集合 Ω；

步骤 6：将集合 Ω 中的变量按取值大小降序排；

步骤 7：选择排序后的集合 Ω 中前 1/4 的变量，绑定其变量上下界为 $[1.0, 1.0]$；

步骤 8：继续迭代求解（基于之前求得的最优基变量），如果求得可行解 $\bar{x}'$，已迭代次数加 1，$\bar{x}=\bar{x}'$，转步骤 3；如果得不到可行解，转步骤 9；

步骤 9：算法终止，若存在解 $\bar{x}$，则输出；否则输出"不可行"标志。

使用割平面算法与 VFD 算法相结合，能够快速求得高质量的可行解。而且割平面的另一个作用是求得高质量的下界。

3.3.4　仿真实验

为验证所设计算法的优效性，基于相关软件生成仿真算例进行了测试。为便于处理，以小时为单位，将所有覆盖机会的覆盖结束时间全部转换为数值。例如，若以 2019 年 1 月 1 日 0 时为规划开始时间，则结束时间为 2019 年 1 月 2 日 3 时的覆盖机会对应的时间数值为 $1\times24 + 3 = 27$。

本章仿真实验包含两个部分，分别是：①验证两阶段启发式算法的优效性；②验证基于嵌套网格逼近策略的优效性。算法使用 Visual Studio 2015 基于 C♯（.Net Framework 4.0）编程实现，基于 PC 运行求解，配置为：I7‐7700，32GB RAM，Windows 10 家庭中文版。

1. 两阶段启发式算法求解效率验证

构造了 33 组仿真算例，编号为 R20～R52，区域尺寸有 5×5～15×15 共 11 种。为验证所设计的启发式算法的优效性，分别使用两阶段启发算法和商业优化软件 Gurobi 进行求解，结果统计见表 3.3。

表 3.3　算例 R20～R52 基于启发式算法和 Gurobi 求解结果比较

算例	区域尺寸	启发式算法				Gurobi		
		目标值	时间/s	覆盖机会数	最优性 GAP/%	目标值	时间/s	覆盖机会数
R20	5×5	10	0.02	4	0.00	10	0.04	4
R21	5×5	24	0.02	6	0.00	24	0.03	6
R22	5×5	37	0.02	5	0.00	37	0.03	5
R23	6×6	32	0.03	8	0.00	32	0.04	8
R24	6×6	27	0.03	5	0.00	27	0.04	5
R25	6×6	19	0.03	5	0.00	19	0.07	5
R26	7×7	33	0.05	9	0.00	33	0.1	9
R27	7×7	49	0.05	7	0.00	49	0.09	7
R28	7×7	33	0.05	7	48.48	17	0.15	6
R29	8×8	46	0.07	9	26.09	34	0.15	8
R30	8×8	54	0.07	12	11.11	48	0.22	11
R31	8×8	52	0.07	11	3.85	50	0.24	10
R32	9×9	63	0.14	13	11.11	56	0.23	11
R33	9×9	54	0.13	10	9.26	49	0.26	8
R34	9×9	78	0.12	13	7.69	72	7.42	11
R35	10×10	10	0.19	15	10.00	9	0.52	14
R36	10×10	54	0.19	15	1.85	53	3.49	13
R37	10×10	57	0.22	11	3.51	55	1.81	10
R38	11×11	90	0.35	18	17.78	74	1043.23	16
R39	11×11	71	0.39	16	16.90	59	17.38	13
R40	11×11	120	0.38	20	17.50	99	6686.66	16
R41	12×12	71	0.6	18	19.72	57	714.41	15
R42	12×12	69	0.66	18	20.29	55	30635.91	16

续表

算例	区域尺寸	启发式算法				Gurobi		
		目标值	时间/s	覆盖机会数	最优性 GAP/%	目标值	时间/s	覆盖机会数
R43	12×12	86	0.85	20	8.14	79	621.6	17
R44	13×13	103	1.18	24	20.39	82	18.12	20
R45	13×13	118	1.01	19	13.56	102	4.93	16
R46	13×13	136	1.08	23	8.82	124	3.16	21
R47	14×14	152	1.6	24	—	—	—	—
R48	14×14	99	1.79	24	—	—	—	—
R49	14×14	132	1.79	24	—	—	—	—
R50	15×15	31	2.27	32	—	—	—	—
R51	15×15	122	2.92	27	—	—	—	—
R52	15×15	149	2.77	30	—	—	—	—

观察表 3.3 可知，对于类似 R20～R27 的小规模算例，启发式算法能够求得最优解。且在这些算例中，启发式算法的求解时间均少于 Gurobi 软件求解时间。在一些大规模算例中，虽然启发式算法求得的结果不如 Gurobi，但消耗的运算时间远远低于 Gurobi。

例如，在算例 R42 中，虽然 Gurobi 求得了最优解，启发式算法只得到了 GAP 为 20.29% 的可行解，但启发式算法只使用了 0.66s，而 Gurobi 使用了 30635.91s。另外，在类似 R47～R52 的大规模的算例中，Gurobi 无法在给定的时间内得到计算结果，而启发式算法仍然能够在较少的时间内给出可行方案，这说明所设计的启发式算法具有较好的稳定性，在很多场景中，启发式算法也比 Gurobi 更具有适用性。综上所述，根据已测试的算例求解效果来看，启发式算法具有一定的优势。

为验证两阶段启发式算法中第二阶段"改进算法"的优效性，对启发式算法求解过程中的第一阶段得到的初始值和第二阶段得到的改进值进行记录，详细的统计数据见表 3.4。

表 3.4　算例 R20～R52 初始值和改进值的比较

算例	初始算法		改进算法		改进率：[(初始值−改进值)/初始值]×100%	
	目标值	覆盖机会数	目标值	覆盖机会数	目标改进/%	覆盖机会数/%
R20	15	6	10	4	33.33	33.33
R21	33	7	24	6	27.27	14.29
R22	37	5	37	5	0.00	0.00
R23	40	9	32	8	20.00	11.11
R24	28	6	27	5	3.57	16.67
R25	19	5	19	5	0.00	0.00

续表

算例	初始算法		改进算法		改进率：[（初始值−改进值）/初始值] ×100%	
	目标值	覆盖机会数	目标值	覆盖机会数	目标改进/%	覆盖机会数/%
R26	64	12	33	9	48.44	25.00
R27	62	9	49	7	20.97	22.22
R28	46	8	33	7	28.26	12.50
R29	53	11	46	9	13.21	18.18
R30	54	13	54	12	0.00	7.69
R31	57	13	52	11	8.77	15.38
R32	85	14	63	13	25.88	7.14
R33	60	12	54	10	10.00	16.67
R34	91	15	78	13	14.29	13.33
R35	13	17	10	15	23.08	11.76
R36	54	15	54	15	0.00	0.00
R37	67	15	57	11	14.93	26.67
R38	95	21	90	18	5.26	14.29
R39	85	18	71	16	16.47	11.11
R40	132	22	120	20	9.09	9.09
R41	72	21	71	18	1.39	14.29
R42	86	22	69	18	19.77	18.18
R43	94	23	86	20	8.51	13.04
R44	117	27	103	24	11.97	11.11
R45	132	21	118	19	10.61	9.52
R46	136	24	136	23	0.00	4.17
R47	155	27	152	24	1.94	11.11
R48	141	29	99	24	29.79	17.24
R49	148	28	132	24	10.81	14.29
R50	38	37	31	32	18.42	13.51
R51	154	33	122	27	20.78	18.18
R52	164	34	149	30	9.15	11.76

如表 3.4 所示，在绝大部分算例中，初始算法求得的目标值均大于改进算法求得的目标值，即对于大部分算例，改进算法都对初始解方案做了改进。这说明所提出的第二阶段的改进算法是可行且有效的。

2. 逼近策略求解效率验证

为验证嵌套逼近策略的优效性，对算例 R20～R52 进行嵌套逼近求解。每个算例共进行 5 次逼近求解：第 1 次逼近求解采用启发式算法，后续 4 次逼近均采用“割平面＋VFD”的方法求解，详细的统计结果见表 3.5。

表 3.5　算例 R20～R52 的嵌套逼近求解结果统计

算例	初始求解结果		逼近求解最终结果		改进率：[（初始值－改进值）/初始值]×100%/%
	目标值	求解时间/s	目标值	求解时间/s	
R20	10	0.02	10	3.79	0.00
R21	32	0.03	30	6.61	6.25
R22	27	0.03	27	3.67	0.00
R23	19	0.03	19	6.12	0.00
R24	33	0.06	33	31.95	0.00
R25	49	0.05	40	14.26	18.37
R26	33	0.05	17	19.72	48.48
R27	46	0.08	34	34.29	26.09
R28	54	0.08	39	41.96	27.78
R29	52	0.08	46	25.52	11.54
R30	63	0.15	63	43.44	0.00
R31	54	0.13	49	49.43	9.26
R32	78	0.13	74	53.16	5.13
R33	10	0.20	7	82.90	30.00
R34	54	0.20	53	110.23	1.85
R35	57	0.23	55	44.82	3.51
R36	90	0.36	68	469.00	24.44
R37	71	0.41	57	95.76	19.72
R38	120	0.41	105	68.78	12.50
R39	71	0.59	57	103.21	19.72
R40	69	0.69	55	146.26	20.29
R41	86	0.90	71	183.82	17.44
R42	103	1.21	82	217.58	20.39
R43	118	1.06	102	192.63	13.56
R44	136	1.14	120	233.14	11.76
R45	152	1.69	111	606.00	26.97
R46	99	1.87	99	1114.73	0.00
R47	132	2.03	129	288.72	2.27
R48	31	2.48	19	990.19	38.71
R49	122	3.08	116	403.08	4.92
R50	149	2.95	111	2199.46	25.50

　　从表 3.5 中可以观察到，对于所有的算例，逼近求解的最终目标值均小于等于初始值，这是因为问题的优化目标为最小化完工时间。对于绝大部分算例，5次逼近求解后的结果均比初始求解结果更优。

3.4 区域目标内部观测收益不均等情形下多星协同区域分解

在3.2节和3.3节所讨论的场景中，均假设区域目标内部观测收益均等且保持不变。而在实际情况中，区域目标内部的观测重要性往往不同。例如，灾情程度的差异以及监测目标活动范围的限制，导致相对应的观测收益有所不同。同时，区域目标内重点目标的观测收益随时间呈线性下降。在该情形下，如何利用有限的卫星资源，进行区域分解使得观测到的区域目标的总收益最大是亟待解决的问题。

3.4.1 问题描述

给定待观测的多边形区域目标 R，对 R 进行离散化形成多个单元格，其中网格集合 $G=\{g_1, \cdots, g_m, \cdots, g_{N_G}\}$，$g_m$ 表示第 m 个单元格。区域目标 R 内部的观测收益不均等，即赋予网格区域 G 内每个单元格 g_m 不同的观测收益 ω_m^d。G_V 表示观测收益可变的单元格集合，G_C 表示观测收益不变的单元格集合，$G=G_C+G_V$，当 $g_i\in G_V$ 时，单元格观测收益满足关于时间的线性函数；当 $g_m\in G_C$ 时，单元格观测收益不变。当单元格 g_m 被观测时，取得该单元格对应的观测收益 ω_m^d。在离散化观测时间集合 T 内，$T=\{t_0, \cdots, t_d, \cdots, t_T\}$，根据卫星观测区域目标的实际情况，单元格 g_m 的观测收益随时间的变化而变化。如图3.13所示，灰色区域为区域目标 R 内观测收益不变的常规目标，黑色区域为区域目标 R 内观测收益随时间变化而下降的重点目标。

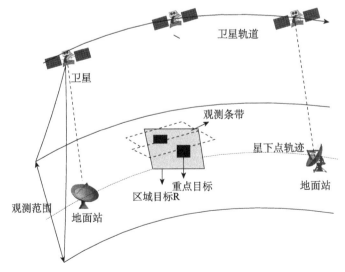

图3.13　卫星成像场景及重点区域目标图示

假设区域目标 R 内重点目标的初始观测收益为 ω_m^0，则在 t_d 时刻，单元格 g_m 的观测收益为 $\omega_m^d = \omega_m^0 \left(1 - \dfrac{t_d - t_0}{t_T - t_0}\right)$，如图 3.14 所示，每个单元格初始观测收益根据重要性按 1~100 进行赋值。对任意一个观测条带，取完全被观测条带覆盖的单元格，单元格观测收益之和为观测的总收益。

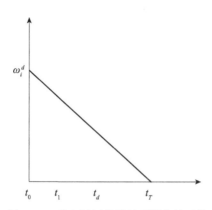

图 3.14　重点目标的线性观测收益函数

3.4.2　数学模型

观测收益不均等且动态变化的多星协同区域分解问题属于计算几何与运筹优化耦合的问题，具有组合优化的特征，本节首先介绍相关的符号和决策变量。

卫星相关参数符号如下。

1. 模型符号

R：矩形区域目标；

G：单元格集合，$G = \{g_1, \cdots, g_m, \cdots, g_{N_G}\}$；

G_V：观测收益可变的单元格集合，$G_V = \{g_1, \cdots, g_{N_{G_V}}\}$，$N_{G_V}$ 表示观测收益可变的单元格数量；

G_C：观测收益不可变的单元格集合，$G_C = \{g_{N_{G_V}+1}, \cdots, g_{N_{G_V}+N_{G_C}}\}$，$N_{G_C}$ 表示观测收益不可变的单元格数量；

G：多边形区域单元格集合，$G = G_V + G_C = \{g_1, \cdots, g_i, \cdots, g_{N_{G_V}+N_{G_C}}\}$；

S：卫星集合，$S = \{s_1, \cdots, s_i, \cdots, s_{N_S}\}$，$N_S$ 表示卫星的数量；

T：离散化观测时间集合，$T = \{t_0, \cdots, t_d, \cdots, t_T\}$；

O：所有卫星的观测机会集合，$O = \{O_1, \cdots, O_i, \cdots, O_{N_S}\}$；

O_i：表示卫星 s_i 的观测机会集合，$O_i = \{o_{i1}, \cdots, o_{ij}, \cdots, o_{iN_{O_i}}\}$，其中 o_{ij} 表示卫星 s_i 的第 j 个观测机会，N_{O_i} 表示观测机会的数量；

B_{ij}：卫星 s_i 观测机会 O_{ij} 下的成像条带集合，$B_{ij} = \{ b_{ij}^1, \cdots, b_{ij}^k, \cdots, b_{ij}^{N_{B_{ij}}} \}$，其中 b_{ij}^k 表示卫星 s_i 的第 j 个观测机会的第 k 个条带，$N_{B_{ij}}$ 表示成像条带的数量；

s_i：表示第 i 颗卫星，$s_i \in S$；

g_m：表示第 m 个单元格，$g_m \in G$；

t_d：表示第 d 个观测时间段，$t_d \in T$；

2. 模型变量

ω_m^d：当观测时间为 t_d 时，对单元格 g_i 进行收益观测，当 $g_i \in G_V$ 时，$\omega_m^d = \omega_m^0 \left(1 - \dfrac{t_d - t_0}{t_T - t_0} \right)$，当 $g_i \in G_C$ 时，$\omega_i^d = \omega_i^0$；

y_{ij}^k：表示卫星 s_i 在第 j 个观测机会下，选取第 k 个成像条带进行成像，则取值为 1，否则为 0；

c_{ij}^{kmd}：表示在时间为 t_d 时，卫星 s_i 的第 j 个观测机会下，选择第 k 个成像条带对单元格 g_m 进行观测，取值为 1，否则为 0；

x_m^d：表示单元格 g_m 在 t_d 时是否被观测，若观测，则 $x_m^d = 1$，否则为 0。

3. 模型

根据以上的符号定义，观测收益不均等且动态变化的多星协同区域分解问题的优化模型可以构建为

$$\max Z = \sum_{m=1}^{N_{G_V} + N_{G_C}} \max_{t_d \in T} (\omega_i^d * x_m^d) \tag{3.30}$$

$$\sum_{k=1}^{N_{B_{ij}}} y_{ij}^k \leqslant 1, \quad \forall s_i \in S, \; o_{ij} \in O_i \tag{3.31}$$

$$\sum_{i=1}^{N_S} \sum_{j=1}^{N_{O_i}} \sum_{k=1}^{N_{B_{ij}}} (y_{ij}^k * c_{ij}^{kmd}) \geqslant x_m^d, \quad g_m \in G, t_d \in T \tag{3.32}$$

$$y_{ij}^k \in \{0,1\}, \quad \forall s_i \in S, \; o_{ij} \in O_i, \; b_{ij}^k \in B_{ij} \tag{3.33}$$

$$c_{jk}^{kmd} \in \{0,1\}, \quad \forall o_{ij} \in O_i, \; b_{ij}^k \in B_{ij}, \; g_m \in G \tag{3.34}$$

$$x_m^d \in \{0,1\}, \quad \forall g_m \in G, \; t_d \in T \tag{3.35}$$

式（3.30）是目标函数，表示选择观测模式组合方案使得观测总收益最大，其中 $\max\limits_{t_d \in T} (\omega_i^d * x_m^d)$ 表示选择单元格 g_m 在 t_T 时间可取得的最大观测收益值。式（3.31）表示一颗卫星在任意一个观测机会 j 下，只能选择一个观测模式。式（3.32）表示观测条带的约束，在时间为 t_T 时，单元格被每个观测机会下的一个观测模式所覆盖。式（3.33）表示卫星 s_i 在第 j 个观测机会下，是否选择第 k 个成像条带进行观测。式（3.34）表示在时间为 t_d 时，卫星 s_i 的第 j 个观测机会下，选择第 k 个成像条带，单元格 g_m 是否被观测。式（3.35）表示单元格 g_m 在 t_d 时是否被观测。

3.4.3　优化算法

1. 基于单元格的条带动态分割算法

在当前文献经常提及的条带平行分割算法中，一旦确定了卫星观测的开关机时间和遥感器侧摆角度，就会使得形成的观测模式相对固定，这样可能导致与最优解的距离较大。因此，为了使用有限的卫星资源能最大化地满足用户需求，本节针对星载遥感器的属性，考虑多颗成像卫星轨道的异质性，设计适用于异质轨道的多星协同区域目标分解算法。算法 3.7 展示了基于单元格的条带动态分割方法的详细过程。

算法 3.7：基于单元格的条带动态分割

输入：待观测的矩形区域目标 R 和观测机会 j，条带宽度 width

输出：成像条带的集合 B_{ij}，被覆盖单元格的集合 G_{cov}

步骤 1：选定一个候选单元格 a 作为左方单元格；

步骤 2：选定上方单元格和下方单元格，判断单元格是否满足以下条件，如符合则继续步骤 3；

步骤 2.1：从其余候选单元格中选取一个单元格 b，若符合以下条件，则满足作为该观测模式下的上方单元格：b 的左上角顶点和 a 的左下角顶点在直线方程 L 上满足当 $y=0$ 时，$x_b > x_a$，且当 $x=0$ 时，$y_b > y_a$；

步骤 2.2：当从其余候选单元格中选取一个单元格 c 符合以下条件时，则满足作为该观测模式下的下方单元格：c 的右下角顶点和 a 的左下角顶点在直线方程 L 上满足当 $y=0$ 时，$x_c > x_a$，且当 $x=0$ 时，$y_c < y_a$；

步骤 3：把单元格 a 的左下角标记为顶点 A_a，单元格 b 的左上角标记为顶点 B_b，单元格 c 的右下角标记为顶点 C_c；

步骤 4：过点 A_a 做直线 X 平行于星下点轨迹方向 L，过 B_b 做直线 Y 满足 $Y \perp X$，过点 C_c 做直线 Z 满足 $Z \parallel Y$ 且 $Z \perp X$；

步骤 5：根据直线 X、直线 Y、直线 Z 以及宽度 width，做直线 L 满足 $L \parallel Y$、$L \perp Y$、$L \perp Z$；

步骤 6：计算四条直线 X、Y、Z、L 两两相交的 4 个交点，形成一个矩形成像条带 b_{ij}^k，令 $B_{ij} = \{B_{ij},\ b_{ij}^k\}$；

步骤 7：计算出每个观测条带完全覆盖的单元格 g_i^{cov}，令 $G_{\text{cov}} = \{G_{\text{cov}},\ g_i^{\text{cov}}\}$；

步骤 8：判断是否有观测机会，若有，则转步骤 1；否则输出结果。

2. 基于权重优先策略的启发式算法

考虑到部分单元格观测收益随时间的变化而降低，所以尽可能早地观测该部分目标会增大观测的总收益，因此在条带动态分割算法的基础上提出了基于权重优先策略的启发式算法，每一步采用随机的方式安排候选解的次序，判定候选解是否满足贪婪条件，只留下比当前解质量更好的解，在相对短的时间内，得到质量较高的可行解，算法3.8展示了启发式算法的详细过程。

算法3.8：基于权重优先策略的启发式算法

输入：观测条带集合 B

输出：区域分解方案 L

步骤1：从观测机会及其条带集合中筛选出可行候选观测条带集合 A；
步骤2：从可行观测条带集合 A 中找出观测收益最大的观测条带 α_k；
步骤3：将候选的观测条带 α_k 加入分解方案中；
步骤4：删除被观测条带 α_k 覆盖的单元格，输出更新的单元格集合；
步骤5：从集合 A 中删除 α_k 以及与 α_k 同观测计划的观测条带；
步骤6：判断是否仍有观测机会，若有则转步骤1；否则输出区域分解方案 L。

---

3. 基于随机邻域的局部搜索算法

为进一步提高可行解的质量，提出基于随机邻域的局部搜索算法，在求得当前解后，在当前解的邻域解中搜索使观测收益更大的候选解，从而更新当前解。反复使用该搜索模式，不断进行迭代，以求得更优的解。其中获得邻域解的方法是通过交换已安排的观测条带和未安排的观测条带，设置相应的迭代规则，使最终的总观测收益一直保持非减的趋向。

基于随机邻域的局部搜索算法的结束规则为：判断以总收益最大化为最终目标的搜索过程是否无法继续进行，若是，则完成搜索。邻域的搜索进程能否继续进行的原则是：①若邻域为空，停止邻域的搜索过程；②判定邻域能否提供收益更高的解，若不能，则终止搜索。基于随机邻域的局部搜索算法每一步都是得到不劣于当前解质量更好的解，当前解对应的观测收益在算法过程中可以保持一直不减的趋势，因此在求解中只需留存最优解的数据即可，算法3.9展示了基于随机邻域的局部搜索算法的详细过程。

算法3.9：基于随机邻域的局部搜索算法

输入：区域分解方案 $\{\alpha_1, \alpha_2, \cdots, \alpha_N\}$

输出：目标函数最优解 Z 和区域分解方案 S

步骤 1：获得初始解 S（作为当前解），以及初始目标函数值 Z_1；

步骤 2：在 S 的邻域解中进行搜索，获得新的解 S_2，新的目标函数值 Z_2；

步骤 3：若 $Z_1 < Z_2$，则令 $S = S_2$、$Z = Z_2$；

步骤 4：如满足终止条件，输出结果；否则转步骤 2。

3.4.4　仿真实验

为了验证所述方法的可行性和优效性，进行了仿真实验。对基于条带平行分割算法（SPSM）、基于条带动态分割算法（CDSSM）、基于权重策略的贪婪算法（WPSH）和基于随机邻域的局部搜索算法（RNLS）求解的结果进行比较。使用准确有效的卫星轨道数据，添加 6 颗近地轨道成像卫星，在 6 天内对总观测面积为 40875 km^2 的呈正方形的区域目标进行观测，该区域目标中满足线性函数的重点目标的收益权重初始值为 40，一般目标的收益权重为 3。该区域所划分的每个单元格的边长均小于所有卫星成像的幅宽。

1. 区域目标分解算法对比实验

验证条带动态分割方法的效率，通过算例比较条带平行分割算法和条带动态分割算法求解问题的计算情况。为了使两种方法求解结果具有可比性，设置了两个方法访问相同规模的区域，详情见表 3.6。

表 3.6　SPSM 算法和 CDSSM 算法实验结果比较

算例	规模	CDSSM 算法				SPSM 算法			
		观测收益	用时/s	未覆盖网格数	区域覆盖率/%	观测收益	用时/s	未覆盖网格数	区域覆盖率/%
L01	10×10	743	10	45	55.00	599	2	64	36.00
L02	12×12	1135	25	52	63.89	811	3	84	41.67
L03	14×14	1422	64	57	70.92	985	10	111	43.37
L04	16×16	1928	180	55	78.52	1500	32	136	46.89
L05	18×18	2330	242	58	82.10	1831	63	169	47.84
L06	20×20	3056	706	69	82.75	2471	160	199	50.25
L07	10×10	832	12	32	68.00	819	3	45	55.00
L08	12×12	1317	27	33	77.08	1011	9	78	45.83
L09	14×14	1648	67	44	77.55	1361	33	69	64.80
L10	16×16	2262	192	27	89.45	1871	95	82	67.97
L11	18×18	2689	481	30	90.74	2126	185	93	69.75
L12	20×20	3342	980	32	92.00	2950	544	101	74.75
L13	10×10	871	14	19	81.00	858	4	40	60.00
L14	12×12	1406	33	20	86.11	1211	9	67	53.47

续表

算例	规模	CDSSM算法				SPSM算法			
		观测收益	用时/s	未覆盖网格数	区域覆盖率/%	观测收益	用时/s	未覆盖网格数	区域覆盖率/%
L15	14×14	1886	85	23	88.27	1561	20	60	69.39
L16	16×16	2507	248	12	95.30	2071	82	69	73.05
L17	18×18	2830	655	8	95.30	2438	185	85	73.77
L18	20×20	3564	1228	8	97.53	3193	537	90	77.50
L19	10×10	949	19	18	82.00	861	4	39	61.00
L20	12×12	1480	39	12	90.90	1241	12	57	60.42
L21	14×14	2028	101	9	95.41	1768	27	45	77.04
L22	16×16	2568	316	6	97.56	2271	83	56	78.13
L23	18×18	2973	795	2	99.38	2624	195	65	79.94
L24	20×20	3654	2080	0	100.00	3198	560	68	83.00

从表3.6中可以观察到：①CDSSM算法在卫星一次观测机会下可访问的观测模式总数是非常多的，可以达到十万甚至百万级。②求解时间上，在所有的算例中，SPSM算法消耗的求解时间少。这一点不难解释，CDSSM算法需计算由不同卫星、不同偏转角度、不同开关时间等因素组合形成的许多条带，通过实验可以发现，可访问的观测模式数量是非常多的，而SPSM算法，只需要访问不考虑侧摆角度形成的观测模式数量，所以求解时间较快。③求解效果上，在所有的算例中，CDSSM算法的求解质量较高。从观测收益来看，CDSSM算法比SPSM算法提高约19%（平均值为19.73%）；而从覆盖率来看，CDSSM算法比SPSM算法提高约22%（平均值为22.75%）。总地来说，所提出的CDSSM算法综合优势比较明显。

2. 面向收益不均等区域目标的多星协同区域分解算法对比实验

分别使用基于权重优先策略的启发式算法（WPSH）和基于随机邻域的局部搜索算法（RNLS）对算例R01～R24进行求解，表3.7展示了求解的统计结果。

表3.7 WPSH算法和RNLS算法实验结果比较

算例	卫星个数	单元格数量	观测条带数量	WPSH算法		RNLS算法	
				观测收益	用时/s	观测收益	用时/s
R01	3	10×10	4870	743	10	773.2	14
R02	3	12×12	20140	1135	25	1135	39
R03	3	14×14	64540	1422	64	1484.25	93
R04	3	16×16	234470	1928	180	2029.26	221
R05	3	18×18	466280	2330	242	2460.77	324
R06	3	20×20	1083360	3056	706	3199.06	903

续表

算例	卫星个数	单元格数量	观测条带数量	WPSH 算法		RNLS 算法	
				观测收益	用时/s	观测收益	用时/s
R07	4	10×10	6331	832	12	872.71	19
R08	4	12×12	26182	1317	27	1317	43
R09	4	14×14	83902	1648	67	1728.14	112
R10	4	16×16	304811	2262	192	2379.94	320
R11	4	18×18	606164	2689	481	2796.86	631
R12	4	20×20	1408368	3342	980	3507.08	1238
R13	5	10×10	8279	871	14	937.14	21
R14	5	12×12	34238	1406	33	1470.15	52
R15	5	14×14	109718	1886	85	1966.77	132
R16	5	16×16	398599	2507	248	2507	388
R17	5	18×18	792676	2830	655	3026.19	898
R18	5	20×20	1841712	3564	1228	3815.75	1506
R19	6	10×10	9253	949	19	987.29	31
R20	6	12×12	38299	1480	39	1578.88	59
R21	6	14×14	122626	2028	101	2028	156
R22	6	16×16	445493	2568	316	2712.35	403
R23	6	18×18	885932	2973	795	3170.69	967
R24	6	20×20	2058384	3654	2080	3901.56	2656

同时，为了更直观地比较两种方法求解的优劣性，将求解结果绘制成条形统计图，如图 3.15 所示。

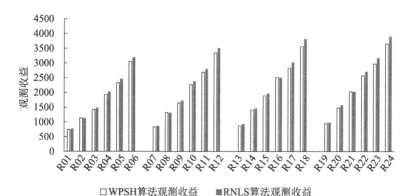

图 3.15　WPSH 和 RNLS 算法观测收益

从表 3.7 和图 3.15 中可以观察到：①RNLS 算法具有良好的稳定性，且在固定卫星数量的情况下，均有一种规模的求解方差为 0。同时，在几乎所有的算例中，观测收益均值与最大值的差距小于观测收益均值与最小值的差距，说明在大多数情况下，改进效果良好。②从求解结果来看，RNLS 算法比 WPSH 算法的求解质量有明显的提高。在所有算例中，RNLS 算法的观测收益均优于 WPSH 算法，观测收益平均提高 4.5%，因为在 RNLS 算法中设计了邻域搜索方法，深度的挖掘解空间，解的质量得到了极大提升。③在求解时间上，RNLS 算法用时较多。因为 RNLS 算法从大规模的观测条带中进行搜索优化，增加了计算规模，降低了运行速度。④在求解效果上，每种算例中均有一种规模，两种算法最终效果相同。说明在小规模的算例下，在所提出的 WPSH 算法选择的解方案中，条带组合性较强，最终求得的结果基本上是近似最优解。当考虑任务时效时，WPSH 算法更为适用；当考虑任务收益时，RNLS 算法更为适用。

3.5　本章小结

本章阐述了区域观测任务分解方法与技术；介绍了卫星成像场景的特征以及条带宽度计算、条带生成等近似的几何处理方法。对于单星区域分解问题，提出了并行分割算法；对于资源受限的多星协同区域分解问题和资源充足的多星协同区域分解问题，将其作为优化问题进行处理。本章提出了一种快速启发式算法和拉格朗日松弛算法分别求取资源受限的多星协同区域分解问题的高质量可行解和紧凑上界；提出了一种两阶段启发式算法求取资源充足的多星协同区域分解问题的可行解；同时，提出了用于提高可行解质量的嵌套网格逼近策略。对于观测收益不均等动态变化的多星协同区域分解问题，提出了一种基于权重优先策略的启发式算法和基于随机邻域的局部搜索算法。基于仿真软件构造了卫星资源和区域观测目标，对所提出的方法技术进行了仿真验证。结果表明，所提出的方法具有实用性和优效性。

第4章 成像卫星调度方法

成像卫星调度问题根据观测任务的紧急程度，通常分为常规任务调度和应急任务调度两种情形。常规任务调度以收益最大化为目标，在规划周期内，对满足相关约束条件的大规模观测任务进行一次性静态调度。本章建立了带有任务合成的成像卫星调度模型，设计了精确算法进行模型求解。

成像卫星调度包含两个紧密相关的过程：成像过程和数传过程。本章通过对卫星资源属性、地面站资源属性及任务属性等相关属性分析，建立了成像与数传一体化调度模型，设计了双染色体遗传算法、双蚁群算法、改进模拟退化算法及改进禁忌搜索算法求解模型，并对几种智能算法的求解性能进行对比分析。

应急任务具有高权值和高时效要求，需要对卫星原调度方案快速进行重调度，生成新的调度方案，并尽量减少扰动造成的任务损失。本章建立了应急任务调度模型，以完成任务总权值和应急任务提前完成总时间最大化为目标，并设计了滚动时域策略与启发式策略相结合的应急任务调度算法。

4.1 参数说明

成像卫星对地观测卫星参数、任务参数及地面站参数说明见表4.1～表4.3。

表 4.1 卫星参数

参数	说明
$S=\{1, 2, \cdots, N_s\}$	卫星集合，N_s 是卫星数量，s 为卫星集合索引
NO_s	卫星 s 在调度周期中的轨道圈次数
SP_s	卫星 s 单次最长开机时间
M_k	轨道圈次 k 的最大存储容量
E_k	轨道圈次 k 的最大电池能量
m_s^{start}	卫星 s 观测任务前的存储容量
m_s^{end}	单位时间内卫星 s 观测任务或数据下传消耗的能量
m_k	卫星在轨道圈次 k 观测目标时，单位时间存储容量消耗量
e_k	卫星在轨道圈次 k 观测目标时，单位时间电池容量消耗量
ϕ_k	卫星在轨道圈次 k 的视场角
φ_k	卫星在轨道圈次 k 上传感器开机的最大次数
rate	卫星成像传感器旋转速率

表 4.2　任务参数

参数	说明
H	任务调度周期
$O=\{1, 2, \cdots, N_o\}$	轨道圈次集合，N_o 为轨道圈次数量，k 为轨道圈次集合索引
$T=\{1, 2, \cdots, N_t\}$	任务集合，N_t 是目标数量，i，j 为任务集合索引
w_i	任务 i 的优先级
td_i	任务 i 的观测时间，$td_i>0$
tm_i	观测任务 i 需要的卫星存储容量
$m_{s,a}$	卫星 s 在执行第 a 个任务后的星上存储
θ_{ik}	卫星在轨道圈次 k 观测任务 i 的侧摆角
$TW_{i,s}^k=[tws_{i,s}^k,\ twe_{i,s}^k]$	卫星 s 在轨道圈次 k 观测任务 i 的时间窗
$[tws_{ik},\ twe_{ik}]$	卫星在轨道圈次 k 观测任务 i 的时间窗
$p_{i,j,k}$	卫星在轨道圈次 k 同时观测任务 i 与任务 j 的收益
$st_{i,j}$	卫星对两个相邻的任务 i 与任务 l 成像时，传感器姿态调整时间

表 4.3　地面站参数

参数	说明
$G=\{1, 2, \cdots, N_g\}$	地面站集合，N_g 是地面站数量，g 是地面站集合索引
$GW_{g,s}^k=[gws_{g,s}^k,\ gwe_{g,s}^k]$	地面站 g 在卫星 s 的第 k 圈次的时间窗
$CROSS\ (gw_{g,s}^{k_1},\ gw_{g,s'}^{k_2})$	$\begin{cases} CROSS\ (gw_{g,s}^{k_1},\ gw_{g,s'}^{k_2})=1，表示时间窗有交叉 \\ CROSS\ (gw_{g,s}^{k_1},\ gw_{g,s'}^{k_2})\neq1，表示时间窗无交叉 \end{cases}$
g_g^t	地面站 g 接收相邻的两颗卫星下传数据时，天线姿态调整时间

4.2　任务合成观测调度问题

4.2.1　问题描述

成像卫星调度问题可以描述为：一组卫星 $S=\{1, 2, \cdots, N_s\}$，一组观测任务 $T=\{1, 2, \cdots, N_t\}$，为了获得最大化收益的同时提高卫星资源的使用效率，必须为任务 $i(i\in T)$ 分配合适的成像卫星 $s(s\in S)$，在合适的时间窗 $[tws_{i,s}^k,\ twe_{i,s}^k]$ 对任务 i 成像，k 为成像卫星 s 的第 k 轨道圈次。

单颗成像卫星的多个属性可用六元组 $\langle ID, SP, E, M, \phi, rate \rangle$ 表示，当成像卫星 s 以偏转角 θ_{ik} 在时间窗 $[tws_{ik}^s,\ twe_{ik}^s]$ 上对任务 i 成像时形成一个观测条带。

定义 1　任务合成指的是在保证成像质量的前提下，将两个以上的任务组合成一个观测条带的过程。

定义 2　合成任务是指同时满足成像侧摆角约束和成像时间约束，两个以上任务的组合。

当成像卫星 s 以一个特定的偏转角度 $\theta_{i,j,k}$ 对地理位置相近的两个观测任务 i 与 j 按照一定的约束条件合成观测时，任务 i 与任务 j 就形成一个合成任务，如图 4.1 所示。

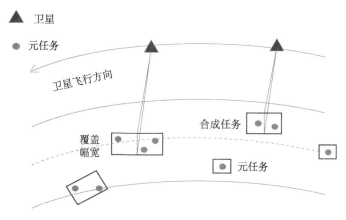

图 4.1　任务合成示意图

与传统卫星观测模式相比，任务合成观测具有以下优点。

（1）减少卫星传感器姿势转换次数。合成观测时多个任务允许传感器采用同一个角度观测，在观测相同任务数量的情况下，减少传感器的姿势转换次数，满足机动性能较差的卫星需求。

（2）增加观测任务数量。对于时间窗有交叉的任务，传统观测模式是从中选择一个任务进行观测，放弃其余任务。合成观测时，对于地理位置相近的几个任务，卫星传感器采用居中的观测角度，在单个覆盖幅宽内观测多个任务，从而避免了因可见时间窗重叠而需要放弃部分任务的情况，增加观测任务数量，增大观测收益。

（3）减少能量消耗，增强卫星稳定性。传感器在侧摆过程中需要消耗一定能量，姿态转换完成后，仍需要一段时间进行姿态稳定才能成像。任务合成观测能有效减少姿态转换次数，降低能量消耗，增强卫星稳定性。

4.2.2　任务合成约束

任务合成观测主要考虑成像卫星视场角、单次最长开机时间以及任务侧摆角等因素。卫星以特定的侧摆角对合成任务观测时，必须保证单个任务的成像质量满足最低分辨率的要求，且因角度偏转所产生的图像扭曲在用户接受范围内。

1. 侧摆角约束

成像卫星能在一个观测条带内同时对两个任务进行成像观测，则这两个任务一定满足合成任务观测侧摆角的约束条件。

成像卫星 s 在 k 轨道圈次单独对任务 i 与任务 j 进行成像，最佳观测的侧摆角分别为 $\theta_{i,k}$ 及 $\theta_{j,k}$。如果任务 i 与任务 j 在 k 轨道圈次形成任务合成观测，则一定满足：

$$| \theta_{i,k} - \theta_{j,k} | \leqslant \phi \tag{4.1}$$

卫星 s 对任务 i 与任务 j 合成观测的侧摆角为 $G_{i,j,k}$，则

$$G_{i,j,k} = \frac{\theta_{i,k} + \theta_{j,k}}{2} \tag{4.2}$$

$$\theta_{i,k}, \theta_{j,k} \in \left[G_{i,j,k} - \frac{\phi}{2}, G_{i,j,k} + \frac{\phi}{2} \right] \tag{4.3}$$

式（4.1）表明当成像卫星在一个观测条带内对两个任务同时成像时，这两个观测任务的最佳偏转角一定有重叠，即 $\theta_{i,k} \bigcap \theta_{j,k} \neq \varnothing$。

当成像卫星在一个观测条带内能对多个任务 $\{1, 2, \cdots, l\}$ 进行观测时，这多个观测任务的最佳侧摆角一定满足 $\theta_{1,k} \bigcap \theta_{2,k} \bigcap \cdots \bigcap \theta_{l,k} \neq \varnothing$，令 $\theta_{\min} = \min\{\theta_{1,k}, \theta_{2,k}, \cdots, \theta_{l,k}\}$，$\theta_{\max} = \max\{\theta_{1,k}, \theta_{2,k}, \cdots, \theta_{l,k}\}$，多任务合成观测侧摆角为 θ_{com}，则

$$| \theta_{\max} - \theta_{\min} | \leqslant \phi \tag{4.4}$$

$$G_{\mathrm{com}} \in \left[\theta_{\max} - \frac{\phi}{2}, \theta_{\min} + \frac{\phi}{2} \right] \tag{4.5}$$

$$\theta_i \in \left[\theta_{\max} - \frac{\phi}{2}, \theta_{\min} + \frac{\phi}{2} \right], \ \forall i \in \{1, 2, \cdots, l\} \tag{4.6}$$

2. 开机时间约束

成像卫星 s 在 k 轨道圈次对任务 i 与任务 j 进行合成观测，必须满足的另一个约束条件是卫星 s 单次最大开机时间约束。设卫星 s 单次最大开机时间为 SP_s，任务 i 与任务 j 的观测时间窗分别是 $[\mathrm{tws}_{ik}^s, \mathrm{twe}_{ik}^s]$、$[\mathrm{tws}_{jk}^s, \mathrm{twe}_{jk}^s]$，$\mathrm{TS}_i = \min\{\mathrm{tws}_{ik}^s, \mathrm{tws}_{jk}^s\}$，$\mathrm{TE}_i = \max\{\mathrm{twe}_{ik}^s, \mathrm{twe}_{jk}^s\}$，则

$$\mathrm{TE}_i - \mathrm{TS}_i \leqslant \mathrm{SP}_s \tag{4.7}$$

不失一般性，将成像卫星 s 在 k 轨道圈次所成像的任务按照观测时间窗的开始时间进行非降序排列，任务排列集合为 $\{1, 2, \cdots, l \mid l \geqslant 2\}$，且 $\mathrm{tws}_{1k}^s \leqslant \mathrm{tws}_{2k}^s \leqslant \cdots \leqslant \mathrm{tws}_{lk}^s$ 成立。设 $\mathrm{TS}_i = \mathrm{tws}_{1k}^s$，$\mathrm{TE}_i = \max\{\mathrm{twe}_{1k}^s, \mathrm{twe}_{2k}^s, \cdots, \mathrm{twe}_{lk}^s\}$，如果卫星 s 在 k 轨道圈次的一个观测条带对 l 个任务同时成像，则 l 个任务组合为一个合成任务，其满足最大开机时间约束 $\mathrm{TE}_i - \mathrm{TS}_i \leqslant \mathrm{SP}_s$。

4.2.3　任务合成优化模型

为便于建模与求解，对带有任务合成的成像卫星对地观测任务调度问题提出

以下假设：

（1）不考虑卫星飞行过程中出现的故障、天气、云层、昼夜等气象条件对观测的影响；

（2）考虑任务合成的成像卫星对地观测，部分观测任务的图像有一定扭曲，只要满足最低分辨率的要求，则该观测任务的图像数据可以接受；

（3）成像卫星对任务 i 观测的最大侧摆角与最小侧摆角分别为 $\theta_{\max}^i$、$\theta_{\min}^i$，设任务 i 所在的任意一个任务合成观测侧摆角为 θ_{com}，则 $\theta_{\min}^i$，$\theta_{\max}^i \in \left[\theta_{\mathrm{com}} - \dfrac{\phi}{2},\ \theta_{\mathrm{com}} + \dfrac{\phi}{2} \right]$。

在一个调度周期 H 内，有一组成像卫星 $S = \{1,\ 2,\ \cdots,\ N_s\}$ 对一组观测任务 $T = \{1,\ 2,\ \cdots,\ N_t\}$ 进行成像，卫星 s 在调度周期 H 内有若干个轨道圈次。不失一般性，按照卫星轨道圈次开始时间非降序排列，该组成像卫星的轨道圈次集合为 $O = \{1,\ 2,\ \cdots,\ N_o\}$，任意一个轨道圈次 k 的观测条带集合为 $Q_k = \{1,\ 2,\ \cdots,\ N_k\}$。其中每个观测条带的属性可以用一个四元组表示 $\langle q,\ \mathrm{TS}_q,\ \mathrm{TE}_q,\ G_q \rangle$，$q \in Q_k$ 为观测条带索引，TS_q 表示观测条带的成像开始时间，TE_q 表示观测条带的成像结束时间，G_q 表示观测条带的侧摆角。根据问题描述与假设条件，建立带有任务合成的成像卫星对地观测任务二次调度模型如下。

[IQP^0]

$$\max \sum_{k=1}^{N_o} \sum_{q=1}^{N_q} \sum_{i=1}^{N_t} w_i x_{i,q,k} + \sum_{k=1}^{N_o} \sum_{q=1}^{N_q} \sum_{i=1}^{N_t-1} \sum_{j=i+1}^{N_t} p_{i,j} x_{i,q,k} x_{j,q,k} \tag{4.8}$$

$$\text{s. t.} \quad \sum_{i=1}^{N_t} x_{i,q,k} \leqslant 1,\quad \forall k \in O,\quad q \in Q_k \tag{4.9}$$

$$\mathrm{TS}_q \leqslant \mathrm{TE}_q,\ \forall q \in Q_k \tag{4.10}$$

$$\mathrm{TE}_q - \mathrm{TS}_q \leqslant \mathrm{SP}_k,\ \forall k \in O,\quad q \in Q_k \tag{4.11}$$

$$\mathrm{TE}_q + \mathrm{st}_{q+1,k} \leqslant \mathrm{TS}_{q+1},\ \forall k \in O,\quad q \in Q_k \tag{4.12}$$

$$e_k \sum_{q=1}^{N_k} (\mathrm{TE}_q - \mathrm{TS}_q) + r_k \sum_{q=1}^{N_k-1} (G_{q+1} - G_q) \leqslant E_k,\ \forall k \in O \tag{4.13}$$

$$m_k \sum_{q=1}^{N_k} (\mathrm{TE}_q - \mathrm{TS}_q) \leqslant M_k,\ \forall k \in O \tag{4.14}$$

$$\mathrm{TS}_q = \begin{cases} \min\{\mathrm{tws}_{ik}^s, \mathrm{tws}_{jk}^s\}, & x_{i,q,k} x_{j,q,k} = 1,\ \forall k \in O,\ q \in Q_k \\ \mathrm{tws}_{i,k}^s, & x_{i,q,k} = 1, x_{i,q,k} x_{j,q,k} = 0,\ \forall k \in O,\ q \in Q_k \end{cases} \tag{4.15}$$

$$\mathrm{TE}_q = \begin{cases} \max\{\mathrm{twe}_{ik}^s, \mathrm{twe}_{jk}^s\}, & x_{i,q,k} x_{j,q,k} = 1,\ \forall k \in O,\ q \in Q_k \\ \mathrm{twe}_{i,k}^s, & x_{i,q,k} = 1,\ x_{i,q,k} x_{j,q,k} = 0,\ \forall k \in O,\ q \in Q_k \end{cases} \tag{4.16}$$

$$G_q = \begin{cases} \dfrac{\theta_{i,k} + \theta_{j,k}}{2}, & |\theta_{i,k} - \theta_{j,k}| \leqslant \phi \\ \theta_{i,k}, & \text{其他} \end{cases} \tag{4.17}$$

$$x_{i,q,k} \in \{0,1\}, \ i \in T, \ k \in O, \ q \in Q_k \tag{4.18}$$

式（4.8）为优化目标，表示任务观测收益与任务合成观测收益之和的最大化；式（4.9）表示每个任务只能被观测一次；式（4.10）、式（4.11）观测条带成像时间为 0 表示不观测，最长成像时间不能超过卫星单次最大开机时间；式（4.12）前后相邻的两个观测条带成像时必须满足传感器姿态调整时间要求；式（4.13）、式（4.14）分别是单个轨道圈次电池能量消耗约束和存储容量约束；式（4.15）计算任务合成时观测条带的开始成像时间，如果没有任务合成，则观测条带的开始成像时间为单个任务的时间窗开始时间；式（4.16）计算任务合成时观测条带的结束成像时间，如果没有任务合成，则观测条带的结束成像时间为单个任务的时间窗结束时间；式（4.17）计算任务合成时观测条带的偏转角，如果没有任务合成，则观测条带的偏转角为单个任务的偏转角；式（4.18）表示布尔决策变量。

4.2.4 主问题与子问题

1. 模型线性化

模型 IQP 是一个整数二次调度模型，随着成像卫星数量及观测任务数量增加，问题解空间规模呈指数级增长。以单轨道圈次成像为例，成像卫星 s 在轨道圈次 k 可观测任务集合为 $A^k \subseteq T$，当考虑任务合成观测时，解空间规模为 $2^{|A^k|}$。因此，为了降低任务合成观测问题的求解难度，必须对模型 IQP 进行线性化处理。

不失一般性，设集合 A^k 有 3 个观测任务，分别是任务 i、任务 j 以及任务 l，q、q' 分别为成像卫星 s 在轨道圈次 k 前后相邻的两个观测条带。任务 i 与任务 j 构成的合成任务由观测条带 q 成像，观测收益为 $p(q) = w_i + w_j + p_{i,j}$，任务 l 的观测条带为 q'，观测收益为 $p(q') = w_l$。设变量 $y_{q,k}$ 为布尔变量，如果成像卫星 s 在轨道圈次 k 对观测条带成像，则 $y_{q,k} = 1$；否则 $y_{q,k} = 0$。因此，整数二次调度模型 IQP 可以改为如下整数线性调度模型。

[IQP^1]

$$\max \sum_{k=1}^{N_o} \sum_{q=1}^{N_q} p(q) y_{q,k} \tag{4.19}$$

$$\text{s.t.} \ \sum_{q=1}^{N_q} y_{q,k} \leqslant 1, \ \forall k \in O \tag{4.20}$$

$$\text{TS}_q \leqslant \text{TE}_q, \ \forall q \in Q_k \tag{4.21}$$

$$\mathrm{TE}_q - \mathrm{TS}_q \leqslant \mathrm{SP}_k, \quad \forall\, k \in O,\ q \in Q_k \tag{4.22}$$

$$\mathrm{TE}_q + \mathrm{st}_{q,q+1,k} \leqslant \mathrm{TS}_{q+1}, \quad \forall\, k \in O,\ q \in Q_k \tag{4.23}$$

$$e_k \sum_{q=1}^{N_k} (\mathrm{TE}_q - \mathrm{TS}_q) + r_k \sum_{q=1}^{N_k-1} (G_{q+1} - G_q) \leqslant E_k, \quad \forall\, k \in O \tag{4.24}$$

$$m_k \sum_{q=1}^{N_k} (\mathrm{TE}_q - \mathrm{TS}_q) \leqslant M_k, \quad \forall\, k \in O \tag{4.25}$$

$$p(q) = \begin{cases} \sum_{i \in A^k} w_i + \sum_{\{i,j\} \in \binom{A^k}{2}} p_{i,j}, & |\theta_{i,k} - \theta_{j,k}| \leqslant \phi \\ \sum_{i \in A^k} w_i, & \text{其他} \end{cases} \tag{4.26}$$

$$\mathrm{TS}_q = \begin{cases} \min\{\mathrm{tws}^s_{ik}, \mathrm{tws}^s_{jk}\}, & |\theta_{i,k} - \theta_{j,k}| \leqslant \phi_k,\ \{i,j\} \in \begin{bmatrix} A^k \\ 2 \end{bmatrix} \\ \mathrm{tws}^s_{i,k}, & \text{其他} \end{cases} \tag{4.27}$$

$$\mathrm{TE}_q = \begin{cases} \max\{\mathrm{twe}^s_{ik}, \mathrm{twe}^s_{jk}\}, & |\theta_{i,k} - \theta_{j,k}| \leqslant \phi_k,\ \{i,j\} \in \begin{bmatrix} A^k \\ 2 \end{bmatrix} \\ \mathrm{twe}^s_{i,k}, & \text{其他} \end{cases} \tag{4.28}$$

$$G_q = \begin{cases} \dfrac{\theta_{i,k} + \theta_{j,k}}{2}, & |\theta_{i,k} - \theta_{j,k}| \leqslant \phi,\ \{i,j\} \in \begin{bmatrix} A^k \\ 2 \end{bmatrix} \\ \theta_{i,k}, & \text{其他} \end{cases} \tag{4.29}$$

$$y_{q,k} \in \{0,1\}, \quad \forall\, k \in O,\ q \in Q_k \tag{4.30}$$

模型 IQP^1 是一个整数线性调度模型。式 (4.19) 是目标函数，即最大化多星对地观测收益；式 (4.20) 表示观测条带最多被卫星成像一次；式 (4.26) 表示观测条带成像收益。

通过对模型 IQP^1 进行分析，可以得知 IQP^1 的解由 2 个紧密相关的过程组成：其一是单个轨道圈次的可行观测条带序列生成过程；其二是不同轨道圈次的组合优化过程。R^k 为轨道圈次 k 考虑任务合成的所有可行观测条带集合；$a_{q,k}$ 表示布尔变量，如果观测条带 $q \in R_k$ 被选中，则 $a_{q,k}=1$，否则 $a_{q,k}=0$；ρ_k 表示轨道圈次 k 对可行观测条带成像的收益；v_k 表示布尔变量，如果轨道圈次 k 被选中，则 $v_k=1$；否则 $v_k=0$。

主问题模型如下。

[IQP^1-MP]

$$\max \sum_{k=1}^{N_o} \rho_k v_k \tag{4.31}$$

$$\text{s. t.} \sum_{q \in R_k} a_{q,k} v_k = 1, \quad \forall\, k \in O \tag{4.32}$$

$$\sum_{k=1}^{N_k} v_k \leqslant 1 \tag{4.33}$$

$$v_k \in \{0,1\}, \ \forall k \in O \tag{4.34}$$

模型 IQP¹-MP 是一个整数线性调度模型，将式（4.34）的决策变量 v_k 线性松弛，则 IQP¹-MP 有最优解的条件为

$$\rho_k - \lambda_q a_{q,k} - u_k \leqslant 0, \ \forall k \in O, \ q \in R_k \tag{4.35}$$

其中 λ_q 是约束（4.32）的对偶变量，u_k 是约束（4.33）的对偶变量。另外，由于 ρ_k 是轨道圈次 k 对可行观测条带成像的收益，所以

$$\rho_k = \sum_{q \in R_k} p(q) a_{q,k}, \ \forall k \in O \tag{4.36}$$

因此，模型 IQP¹-MP 线性松弛后有最优解的条件为

$$\sum_{q \in R_k} (\lambda_q - p(q)) a_{q,k} + u_k \geqslant 0, \ \forall k \in O, \ q \in R_k \tag{4.37}$$

由于 u_k 是约束（4.33）的对偶变量，表示任意一个轨道圈次 k 是否被选中，u_k 的取值对约束（4.34）没有影响。只要在轨道圈次 k 的观测条带集合中找到观测条带，使得该观测条带收益最小，模型 IQP¹-MP 线性松弛后就有最优解。

2. 子问题模型

[IQP¹-SP]

$$\min \sum_{q \in R_k} (\lambda_q - p(q)) z_{q,k} \tag{4.38}$$

$$\text{s. t. } 式(4.21) \sim 式(4.29) \tag{4.39}$$

$$z_{q,k} \in \{0,1\}, \ \forall k \in O \tag{4.40}$$

子问题对应于一个含时间窗口的最短路径问题[1]，模型 IQP¹-SP 的解给出了轨道圈次 k 的一个观测条带成像序列，该观测条带成像序列可以转换成模型 IQP¹-MP 约束矩阵的一个列。通过对模型 IQP¹-MP 与模型 IQP¹-SP 的反复迭代计算，最终得到模型 IQP¹ 的最优解。

4.2.5　算法设计

任务合成算法（task merging algorithm，TMA）用于计算卫星单个轨道圈次所有可能观测任务的合成算法。算法的设计思想是基于列生成法（column generation）[2]分别求解主问题模型 IQP¹-MP 与子问题模型 IQP¹-SP。设集合 A^k 为轨道圈次 k 所有可能观测任务按观测时间窗开始时间非降序排序，从集合 A^k 依次取出观测任务 i 与任务 j，依据任务合成的侧摆角约束及最大开机时间约束规则，判断任务 i 与任务 j 是否能形成合成任务，由卫星在观测条带 q 成像。任

务合成算法的基本框架如算法 TMA 所示。

算法 TMA

输入：观测任务收益、时间窗、偏转角，轨道圈次 k 最大开始时间、视场角等相关参数

输出：轨道圈次 k 的观测条带集合 Q_k

步骤 1：$Q_k \leftarrow \varnothing$；/ * 初始化轨道圈次 k 观测条带集合 * /

步骤 2：for all $i \in A^k$ do

步骤 3：strp $\leftarrow i$；

步骤 4：$j = i + 1$；

步骤 5：for all $j \in A^k$ do

步骤 6：if $((\mid \theta_{i,k} - \theta_{j,k} \mid \leqslant \phi) \&\& (\max\{\text{twe}^s_{jk}, \text{twe}^s_{jk}\} - \min\{\text{tws}^s_{jk}, \text{tws}^s_{jk}\} \leqslant \text{SP}_k))$ then

步骤 7：strp $\leftarrow j$；

步骤 8：end if

步骤 9：end for

步骤 10：$Q_k \leftarrow$ strp；

步骤 11：strp $\leftarrow \varnothing$；

步骤 12：end for

最短时间窗路径优化算法（shortest time window route algorithm，STWRA）用于求解子问题 $\text{IQP}^1\text{-SP}$，基于动态规划方法生成单个轨道圈次 $k \in O_k$ 观测条带成像序列，生成的观测条带成像序列必须满足电池能量约束、存储容量约束以及前后相邻两个条带成像转换时间约束。当该观测条带成像序列的影子价格减去观测收益大于 0 时，则观测条带成像序列作为新生成列加入主问题 $\text{IQP}^1\text{-MP}$ 中。轨道圈次成像调度算法的基本框架如算法 STWRA 所示。

算法 STWRA

输入：轨道圈次 k 成像调度参数 E_k、M_k、Q_k 等相关参数，影子价格 λ_k

输出：轨道圈次 k 的观测条带成像序列

步骤 1：$\text{IM}(q) \leftarrow \varnothing$；/ * 初始化轨道圈次 k 观测条带成像序列集合 * /

步骤 2: SUME=0，SUMM=0，VALUE=0；/＊初始化电池能量、存储容量及收益＊/

步骤 3: flag←false;

步骤 4: while (flag == fale) do

步骤 5: for all $q \in Q_k$ do

步骤 6: IM←q;

步骤 7: SUME=e_k(TE$_q$−TS$_q$); SUMM=m_k(TE$_q$−TS$_q$); VALUE=p_q;

步骤 8: u←q+1;

步骤 9: for all $u \in Q_k$ do

步骤 10: if (TS$_u$≥TE$_q$+st$_{q,u}$) do

步骤 11: if (SUME+e_k(TE$_u$−TS$_u$)) ≤E_k) && (SUMM+m_k(TE$_u$−TS$_u$) ≤M_k) do

步骤 12: SUME=SUME+e_k(TE$_u$−TS$_u$) +r_k | G_u−G_q |;

步骤 13: SUMM=SUMM+m_k(TE$_u$−TS$_u$);

步骤 14: VALUE=VALUE+p_u;

步骤 15: IM←u;

步骤 16: end if

步骤 17: end if

步骤 18: end for

步骤 19: if (λ_k−VALUE>0) do

步骤 20: flag=true;

步骤 21: end if

步骤 22: end for

步骤 23: end while

主问题 IQP[1]-MP 采用改进单纯型法（revised simplex method，RSM)[3]进行求解，并判断最优解是否为整数解，如果不是整数解，则利用分支定界方法获取整数解。算法的基本框架如下所示。

算法 RSM

输入：轨道圈次、观测条带

输出：调度方案

步骤 1: initial_params ()；//初始化系数 $\rho(q)$、决策变量 $v(q)$，检验数 $\sigma(q)$、基矩阵 B

步骤 2：compute _ inverse _ matrix ()；//计算基矩阵 B 的逆阵 B^{-1}

步骤 3：solve _ initial _ solution ()；//生成初始解

步骤 4：flag←false；

步骤 5：while (flag==false) do

步骤 6：for all $i \in Q_k$ do

步骤 7：if ($\sigma(i) > 0$) then

步骤 8：确定 $v(i)$ 为换出变量；

步骤 9：计算影子价格 λ_i；

步骤 10：调用 STWRA 算法返回新生成列；

步骤 11：new _ inverse _ matrix ()；//利用新生成列计算基矩阵的逆阵

步骤 12：solve _ new _ solution ()；//计算新的基变量值

步骤 13：goto 6；

步骤 14：else

步骤 15：flag=true；

步骤 16：end for

步骤 17：end while

步骤 18：flag←false；

步骤 19：while (flag==false) do//检查最终解是否为整数解

步骤 20：for all $v \in V$ do

步骤 21：if (v is not integer) then //基解 v 为非整数解

步骤 22：branch _ and _ bound ()；

步骤 23：end if

步骤 24：end for

步骤 25：end while

4.2.6　数值实验

数值实验计算环境为 Intel® Core™ i7 处理器、64G 内存、64 位 Windows10 操作系统，基于 Java 编程语言实现列生成算法，求解带有任务合成的多星对地观测任务调度问题。

仿真生成 3 颗卫星，调度时域为 24 July 2019 00：00：00.000 UTCG～25 July 2019 00：00：00.000 UTCG。随机生成 100 个任务，200 个任务，400 个任务。每种任务规模下生成 2 组数据，表 4.4 列举了任务部分数据信息。

表 4.4　任务部分数据信息

任务编号	卫星编号	开始时间窗	结束时间窗
afyf	GAOFEN_1_39150	2019-7-24 0：44：43	2019-7-24 0：45：34
mcat	GAOFEN_1_39150	2019-7-24 3：42：09	2019-7-24 3：42：58
xefp	YAOGAN_11_37165	2019-7-24 6：54：14	2019-7-24 6：55：03
xefp	YAOGAN_11_37165	2019-7-24 17：50：16	2019-7-24 17：51：05
kqsn	YAOGAN_15_38354	2019-7-24 17：50：52	2019-7-24 17：51：42
tmru	YAOGAN_15_38354	2019-7-24 22：22：37	2019-7-24 22：23：29
⋮	⋮	⋮	⋮

表 4.5 给出运用列生成法求解不同算例的实验结果，比较不同规模、不同组别数据下的初始解生成时间、动态规划时间、主问题求解时间、分支定界时间及成像任务数量。

表 4.5　实验结果

算例	规模	初始解生成时间/s	动态规划时间/s	主问题求解时间/s	分支定界时间/s	总时间/s	成像任务数量
C1	100	1.1	18.9	7.3	5.5	32.8	78
C2		1.3	25.6	11.3	7.4	45.6	82
C3	200	1.3	83.6	27.5	20.3	132.7	121
C4		1.4	127.8	30.5	23.7	183.4	135
C5	400	1.6	292.6	60.2	78.3	432.7	249
C6		2.0	340.6	67.3	157.8	567.7	322

从表 4.5 可以看出，在问题规模比较小时，列生成法可以在较短的时间内得到问题的最优解；当问题规模较大时，列生成法需要较长的运行时间计算问题的最优解。随着问题规模逐渐变大，解空间规模急剧增长，求解子问题的运算时间随之加大，主要因为动态规划算法运行时间较长。因此，在可接受的时间内，列生成法难以给出大规模优化问题的最优解。

4.3　成像数传一体化调度问题

4.3.1　问题描述

成像数传一体化调度问题可以简要描述为：给定一组成像卫星、一组卫星数据接收地面站、一组观测任务，每个任务指定一个优先级，观测任务的完成由两个阶段构成，即数据采集阶段和数据回传阶段，观测任务与卫星之间有一组可见时间窗口，给定成像卫星对地观测任务调度的开始时间与结束时间。

卫星对地观测需要满足以下约束。

（1）可见时间窗约束。如图 1.3 所示。在给定的调度周期内，卫星与目标之间一般不止一个时间窗，卫星对目标的观测需在其中某一个时间窗内完成，且目标进行观测的时间窗一般会小于可见的时间窗。

（2）一颗卫星在对前后相邻的两个观测任务成像时，需要有一定的姿态转换时间，以便卫星遥感器作好姿态调整；在地面站接收卫星下传数据时和观测任务一样，数据下传也需要在时间窗口之内完成。

（3）在每一次开关机时间内，卫星的侧视调整次数是有限的。

（4）卫星上有一个固定容量的星上存储器，卫星将观测的目标图像数据暂时存放在存储器中。在将数据传回地面站之后，存储器的存储容量被释放。因此存储器的实时容量在整个观测过程中是动态变化的。

（5）卫星在观测目标以及下传数据的过程中都会消耗一定的能量，而卫星在每一个轨道圈次可使用的能量是有限的，因此在调度过程中，每一圈次观测的目标与下传数据所消耗的能量之和不能超过能量限制。

4.3.2　数学模型

决策变量如下。

$x_{i,s}^k$：取值为 1 表示卫星 s 在第 k 个轨道圈次对任务 i 进行观测，否则取 0 值；

$y_{g,s}^k$：取值为 1 表示卫星 s 在第 k 个轨道圈次向地面站 g 下传数据，否则取 0 值。

成像数传一体化调度模型如下。

$$z = \max\Big[\alpha\sum_{i=1}^{N_t}\sum_{s=1}^{N_s}\sum_{k=1}^{NO_s}x_{i,s}^k + \beta\sum_{i=1}^{N_t}\sum_{s=1}^{N_s}\sum_{k=1}^{NO_s}w_i x_{i,s}^k\Big] \tag{4.41}$$

$$\text{s.t.} \sum_{s=1}^{N_s}\sum_{k=1}^{NO_s}x_{i,s}^k \leqslant 1,\ \forall i \in \{1,2,\cdots,N_t\} \tag{4.42}$$

$$\text{CROSS}(gw_{g,s}^k, gw_{g,s'}^{k'}) \neq 1,\ \forall y_{g,s}^k = y_{g,s'}^{k'} = 1 \tag{4.43}$$

$$tws_{l,s}^k \geqslant twe_{i,s}^k + st_{i,l},\ \forall i,l \in T,\ \forall s \in S,\ \forall k \in \{1,2,\cdots,NO_s\} \tag{4.44}$$

$$gws_{g,s'}^{k_2} \geqslant gwe_{g,s}^{k_1} + gt_g,\ \forall s \neq s' \in S,\ \forall k_1 \in \{1,2,\cdots,NO_s\},\ \forall k_2 \in \{1,2,\cdots,NO_{s'}\} \tag{4.45}$$

$$\Big(\sum_{i=1}^{N_t}td_i x_{i,s}^k + \sum_{g=1}^{N_g}(gwe_{g,s}^k - gws_{g,s}^k)y_{g,s}^k\Big)e_s \leqslant E_s,\ \forall k \in \{1,2,\cdots,NO_j\},\ \forall s \in S \tag{4.46}$$

$$m_s^{\text{start}} = m_s^{\text{end}} = 0 \tag{4.47}$$

$$m_{s,0} = m_s^{\text{start}} \tag{4.48}$$

$$m_{s,a+1} = m_{s,a} + \text{tm}_i, \quad a+1 = a + |\{i\}| \tag{4.49}$$

$$m_{s,a} \leqslant M_s, \quad \forall j \in \{1,2,\cdots,N_s\} \tag{4.50}$$

式（4.41）是目标函数，由两个部分组成：一是已执行的观测任务数量总和；二是已执行的观测任务权重总和。调度目标是使它们的加权和最大化，其中 α、β 是比例系数。

约束（4.42）表示每个观测任务最多只能被执行一次。

约束（4.43）表示地面站一次只能接收一颗卫星的数据下传。

约束（4.44）表示如果有两个观测任务被同一颗卫星先后执行，则两个任务之间需要有足够的过渡时间。

约束（4.45）表示如果有两颗卫星先后对同一个地面站下传数据，则地面站在接收两颗卫星的数据下传之间需要有一定的过渡时间。

约束（4.46）表示卫星在每一个轨道圈次内消耗的能量不能超过最大能量限制。

约束（4.47）和（4.48）表示在给定的调度周期内，卫星开始观测时的存储容量与结束观测时的存储容量都为 0。

约束（4.49）表示卫星执行观测任务之后，星上存储容量的增加。

约束（4.50）表示卫星上所存储的数据不得超过星上存储器的最大容量。

4.3.3　双染色体遗传算法

遗传算法是根据自然界生物进化机制衍生而来的一种进化算法，它具有广泛的全局搜索能力，被广泛应用于解决各种组合优化问题。传统遗传算法一般采用单染色体编码，而研究表明，在一些问题中，采用双染色体的编码结构，提高了算法的运算效率[4-6]。

1. 编码

根据卫星存储器和能量消耗的实时情况来安排下传任务。将卫星存储和能量消耗的实时数值用染色体记录下来，能够有效减少算法的运行时间。因此，设计了一种双染色体编码方案，用染色体 A 记录观测任务被哪颗卫星执行，以及卫星在何时进行数据下传，同时，在染色体 A 中加入一颗虚拟卫星，用于存放暂时不能被执行的观测任务。用染色体 B 记录卫星在进行每一次下传任务之前的星上存储容量，以及卫星在每一圈次中已消耗的能量，用于辅佐对染色体 A 的计算，并检验染色体 A 上解的可行性以及有效性。

以 10 个观测任务（用 1～10 来表示），2 个地面站（用－1，－2 来表示，－2 表示卫星在编号为－2 的地面站的此次时间窗内不进行下传，也称为不执行的下传任务），2 颗卫星 Sat1，Sat2 为例来解释双染色体遗传算法的编码结构，如

图 4.2 所示（图中假设每个任务消耗一个单位的存储容量和一个单位的能量，未执行的下传任务不消耗能量且在染色体 B 中的存储容量记录值为 0）。

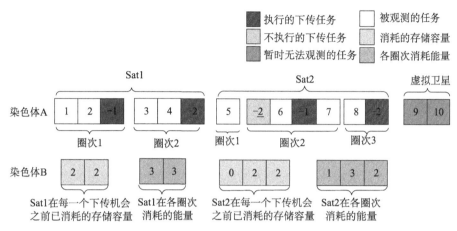

图 4.2　双染色体编码（扫描封底二维码可看彩图）

由于数据下传会消耗卫星能量，以及占用卫星的工作时间，因此应尽量减少数据下传的次数。我们设计了一种下传机制，综合考虑下传任务与观测任务之间的数量关系，尽量充分利用星上存储容量，观测更多的任务。

下传机制如下。

不失一般性，设卫星 j 的最大存储单元为 C，每观测一个任务所形成的成像数据占用 1 个存储单元。因此连续观测 C 个任务后，必须将存储器中的成像数据下传给地面站 dL_r。

For：$dL_r = dL_1$ to dL_t

步骤 1：计算在下传机会 dL_r 之前已观测的任务数量 n_1

步骤 2：If $n_1 < N$

　计算在下一次下传机会 dL_{r+1} 之前的任务数量 n_2

　If $n_1 + n_2 < N$

　　$r = r+1$，$n_1 = n_1 + n_2$

　　repeat 步骤 1

　else

　　安排在 dL_r 进行下传

　　end repeat

　end if

end for

2. 适应度函数

适应度函数考虑的是已执行的观测任务数量占所有观测任务数量的比例，以及已执行的观测任务的权重之和占所有观测任务的权重之和的比例，表达式如式（4.51）所示

$$\text{fitness}(i) = R_{\text{num}} * \frac{\sum_{i=1}^{N_t} \sum_{s=1}^{N_s} \sum_{k=1}^{\text{NO}_s} x_{i,s}^k}{N_t} + R_{\text{wgt}} * \frac{\sum_{i=1}^{N_t} \sum_{s=1}^{N_s} \sum_{k=1}^{\text{NO}_s} w_i x_{ij}^k}{\sum_{i=1}^{N_T} w_i} \qquad (4.51)$$

3. 交叉策略

由于下传任务和观测任务的性质不同，因此将两者分开进行交叉。如图 4.3 所示（图中假设卫星每个圈次的最大能量消耗为 5 个单位，卫星的存储容量为 4 个单位）。对于两条染色体来说，在给定的调度周期内，各卫星与各地面站之间的可见机会是确定的，只是在每一条染色体中，卫星选择哪一次可见机会进行下传是不确定的，即执行的下传任务不一样。

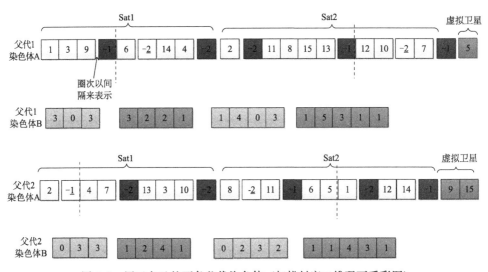

图 4.3   用于交叉的两条父代染色体（扫描封底二维码可看彩图）

采用基于交换时间窗的交叉策略，随机生成一个时间点，对每颗卫星上该时间点之后的任务序列进行交叉。由于插入时的概率不确定，因此进行重组之后的子代染色体序列可能如图 4.4 所示。

4. 变异策略

变异同样分下传任务变异和观测任务变异。以图 4.5 中一个解的染色体为例。

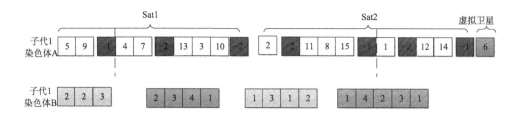

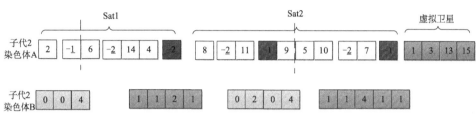

图 4.4 交叉之后的子代染色体（扫描封底二维码可看彩图）

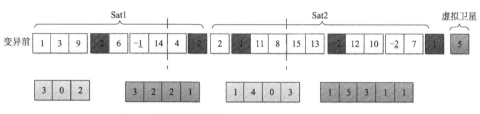

图 4.5 变异前染色体（扫描封底二维码可看彩图）

首先对下传任务变异，主要是将下传任务按初始解生成时的有效概率重新定义该下传任务是否执行。

然后对观测任务的变异，采用时间窗重组的变异策略，先将时间点之后的所有任务全都放入到虚拟卫星当中去形成目标集合，然后对虚拟卫星中的目标集合进行重组。最后经过变异策略，可能得到的一个染色体如图 4.6 所示。

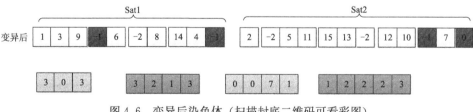

图 4.6 变异后染色体（扫描封底二维码可看彩图）

5. 算法流程

根据上述求解策略，基于双染色体遗传算法求解的总体流程如图 4.7 所示。其中 N_p、p_c、p_m、p_g 分别表示种群规模、交叉概率、变异概率以及下传任务有效执行概率。

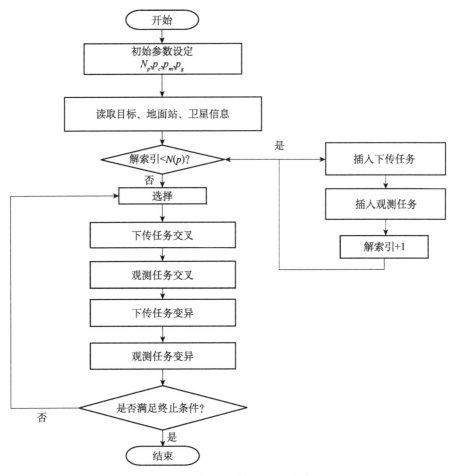

图 4.7　双染色体遗传算法的求解流程

初始化为首先将所有的下传任务插入到染色体 A 中，每插入一个下传任务时以 p_g 概率确定该下传任务是否执行，不执行的下传任务的时间窗为：$\mathrm{gws}_{i,s}^k = \mathrm{gwe}_{i,s}^k$，在插入下传任务的同时更新染色体 B 中的信息。

然后是观测任务的插入。设计了插入即检查的初始解生成策略，在对每一个观测任务进行插入时，即检查对约束条件的满足情况，不满足约束的放入虚拟卫星中。

为了综合考虑权重和能量这两个指标，定义观测任务的权重密度 p_i，如式（4.52）所示。

$$p_i = \frac{w_i}{\mathrm{td}_i} \tag{4.52}$$

将观测任务按权重密度的大小进行排序，权重密度大的优先安排。在固定的周期内，观测任务的所有时间窗是固定的，因此可以在该观测任务的时间窗集合中随机挑选一个，插入到相应的卫星任务序列当中。同时检查是否满足约束，如果不满足，则转向下一个时间窗。在每插入一个观测任务时更新染色体 B。

选择：按轮盘赌选择方法选择出适合遗传到下一代的染色体。

交叉：按照设计的交叉策略对任意两条染色体以交叉概率进行交叉。

变异：按照设计的变异策略对任意一条染色体以变异概率进行变异。

6. 数值实验

遗传算法共有 4 个参数：种群规模、交叉概率、变异概率以及迭代次数。因此，基于双染色体编码结构的遗传算法求解问题时，对遗传算法的 4 个参数设置如下：种群规模为 200、交叉概率为 0.9、变异概率为 0.1 以及迭代次数为 1000。仿真实验结果如表 4.6 所示。

表 4.6　双染色体遗传算法仿真实验结果

数据规模	平均运行时间/s	最大值	最小值	中值	σ	目标函数平均值
50	86	0.782	0.753	0.767	0.0088	0.767
100	406	0.846	0.806	0.820	0.0199	0.823
150	863	0.832	0.769	0.801	0.0189	0.799
200	1721	0.787	0.748	0.778	0.0124	0.774

由表 4.6 可得如下结论。

(1) 如图 4.8 所示，双染色体算法采用了另一条染色体记录能量与存储的消耗信息，采用双染色体遗传算法对问题进行求解，不仅节省了运算时间，而且提高了算法的求解质量。

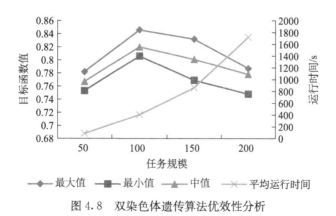

图 4.8　双染色体遗传算法优效性分析

(2) 算法的标准差都在 0.02 以下，算法运行基本趋于稳定状态，如图 4.9 所示。

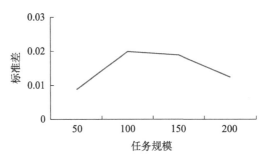

图 4.9 双染色体遗传算法稳定性分析

4.3.4 双蚁群算法

蚁群算法广泛地应用于生产排程、路径规划以及机器调度等问题上，针对成像数传一体化调度问题的特点，我们设计两组蚁群分别释放意义不同的信息素，引导两组蚁群分别构建观测任务序列与数据下传序列，最终得到问题的满意解[7,8]。

1. 任务冲突构造图

如图 4.10 所示，成像数传一体化调度问题，可以转化为由时间窗和约束条件构成的任务冲突构造图。该图用 $G=(A, E)$ 表示，其中 A 表示所有目标与卫星间时间窗集合以及所有地面站与卫星间时间窗集合，E 由 A 中点之间的冲突关系构建。冲突关系包含三种：第一，待观测目标只能选择一个时间窗，由对应的卫星进行一次观测，因此同一个待观测目标的不同时间窗存在冲突，即约束 (4.42)；第二，同一颗卫星上的不同任务之间存在观测时间冲突，即约束 (4.44)；第三，不同卫星在同时经过某一地面站时，存在数传时间窗冲突，即约束 (4.45)。

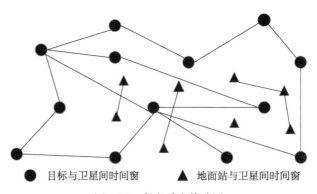

● 目标与卫星间时间窗   ▲ 地面站与卫星间时间窗

图 4.10 任务冲突构造图

在规定的调度周期内，求解成像数传一体化调度问题可转化为在任务冲突构造图中，寻找使得目标函数最大化的独立集。由于所建立的成像卫星任务调度模型包括了观测任务和下传任务，考虑时间窗约束、存储容量约束及能量约束，设计双蚁群算法求解问题。双蚁群算法的基本思想是第一组蚁群选择一个地面站与卫星间时间窗，第二组蚁群在第一组蚁群选中的时间窗基础上，选择目标与卫星间时间窗；以此类推，第一组蚁群再次选择一个地面站与卫星间时间窗，第二个蚁群再在已选地面站与卫星间时间窗基础上选择目标与卫星间时间窗；直到所有的地面站时间窗选择完毕，没有合适的待观测目标时间窗被选择。由于首先安排下传任务，其次安排观测任务，同时每个轨道圈次受存储容量约束及能量约束，成像数传一体化调度问题就相应地转化为条件限制下的目标函数最大化的独立集问题。

2. 适应度函数

适应度函数考虑的是已执行的观测任务数量占所有观测任务数量的比例，以及已执行的观测任务的权重之和占所有观测任务的权重之和的比例，表达式如式（4.53）所示。

$$\text{fitness}(i) = R_{\text{num}} * \frac{\sum\limits_{i=1}^{N_t} \sum\limits_{s=1}^{N_s} \sum\limits_{k=1}^{\text{NO}_s} x_{i,s}^k}{N_t} + R_{\text{wgt}} * \frac{\sum\limits_{i=1}^{N_t} \sum\limits_{s=1}^{N_s} \sum\limits_{k=1}^{\text{NO}_s} w_i x_{ij}^k}{\sum\limits_{i=1}^{N_T} w_i} \tag{4.53}$$

3. 算法流程

基于卫星任务调度任务冲突图的蚁群将信息素 τ_i 释放在图中的节点之上，第一组蚁群安排下传任务，选择相应的下传机会节点，即地面站与卫星间的时间窗，将信息素 τ_i 释放在图中的下传机会节点之上，即 τ_i 表示蚁群选择编号为 i 的下传机会执行相应卫星的下传任务的"知识积累"。第 k 只蚂蚁选择下传任务节点时根据式（4.54），其中 ∂ 决定了信息素对概率 P_i^k 的影响程度，$q \in [0, 1]$ 是一个随机数，$q_0 \in [0, 1]$ 是均衡蚁群探索与开发能力的参数，candidate 表示在任务冲突图中与部分解中的点没有连线的候选下传机会节点集合 A_1。当蚂蚁选中一个下传机会节点时，判断是否满足能量约束，即约束（4.46），当不满足时，则在 A_1 中只删除该点自身，并继续选择下传机会节点直到被选中的下传机会节点满足约束（4.46）而成功插入到部分解中，在 A_1 中删除与该点有连线的点，包括其自身，若 A_1 中不存在下传机会节点，则终止整个算法。

$$P_i^k = \begin{cases} \underset{i \in \text{candidate}}{\text{argmax}}\{\tau_i^\partial\}, & q \leqslant q_0 \\ \dfrac{\tau_i^\partial}{\sum\limits_{s \in \text{candidate}} \tau_s^\partial}, & \text{其他} \end{cases} \tag{4.54}$$

第二组蚁群安排观测任务，选择相应的观测机会点，即目标与卫星间的时间窗，将信息素 τ_i 释放在图中的观测机会节点之上，即 τ_i 表示了蚁群选择编号为 i 的观测机会执行相应目标观测任务的"知识积累"。和第一支蚁群类似，第二支蚁群中第 k 只蚂蚁选择观测任务节点时根据式（4.54），其中的 candidate 表示在任务冲突图中与部分解点没有连线的候选观测机会点集合 A_2。当蚂蚁选中一个节点后，首先对它进行能量约束，即约束（4.46），判断，如果不满足能量约束，则在任务冲突图中以及在 A_2 中删除该点，并重新进入从 A_2 中选择节点的计算，如果满足能量约束，则进入存储约束，即约束（4.50），判断，当其不满足约束（4.50）时，则在 A_2 中删除该点，并重新进入从 A_2 中选择节点的计算，当其满足约束（4.50）时，则该节点成功插入到部分解中，并在任务冲突图和 A_2 中删除与该点有连线的点，包括其自身。直到 A_2 无点可选，则重新进入第一支蚁群的运算，开始新的下传机会节点选择。双蚁群算法主要步骤如下。

双蚁群算法

步骤 1：读取数据，并给每个观测机会和下传机会编号：$a_n=\{n,\ i,\ j,\ TW_{ij}^k\}$ 和 $a_l=\{l,\ m,\ j,\ GW_{mj}^k\}$ 其中 n 和 l 就是观测机会和下传机会的编号，能够唯一地确定某个观测机会或下传机会；

步骤 2：

 If 不满足最大迭代代数

  For 两支蚁群中每只蚂蚁

   初始化冲突构造图 $G=(A,\ E)$，$A=A_1+A_2$，τ_{max}^1，τ_{min}^1，A_1：下传机会集合，A_2：观测集合，ρ_1，r_1，∂_1，q_1；τ_{max}^2，τ_{min}^2，ρ_2，r_2，∂_2，q_2；$\tau_i^2(0)=\tau_{max}^2$，$\tau_i^1(0)=\tau_{max}^1$；

  If 算法发生停泄

   选择全局最优解中未观测目标的观测机会 a_n 为首个节点添加到部分解 S' 中，从 A 中删除与 a_n 相连的点，包括 a_n 自身；

   从 A 中提取下传机会集合 A_1；

  While $A_1\ !\ =null$

   While $a_l\in A_1$ 没有成功添加到部分解 S' 中

    Select $a_l\in A_1$ according 式（4.43）

   If a_l 满足式（4.46）

    将 a_l 添加到部分解 S' 中，从 A_1，A 中删除与 a_l 相连的点，包括 a_l；

    break;

   Else

    从 A 和 A_1 中删除 a_l

    从 A 中提取观测机会集合 A_2

While $A_2 !=$ null
　　Select $a_n \in A_2$ according 式 （4.43）
　　If　a_n 满足式 （4.46）
　　If　a_n 满足式 （4.50）
　　　　将 a_n 添加到部分解 S' 中，从 A 和 A_2 中删除与 a_n 相连的点，包括 a_n
　　Else
　　　　从 A_2 中删除 a_n
　　Else
　　　　从 A，A_2 中删除 a_n
得到完整的解 S_0 并通过局部搜索算法得到解 S，求取 S 的适应度值 Fitness(s)，对两支蚁群的信息素 $\tau_i^1(t)$，$\tau_i^2(t)$ 依据式 （4.55）～式 （4.57） 进行更新
　　步骤 3：输出最终全局最优解 S_{best}。

　　由式 （4.53） 可以看出，算法只依靠信息素来引导蚂蚁进行求解，而没有利用与问题本身有关的启发式信息。考虑过与问题相关的启发式信息，如目标的剩余观测机会数量、目标的权重、目标的执行时间、观测机会的冲突度、下传机会间的时间差等来构成相应的启发式信息体系来引导蚂蚁，然而问题的复杂约束造成了启发式信息不具有前瞻性，使得算法快速收敛容易陷入局部最优解，并没有提高解的质量，反而由于计算相应的启发式信息而导致算法运行时间的增加。

　　4. 信息素更新规则

　　反复交替执行第一支蚁群和第二支蚁群的操作直到图中的下传任务节点空时为止，便可以得到问题的解，每只蚂蚁开始求解的过程都要首先初始化任务冲突图，整个算法的流程如图 4.11 所示。

　　在每代蚂蚁完成求解后，采取全局最优解对蚁群进行更新信息素，如式 （4.55）、式 （4.56） 分别对两支蚁群进行信息素更新，其中 ρ 为信息素挥发系数，$\Delta\tau$ 为信息增量依据全局最优解计算而来，此外当发现新的全局最优解时采用式 （4.57） 来进行信息素更新。

$$\tau_i(t+1) = \tau_i(t)(1-\rho) + \Delta\tau(t) \tag{4.55}$$

$$\Delta\tau(t) = \text{fitness}(S_{best}) \tag{4.56}$$

$$\tau_i(t+1) = \frac{1}{\rho},\ i \in S_{best} \tag{4.57}$$

　　5. 局部搜索

局部搜索是从一个基础解出发，搜索解邻域的一种搜索方法，通过执行未观

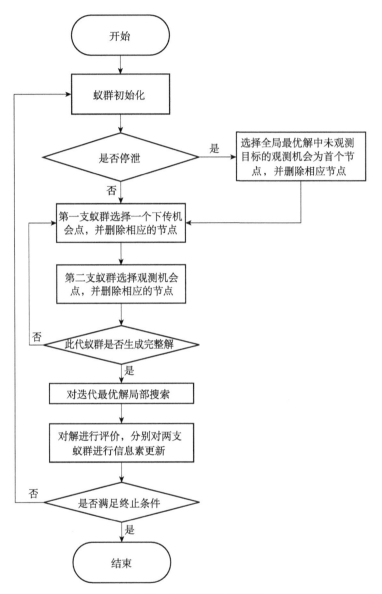

图 4.11　双蚁群算法流程图

测目标的观测机会来替代已有解中已观测目标的观测机会，以及通过执行已观测目标的其他未执行观测机会来替代已有解中该目标已执行的观测机会，使得未观测目标得以观测，有效地提高了蚁群算法解的质量，同时蚁群算法接纳了质量更高的解信息，通过利用信息为局部搜索提供更好的基础解，简言之就是蚁群算法和局部搜索相互交替，提高了整个算法的求解质量。所采用的局部搜索算法主要步骤如下。

局部搜索算法

步骤 1：获得蚁群算法所得解 S_0，未观测目标的观测机会集合 NA，已观测目标的未观测机会 DA；

步骤 2：while NA! ＝ null

Select $a_n' \in$ NA，SA 表示 S_0 中与 a_n' 有冲突的元素集合

If　Fitness$(S_0 + a_n' - \text{SA}) >$ Fitness(S_0)

$\qquad S_0 = S_0 + a_n' - \text{SA}$

步骤 3：

If　$a_n = \{n, i, j, \text{TW}_{ij}^k\} \in S_0$，$\exists a_p = \{p, i, j_p, \text{TW}_{ij_p}^{t_p}\} \in$ DA//

不满足约束情况下

S_0. Add (a_p)　&& $\exists a_m = \{m, i_m, j_m, \text{TW}_{i_m j_m}^{t_m}\} \in$ NA，使得 $S_0 - a_n$.

Add(a_m)

$S_0 = S_0 - a_n + a_p + a_m$

6. 数值实验

双蚁群算法由于采用双信息素来表示目标和地面站信息，因此对各个参数设置如下：蚁群数量均设置为 10，观测目标的蚁群 α、ρ 参数分别设置为 0.2、0.2，下传任务的蚁群 α、ρ 参数分别设置为 0.5、0.3，最大迭代数设置为 1000。仿真实验结果如表 4.7 所示。

表 4.7　双蚁群算法仿真运行结果

数据规模	平均运行时间/s	最大值	最小值	中值	σ	目标函数平均值
50	30	0.787	0.754	0.771	0.0101	0.771
100	218	0.864	0.833	0.849	0.0078	0.850
150	546	0.867	0.835	0.857	0.0093	0.855
200	1309	0.831	0.801	0.821	0.0062	0.820

结果分析：如图 4.12 和图 4.13 所示，双蚁群算法一方面针对问题解空间较大的问题，通过采取全局最优解，以及发现新的全局最优解时进行信息素更新，使得问题的解能够有效地收敛；另一方面，为了避免算法陷入局部最优解的困境，在求解下一代解中从全局最优解中未观测目标的观测机会点集合中随机选取一个点作为首个插入到解中的节点，并在任务冲突图中删除与之连线的节点，这样在增加解的多样性的同时也保证了解的质量，因为只有未观测目标可以得到相应的观测机会，可能提高解的质量，此外通过局部搜索帮助蚁群跳出局部最优解

也提高了解的质量。

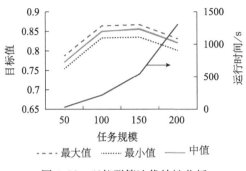

图 4.12 双蚁群算法优效性分析

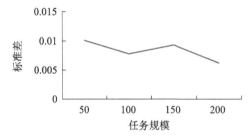

图 4.13 双蚁群算法稳定性分析

4.3.5 改进模拟退火算法

1983 年，Kirkpatrick 运用模拟退火算法（simulated annealing algorithm）
求解组合优化问题，模拟退火算法在运算过程中，以一定的概率接受劣质解避免
陷入局部最优解，并以概率 1 逼近全局最优解[9]。

1. 算法流程

模拟退火算法在求解成像卫星对地观测任务调度问题上的基本框架描述
如下。

模拟退火算法

步骤 1：选定初始控制温度 T_0，马尔可夫链长度 L_0，随机产生成像数传
　　　　一体化调度初始解 i_0，此时，当前最优解 current _ best＝i_0，迭
　　　　代次数 $k＝0$，温度衰减函数 $T_k＝h(k)$；

步骤 2：对 i_0 产生一次随机扰动，在可行解空间中得到一个新解 current
　　　　_ solu；

步骤 3：判断是否接受新解，判断准则为 Metropolis 准则：若 f(current
_ best) $\geqslant f$(current _ solu)，接受新解 current _ solu，则 current
_ best＝current _ solu；否则，接受新解 current _ solu 的概率是

$$\exp\left(\frac{f(\text{current\_best}) - f(\text{current\_solu})}{T_k}\right) > \text{random}[0, 1)，此$$

时当前最优解 current _ best＝current _ solu，否则，当前最优解
仍为 current _ best；

步骤 4：对步骤 2 与步骤 3 迭代执行 L_0 次，得到马尔可夫链 L_0 的一个最
优解 bestL；

步骤 5：判断是否满足终止条件，若满足则输出最优解，算法停止运算；
否则执行步骤 6；

步骤 6：设 $k=k+1$，温度函数变成 T_{k+1}，马尔可夫链长度为 L_{k+1}，令当
前最优解 current _ best＝bestL，执行步骤 2。

2. 算法改进

模拟退火算法改进的结果从两个方面进行评价，即改进后的算法求解质量和
改进后算法求解效率[10]。但是算法求解质量和算法求解效率往往是矛盾的，提
高算法求解质量，增加算法运行时间，会降低算法求解效率。而提高算法求解效
率是以牺牲算法求解质量为代价的。

因此，模拟退火算法的改进可以从两个方面进行：其一是冷却进度表的改
进；其二是移动策略的改进[11]。并且由于实际求解问题需要，可以适当提高算
法求解质量或提高算法求解效率，以便改进后的算法满足实际应用的需求。

1) 冷却进度表改进

冷却进度表包含以下参数：初始温度 T_s，温度衰减函数 T_k，终止温度 T_e，
马尔可夫链长度 L_k。

温度衰减函数选择。算法的运行时间与初始温度 T_s 的变化次数及马尔可夫
链长度 L_k 成正比。常用的温度衰减函数 T_k 有 3 种，分别为：$T_k = \dfrac{T_s}{k}$，$T_k =$

$T_s \times 0.99^k$，$T_k = \dfrac{T_s}{\ln k}$。通过对这三种温度衰减函数分析可知：温度衰减函数 $T_k =$

$\dfrac{T_s}{k}$ 速度变化最快；当迭代次数 k 较小时，温度衰减函数 $T_k = \dfrac{T_s}{\ln(k)}$ 比 $T_k = T_s \times$

0.99^k 更快，而当迭代次数 k 较大时，$T_k = T_s \times 0.99^k$ 变化速度比 $T_k = \dfrac{T_s}{\ln(k)}$ 和

$T_k = \dfrac{T_s}{k}$ 快。

设置初始温度 T_s 和终止温度 T_e。通过对模拟退火算法收敛性进行分析发现，当初始温度设置较高，降温过程足够慢时，算法能以较大概率收敛到全局最优解。终止温度 T_e 设置得越低，算法求解质量越高，运行时间越长。反之，随着终止温度 T_e 升高，解的质量变差，算法运行时间减少。

当初始温度 T_s 较低时，解为 $T_k = \dfrac{T_s}{\ln k} > T_k = T_s \times 0.99^k > T_k = \dfrac{T_s}{k}$；当初始温度 T_s 较高时，解 $T_k = \dfrac{T_s}{\ln k}$ 达到最好。运行时间为 $T_k = \dfrac{T_s}{\ln k} > T_k = T_s \times 0.99^k > T_k = \dfrac{T_s}{k}$。

设置马尔可夫链长度 L_k。在一定温度下，模拟退火算法用马尔可夫链描述解空间中的状态转移，转移概率就是从当前解转移到新解的概率。随马尔可夫链长度的增大，算法求解质量越高，运行时间越长。受马尔可夫链长度的影响，温度衰减函数由大到小分别是 $T_k = \dfrac{T_s}{k}$，$T_k = T_s \times 0.99^k$ 和 $T_k = \dfrac{T_s}{\ln k}$。运行时间从长到短的变化分别是 $T_k = \dfrac{T_s}{\ln k}$，$T_k = T_s \times 0.99^k$ 和 $T_k = \dfrac{T_s}{k}$。从上述分析可知，随着马尔可夫链长度增加，算法求解质量明显提高。

2）移动策略

重新制订接受新解的规则。基于上述模拟退火算法改进策略，设计三种改进模拟退火算法，并应用于多星成像数传一体化调度问题求解。

（1）增加模拟退火算法邻域搜索能力。

该方法的主要特点是在整个算法的执行后期，增加模拟退火算法邻域搜索能力，随机对某一颗卫星上的两个观测任务进行局部交换、变异与扰动。

（2）加温退火法。

改进初始温度和初始解的选取，改进流程如下：

在步骤 1 中，设 $T_0 = 0$，执行步骤 2，确定接受新解的准则为当且仅当 $f(\text{current\_best}) < f(\text{current\_solu})$ 时，令 current_best = current_solu。令 $T_0^* = T_0 + h^*(t)$，进行升温操作，$h^*(t)$ 为事先确定的升温函数，初始解变为 current_solu，否则仍为 current_best；直至满足升温停止条件，输出所得温度 T_0^* 和初始解 i_0^*；设 $T_0 = T_0^*$、$i_0 = i_0^*$，执行步骤 2～步骤 6，每一次接受新解时都令温度按照 $h^*(t)$ 增加。

（3）记忆的模拟退火算法。

在步骤 1 中增加一个当前最优解存储表 table 和一个阈值 f_0。初始化，存储表 table 中只有一个初始解 i_0，$f_0 = f(i_0)$。在步骤 3 中，每当生成一个新解 current_solu 时，计算 f(current_solu)，若 f(current_solu)$>f_0$，令 $f_0=f$(current_solu)，同时将 current_solu 存入 table 表中。当退火结束时，再对 table 表中的解实施局部搜索算法，直至局部搜索过程结束，并从 table 表中选出最好解作为算法的最优解。

3. 数值实验

改进模拟退火算法求解问题相关参数设置如下：设初始温度为 200℃、内循环为 1000、外循环为 200、温度衰减率为 0.95。仿真实验结果见表 4.8。

表 4.8 模拟退火算法仿真实验结果

数据规模	模拟退火算法平均运行时间/s	最大值	最小值	中值	σ	目标函数平均值
50	28	0.818	0.756	0.793	0.0204	0.787
100	103	0.893	0.804	0.865	0.0287	0.859
150	248	0.894	0.835	0.875	0.0153	0.874
200	552	0.861	0.831	0.844	0.0089	0.845

结论：

（1）如图 4.14 和图 4.15 所示，对于观测任务数为 50 的小规模多星对地观测任务调度问题来说，模拟退火算法初始温度设置范围应在 200℃ 以内，这时算法求解问题的效果最好，但算法运行时间相对较长。随着内循环次数的增加，模拟退火算法求解质量不断得到改善，同时算法运行时间也逐步增加。而随着外循环次数的增加，解没有得到明显的改善。随着劣质解接收次数增加，模拟退火算法求解问题的效果有所改善但不明显。

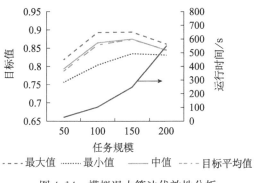

图 4.14 模拟退火算法优效性分析

（2）对于观测任务数为 150 的中等规模多星对地观测任务调度问题来说，随着模拟退火算法初始温度增加，算法求解问题的效果随之改善，算法运行时间也随之增加，但温度超过 200℃ 以上时，解的质量改善不明显。内循环次数在 800～1000 时模拟退火算法求解问题的效果明显得到改善，但随着内循环次数逐步

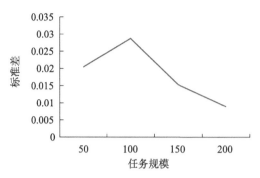

图 4.15   模拟退火算法稳定性分析

增加，解的质量提高不明显，算法运行时间明显增加。随着温度衰减率逐步降低，模拟退火算法求解问题的效果呈现下降趋势，算法运行时间随之缩短。随着外循环次数增加，算法运行时间也呈现逐步增长趋势，但解的质量没有得到明显改善。随着劣质解接收次数增加，模拟退火算法求解问题的效果逐步得到改善。说明劣质解接收次数越多，算法越容易跳出局部最优解，从而得到问题的全局最优解，但是算法的运行时间也随之明显增加。

4.3.6　改进禁忌搜索算法

禁忌搜索算法是对局部邻域搜索的一种扩展，通过设置禁忌表禁忌一些已经搜索得到的问题解，并利用藐视规则释放出被禁忌的较好解，实现全局寻优的算法，禁忌搜索算法的时间复杂度取决于搜索邻域的大小和确定移动的评估代价[12]。由于禁忌搜索算法是对单个解的逐步优化，因此算法执行效率较高。由于禁忌搜索算法采用禁忌表存储部分解集和禁忌规则，从而规避算法在局部最优解附近循环搜索，利用藐视规则来释放一些被禁忌的解，进而保证解空间多样化，跳出局部最优解，最终实现全局优化。禁忌搜索算法的缺点有两个：其一是算法求解质量高度依赖于算法的迭代次数；其二是初始解的好坏对算法搜索性能影响较大。

禁忌搜索算法的相关参数有：邻域、禁忌表、禁忌长度、禁忌对象、候选解、藐视准则、终止准则等。这些参数是影响禁忌搜索算法性能的关键。

1. 算法流程

用禁忌搜索算法求解成像卫星对地观测任务调度问题的基本框架描述如下。

步骤 1：初始化算法参数，禁忌表 table 置为空，临时表 solutions 置为空，随机产生成像数传一体化调度初始解 i_0 作为当前解，即 current _solu=i_0；

步骤 2：判断是否满足终止条件，若满足终止条件，算法停止运行并输出成像数传一体化调度问题最优解；否则，执行步骤 3；

步骤 3：对当前解进行邻域搜索生成一组解存放在临时 solutions 里，从表 solutions 中选择若干候选解；

步骤 4：判断所选候选解 j 的藐视规则是否满足，如果 $f(j) > f(\text{current\_solu})$，则用满足藐视准则候选解 j 替代当前解，即 current_solu $= j$，与候选解 j 对应的禁忌对象替换最早进入禁忌表 table 的禁忌对象，当前最优目标函数值为候选解 j 的目标函数值，然后执行步骤 6，否则，执行步骤 5；

步骤 5：判断候选解对应的对象禁忌属性，选择候选解集中非禁忌对象对应的最佳状态为新的当前解，同时用与之对应的禁忌对象替换最早进入禁忌表的禁忌对象元素；

步骤 6：执行步骤 2。

2. 算法改进

采用固定邻域搜索结构的禁忌搜索算法求解成像数传一体化调度问题，算法运行时间较长且解的质量不够理想。因此，对禁忌搜索算法进行改进，采用改进型和调整型两类邻域搜索结构，增强了算法对解空间的搜索能力和规避局部最优解的能力[13]，使问题的求解性能得到显著提高。

1）邻域结构设计

邻域搜索结构是禁忌搜索算法基本组成要素之一，禁忌搜索算法的改进型就是不断在当前解的邻域中搜索更好的解。固定邻域长度的搜索结构容易使算法陷入局部最优解，而无法对所有解空间搜索，找不到全局最优解。调整型邻域搜索就是在连续搜索几代后，解的效果变化不明显或几乎没有变化，如果未遍历整个解空间，则扩大邻域搜索长度，直到遍历全部解空间，避免陷入局部最优。然后在整个解空间上寻找最优解，缩小邻域搜索长度，采用改进型搜索方式对当前解进行寻优，直至满足终止条件。

针对成像数传一体化调度问题的特点，设计了如下三种不同的邻域构造方法。

（1）插入新观测任务邻域构造方法。该方法就是在满足星上存储容量约束、能量约束、时间窗约束及成像卫星姿态转换时间约束等条件下，向当前解 current_solu 中插入一个待观测任务，该方法能明显提高解的质量。

（2）替换任务邻域构造方法。待观测任务 j 与已安排的观测任务 i 对某一成像卫星有时间窗冲突，任务 j 与任务 i 的侧摆角不同，这两个任务不能同时观测。当待观测任务 j 的优先级高于已观测任务 i 时，在满足相关约束的情况下，

用任务 j 替换任务 i，解的质量得到改善。

（3）交换任务邻域构造方法。该方法就是从当前解 current_solu 中随机选择分属于不同卫星上的两个观测任务，进行交换，对任务交换后的两颗成像卫星重新安排观测任务序列。

前两种邻域构造方法属于改进型邻域搜索，对优化目标有明显改进。调整型邻域搜索通过对任务位置的调整产生新的观测序列，间接地实现对优化目标的改进。

2）禁忌表及禁忌长度

禁忌长度对禁忌搜索算法性能有着重要影响。禁忌长度过长不仅增加了算法计算量，而且降低了算法运行效率；禁忌长度过短，算法易陷入局部循环搜索状态。

因此，针对改进型和调整型两种不同邻域搜索结构，设计改变禁忌长度。即在使用改进型邻域搜索时，采用较短的禁忌长度来实现对以前搜索域的集中搜索，尽快收敛于局部最优解；在使用调整型邻域搜索时，采用较长的禁忌长度，确保搜索范围快速向其他搜索区域扩展，以寻找更好的解。

3）候选解的选择

候选解的数量对禁忌搜索算法性能也有重要影响。首先要确定候选解的数量，然后确定最佳候选解的选取方案。最佳候选解通常是一组候选解中满足藐视准则或非禁忌的最佳状态。

4）藐视规则

藐视规则采用适应度值的形式。若最佳候选解的适应度值优于当前最优解，则该候选解为当前最优解，对应的禁忌对象替换之前进入禁忌表的禁忌对象。

5）终止准则

采用给定的最大迭代步数作为终止准则，结束算法的搜索进程。

改进禁忌搜索算法求解成像卫星对地观测任务调度问题的基本流程描述如下。

步骤1：初始化算法参数，禁忌表 table 置为空，临时表 solutions 置为空，随机产生成像数传一体化调度初始解 i_0 作为当前解，即 current_solu=i_0；

步骤2：判断算法终止条件是否满足，若满足，则结束算法并输出优化结果，否则，执行步骤3；

步骤3：按照改进型邻域和较短禁忌列表长度进行禁忌搜索过程；

步骤4：判断算法终止条件是否满足，若满足，则结束算法并输出优化结果，否则，执行步骤5；

步骤5：按照调整型邻域和较长禁忌列表长度进行禁忌搜索过程；

步骤6：执行步骤2。

3. 仿真结果

改进禁忌搜索算法求解问题相关参数设置如下：迭代次数为 1000、搜索邻域数为 20、禁忌表长度为 20。仿真实验结果如表 4.9 所示。

表 4.9　禁忌搜索算法仿真实验结果

数据规模	禁忌搜索算法平均运行时间/s	最大值	最小值	中值	σ	目标函数平均值
50	36	0.810	0.753	0.787	0.0206	0.783
100	147	0.877	0.823	0.843	0.0169	0.845
150	342	0.901	0.850	0.867	0.0163	0.874
200	752	0.866	0.821	0.853	0.0117	0.851

结论：

(1) 如图 4.16 和图 4.17 所示，在邻域搜索个数为 20、禁忌表长度为 20 情形下，禁忌搜索算法迭代次数的变化对 50、100、150、200 这四个规模问题解的质量影响较大，且对小规模问题影响最大。随着迭代次数增加，三个规模问题解的质量明显得到改善，当迭代次数超过 1000 之后，算法运行时间明显增加，而解的质量改善不明显。

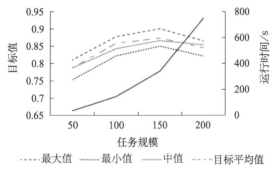

图 4.16　禁忌搜索算法优效性分析

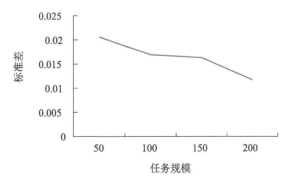

图 4.17　禁忌搜索算法稳定性分析

(2) 在迭代数为 1000、禁忌表长度为 20 的情形下，禁忌搜索算法中邻域搜索次数的设置对解的质量影响。禁忌搜索算法邻域搜索个数的变化对 50、100、150、200 这四个规模问题解的质量影响较大，对小规模问题影响最大。随着邻域搜索个数增加，三个规模问题解的质量明显得到改善。

(3) 在迭代数为 1000、邻域搜索次数为 20 的情形下，禁忌搜索算法中禁忌表长度设置对解的质量影响。禁忌搜索算法中禁忌表长度变化对这四个规模问题解的质量影响较大。随着邻域搜索个数的增加，禁忌表长度的变化对规模为 50 的问题影响最大，而对规模为 100、150 和 200 这三个问题求解质量改善不明显。

4.3.7 四种智能算法对比分析

对以上四个算法进行分析，从目标函数平均值、平均运行时间、标准差这三个方面综合比较各个算法的性能如图 4.18～图 4.23 所示。

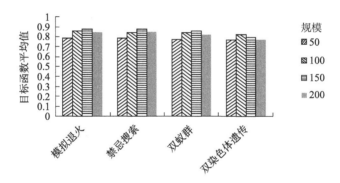

图 4.18 目标函数平均值对比 1

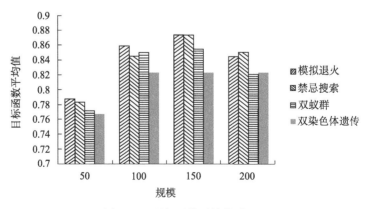

图 4.19 目标函数平均值对比 2

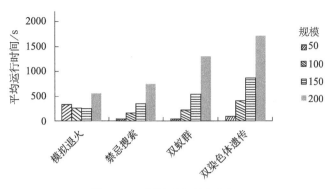

图 4.20　平均运行时间对比 1

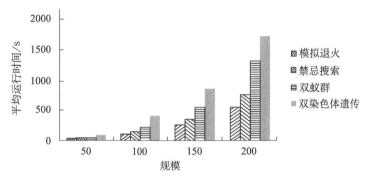

图 4.21　平均运行时间对比 2

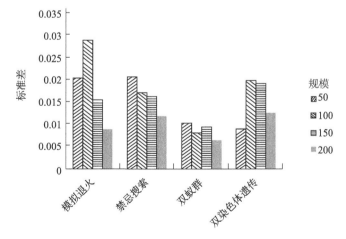

图 4.22　标准差对比 1

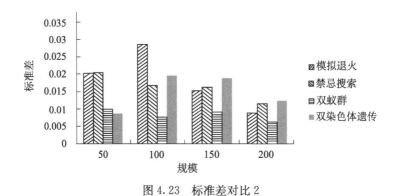

图 4.23 标准差对比 2

结论:

从图 4.18~图 4.23 可得,模拟退火和禁忌搜索在各个任务规模情况下的表现都比其他三个要更优一些,不管是解的质量还是运行时间。双蚁群算法比另外两个遗传算法的变种表现也略优一些,但运行时间也比较长,双染色体遗传算法时间最长;从图 4.22 和图 4.23 可得双蚁群算法表现最稳定,其他几个算法根据不同的任务规模表现略有不稳。

4.4 应急任务调度问题

4.4.1 问题描述

当应急任务到达时,由于应急任务具有高权值和高时效要求,急需地面管控中心对卫星原调度方案快速进行调度,生成新的调度方案,确定地面测控设备的指令上注时间窗、成像任务的观测时间窗和成像数据的下传时间窗,减少扰动造成卫星观测效益的损失,从而满足用户的时间需求,这是一个值得深入研究的问题。特别地,指令上注是指测控站可以在卫星可见时间窗内向卫星发送成像指令,和观测任务一样,指令上注也需要在时间窗口内完成,由于指令上注后才能进行任务成像,因此每次调度产生的方案都是从其后最近测控站开始的。

1. 问题假设

对卫星应急任务调度问题进行一些假设:①每个观测任务占用的星上存储容量相同,卫星的存储量按成像任务个数统计;②卫星经过地面站时都进行数据下传,下传时长为可见时间窗时长,下传后清空存储;③应急任务调度完成后卫星经过首个测控站都进行指令上注,且上注时间窗为可见时间窗时长。

2. 问题处理流程

针对应急任务调度问题,提出了一种基于滚动时域策略的调度算法,用于处理到达的应急任务。如图 4.24 所示，首先在调度之前进行时间窗满足筛选，获得滚动时域区间且满足任务要求的时间窗，然后建立卫星任务调度模型，以最大化完成任务总权值和应急任务总提前完成时间为目标函数，最后设计了一种包括直接插入、移位插入、回溯插入、删除插入和再插入策略的调度算法（ISBDR算法），进行快速应急任务调度，生成局部调整方案。由于应急任务动态到达，因此调度过程可以循环调用。

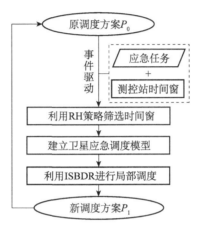

图 4.24　卫星应急任务调度算法流程

4.4.2　应急任务调度模型

卫星应急任务调度就是调度卫星资源合理地执行与测控站资源、地面站资源和观测任务之间的时间窗，从而实现目标函数的最大化。综上所述，卫星应急任务调度问题包括五部分：任务、资源、时间窗、目标函数和约束。

1. 任务

每次调度都处理两类任务：应急任务和常规任务。这些任务可能是上次卫星调度中未能调度的任务，也可能是在卫星执行调度方案过程中动态到达的任务，其中到达的任务数量和时间是未知的，只是应急任务拥有较高的权重和较短的任务完成期限，用户希望在完成期限内获得任务观测结果。

（1）应急任务：$DET=\{t_1, \cdots, t_{N_{DET}}\}$ 表示已调度的应急任务集合，$ET=\{t_{N_{DET}+1}, \cdots, t_{N_{DET}+N_{ET}}\}$ 表示未调度的应急任务集合，N_{DET} 和 N_{ET} 分别表示已调度应急任务和未调度应急任务的数量，每一个应急任务 $t_i \in DET \cup ET$ 可以通过 $t_i=(tv_i, d_i, ar_i, dl_i)$ 表示，其中 t_i 表示应急任务 i，tv_i 表示任务权重，d_i 表示任务观测持续时间，ar_i 表示任务到达时间，dl_i 表示任务完成期限。

（2）常规任务：$\{t_{N_{DET}+N_{ET}+1}, \cdots, t_{N_{DET}+N_{ET}+N_{DGT}}\}$ 表示已调度的常规任务，$GT=\{t_{N_{DET}+N_{ET}+N_{DGT}+1}, \cdots, t_{N_{DET}+N_{ET}+N_{DGT}+N_{GT}}\}$ 表示未调度的常规任务集合，

为了统一表示，这里常规任务 $t_i \in \text{DGT} \cup \text{GT}$ 也用 $t_i = (\text{tv}_i, d_i, \text{ar}_i, \text{dl}_i)$ 表示，所不同的是，dl_i 是一个极大的值。

2. 资源

调度涉及了测控站资源、卫星资源和地面站资源，分别用 $C = \{c_1, \cdots, c_m, \cdots, c_{N_C}\}$ 表示测控站集合，$S = \{s_1, \cdots, s_j, \cdots, s_{N_S}\}$ 表示卫星集合，$G = \{g_1, \cdots, g_k, \cdots, g_{N_G}\}$ 表示地面站集合，$c_m \in C$ 表示测控站，$s_j \in S$ 表示卫星，$g_k \in G$ 表示地面站。

3. 时间窗

由于本调度综合考虑了任务、测控站资源、卫星资源和地面站资源，因此时间窗类型存在多种，$\text{CW}_m = \{\text{CW}_{m1}, \cdots, \text{CW}_{mj}, \cdots, \text{CW}_{mN_S}\}$ 表示测控站 c_m 的可见时间窗集合，其中 $\text{CW}_{mj} = \{\text{CW}_{mj}^1, \cdots, \text{CW}_{mj}^c, \cdots, \text{CW}_{mj}^{N_{\text{CW}_{mj}}}\}$ 表示测控站 c_m 在卫星 s_j 上的可见时间窗集合，$N_{\text{CW}_{mj}}$ 是测控站 c_m 与卫星 s_j 的可见时间窗总数，$\text{CW}_{mj}^c = (\text{ws}_{mj}^c, \text{we}_{mj}^c)$ 表示测控站 c_m 与卫星 s_j 的第 c 个可见时间窗，ws_{mj}^c 是开始时间，we_{mj}^c 是结束时间；$\text{TW}_i = \{\text{TW}_{i1}, \cdots, \text{TW}_{ij}, \cdots, \text{TW}_{iN_S}\}$ 表示任务 t_i 的可见时间窗集合，$\text{TW}_{ij} = \{\text{TW}_{ij}^1, \cdots, \text{TW}_{ij}^a, \cdots, \text{TW}_{ij}^{N_{\text{TW}_{ij}}}\}$ 表示目标 t_i 在卫星 s_j 上的可见时间窗集合，$N_{\text{TW}_{ij}}$ 是目标 t_i 与卫星 s_j 的可见时间窗总数，$\text{TW}_{ij}^a = (\text{ws}_{ij}^a, \text{we}_{ij}^a)$ 表示目标 t_i 与卫星 s_j 的第 a 个时间窗，ws_{ij}^a 是开始时间，we_{ij}^a 是结束时间；$\text{GW}_k = \{\text{GW}_{k1}, \cdots, \text{GW}_{kj}, \cdots, \text{GW}_{kN_S}\}$ 表示地面站 g_k 的可见时间窗集合，其中 $\text{GW}_{kj} = \{\text{GW}_{kj}^1, \cdots, \text{GW}_{kj}^b, \cdots, \text{GW}_{kj}^{N_{\text{GW}_{kj}}}\}$ 表示地面站 g_k 在卫星 s_j 的可见时间窗集合，$N_{\text{GW}_{kj}}$ 是地面站 g_k 与卫星 s_j 的可见时间窗总数，$\text{GW}_{kj}^b = (\text{ws}_{kj}^b, \text{we}_{kj}^b)$ 是地面站 g_k 与卫星 s_j 的第 b 个时间窗，ws_{kj}^b 是开始时间，we_{kj}^b 是结束时间。

4. 目标函数

目标函数包含完成任务总权值和应急任务提前完成总时间两部分内容，目标函数的数学表示为

$$\max(V \times \text{TTV} + T \times \text{TLT}) \tag{4.58}$$

其中完成任务总权值 $\text{TTV} = \left(\sum\limits_{i=1}^{N_T} \sum\limits_{j=1}^{N_S} \sum\limits_{a=1}^{N_{\text{TW}_{ij}}} x_{ij}^a \times \text{tv}_i\right) / \sum\limits_{i=1}^{N_T} \text{tv}_i$，$N_T = N_{\text{DGT}} + N_{\text{DET}} + N_{\text{ET}} + N_{\text{GT}}$，应急任务提前完成总时间 $\text{TLT} = \sum\limits_{i=1}^{N_{\text{DET}} + N_{\text{ET}}} \left(\sum\limits_{j=1}^{N_S} \sum\limits_{k=1}^{N_G} \sum\limits_{b=1}^{N_{\text{GW}_{kj}}} \sum\limits_{\forall \text{TW}_{ij}^a \in \text{ETW}_{kj}^b} (\text{dl}_i - \text{te}_{kj}^b) \times x_{ij}^a\right) / (\text{dl}_i - T_m)$，$T_m$ 是第 m 次调度时间，x_{ij}^a 是任务 t_i 是否被调度的决策变量，即

$$x_{ij}^a = \begin{cases} 1, & \text{表示目标 } t_i \text{ 在卫星 } s_j \text{ 的第 } a \text{ 个时间窗被观测} \\ 0, & \text{其他} \end{cases} \tag{4.59}$$

其中 te_{kj}^b 是地面站 g_k 与卫星 s_j 的第 k 时间窗观测结束时间，在本调度中，没有设置卫星与地面站数据传输时长，因此，令 $\text{te}_{kj}^b = \text{we}_{kj}^b$。

ETW$_{kj}^b$ 是地面站 g_k 在卫星 s_j 上第 b 个时间窗到前一个距此卫星最近的地面站时间窗之间的应急任务时间窗集合，如图 4.25 所示，卫星 s_j 的任务执行序列中地面站 g_k 在卫星 s_j 上第 b 个时间窗到前一个距此卫星最近的地面站时间窗 GW$_{kj}^{b'}$ 之间的应急任务时间窗集合有三个应急任务时间窗。

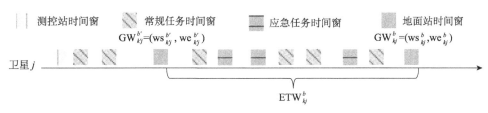

图 4.25　ETW$_{kj}^b$ 集合示意图

5. 约束

本调度存在一些复杂的约束条件。

(1) 每个成像任务最多只能被执行一次，每个地面站时间窗也都要被执行，每个测控站时间也要被执行。

$$C_1: \begin{cases} \sum_{j=1}^{N_S} \sum_{a=1}^{N_{TW_{ij}}} x_{ij}^a \leqslant 1, & \forall i \in \{1, \cdots, N_T\} \\ y_{kj}^b = 1, & \forall j \in \{1, \cdots, N_S\}, \quad k \in \{1, \cdots, N_G\}, \quad b \in \{1, \cdots, N_{GW_{kj}}\} \\ z_{mj}^c = 1, & \forall j \in \{1, \cdots, N_S\}, \quad k \in \{1, \cdots, N_C\}, \quad c \in \{1, \cdots, N_{CW_{kj}}\} \end{cases}$$
(4.60)

y_{kj}^b 是一个决策变量，决定地面站时间窗是否被执行：

$$y_{kj}^b = \begin{cases} 1, & \text{表示地面站 } g_k \text{ 在卫星 } s_j \text{ 的第 } b \text{ 个时间窗接收数据} \\ 0, & \text{其他} \end{cases}$$
(4.61)

z_{mj}^c 是一个决策变量，决定测控站时间窗是否被执行：

$$z_{mj}^c = \begin{cases} 1, & \text{表示测控站 } c_m \text{ 在卫星 } s_j \text{ 的第 } c \text{ 个时间窗发送数据} \\ 0, & \text{其他} \end{cases}$$
(4.62)

(2) 同一颗卫星先后两个执行时间窗不能有重叠

$$C_2: \begin{cases} x_{uj}^p + x_{vj}^q \leqslant 1, & u \neq v \in \{1, \cdots, N_T\}, \quad j \in \{1, \cdots, N_S\}, \quad p \in \{1, \cdots, N_{TW_{uj}}\} \\ & q \in \{1, \cdots, N_{TW_{vj}}\}, \quad [ts_{uj}^p, te_{uj}^p] \bigcap [ts_{vj}^q, te_{vj}^q] \neq \varnothing \\ x_{uj}^p + y_{vj}^q \leqslant 1, & u \in \{1, \cdots, N_T\}, \quad v \in \{1, \cdots, N_G\}, \quad j \in \{1, \cdots, N_S\}, \quad p \in \{1, \cdots, N_{TW_{uj}}\} \\ & q \in \{1, \cdots, N_{GW_{vj}}\}, \quad [ts_{uj}^p, te_{uj}^p] \bigcap [ts_{vj}^q, te_{vj}^q] \neq \varnothing \\ x_{uj}^p + z_{vj}^q \leqslant 1, & u \in \{1, \cdots, N_T\}, \quad v \in \{1, \cdots, N_C\}, \quad j \in \{1, \cdots, N_S\}, \quad p \in \{1, \cdots, N_{TW_{uj}}\} \\ & q \in \{1, \cdots, N_{TW_{vj}}\}, \quad [ts_{uj}^p, te_{uj}^p] \bigcap [ts_{vj}^q, te_{vj}^q] \neq \varnothing \end{cases}$$
(4.63)

其中 ts_{uj}^{p} 表示目标 t_u 在卫星 s_j 上第 p 时间窗执行开始时间。

（3）每个任务执行时间窗必须在可见时间窗内。

$$C_3 : \begin{cases} x_{uj}^{p} \times (\text{ts}_{uj}^{p} - \text{ws}_{uj}^{p}) \geqslant 0, & \forall u \in \{1, \cdots, N_T\}, \ j \in \{1, \cdots, N_S\} \\ x_{uj}^{p} \times (\text{we}_{uj}^{p} - d_u - \text{ws}_{uj}^{p}) \geqslant 0, & p \in \{1, \cdots, N_{\text{TW}_{uj}}\} \end{cases}$$

$$(4.64)$$

（4）每个卫星在执行任务的过程中存储量不能超过其最大存储量。

$$C_4 : \Big\{ \sum_{\forall \text{TW}_{ij}^a \in \text{TW}_j^d} (x_{ij}^a \times \text{td}_i) \leqslant \text{ms}_j, \ \forall j \in \{1, \cdots, N_S\}, \ d \in \{1, \cdots, \sum_{k=1}^{N_G}, N_{\text{GW}_{kj}}\} \Big\}$$

$$(4.65)$$

其中 ms_j 表示卫星 s_j 的最大存储量，td_i 表示任务 t_i 产生的存储量；TW_j^d 表示卫星 s_j 上第 $d-1$ 个地面站开始时间到第 d 个地面站开始时间之间的时间窗集合，如图 4.26 所示。

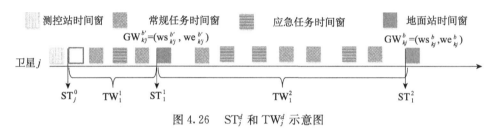

图 4.26 ST_j^d 和 TW_j^d 示意图

4.4.3   应急任务调度算法

依据应急任务动态到达的特性，设计了一种应急任务调度算法，集成了滚动时域可实时调度的优点和启发式算法局部修改的优点，实现了对应急任务快速、有效的处理。

1. 滚动时域策略

设计的滚动时域策略是基于应急任务到达事件和测控站时间窗驱动的策略，能够及时处理动态到达的应急任务，减少任务调度问题规模。如图 4.27 所示，$T_{1,1}$，$T_{1,2}$，$T_{1,3}$，$T_{2,1}$ 和 $T_{2,2}$ 为测控站时间窗开始时刻，$T_{1,1}$ 之前有应急任务到达，因此会驱动调度算法对卫星 1 在 $T_{1,1}$ 时刻至 End _ Time$_1$ 时刻和卫星 2 在 $T_{2,1}$ 时刻至 End _ Time$_2$ 时刻进行调度，同理，$T_{2,1}$ 和 $T_{1,2}$ 时刻之间有应急任务到达，进行同样的调度，从而实现卫星任务调度时域的滚动，而 $T_{1,1}$ 和 $T_{2,1}$ 时刻之间没有应急任务到达，不进行调度。通过此策略可以实现应急任务的快速处理。

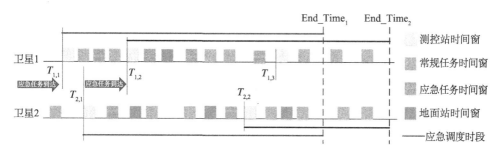

图 4.27　应急滚动时域示意图

为了保证任务在当前滚动时域内进行调度，并在任务完成期限之前完成，在每次进行调度前，都进行时间窗筛选，减少当前滚动时域调度的复杂性。

如图 4.28 所示，在 $T_{1,1}$ 时刻之前进行调度时，需要对每个任务 $t_i \in N_T$ 进行时间窗筛选，首先找到卫星 1 上调度时刻 $T_{1,1}$ 后，向最近的时间窗 CW_{m1}^l 上注，然后在任务 t_i 完成期限前，向最近的时间窗 GW_{k1}^l 下传，对于卫星 2 进行同样的操作，任务 t_i 的所有时间窗集合 $\{\{TW_{i1}^1,\ TW_{i1}^2,\ TW_{i1}^3\},\ \{TW_{i2}^1,\ TW_{i2}^2,\ TW_{i1}^3,\ TW_{i2}^4\}\}$ 经过筛选策略后，获得任务 t_i 时间窗集合 $\{\{TW_{i1}^1\},\ \{TW_{i2}^1,\ TW_{i2}^2\}\}$。

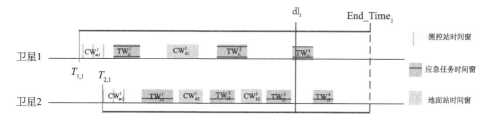

图 4.28　时间窗筛选示意图

2. ISBDR 算法

根据卫星应急任务调度的目标和约束，设计了 ISBDR 算法和两种启发式因子，进行应急任务快速调度。

1）冲突任务与冲突

冲突任务是指导致待插入任务无法直接插入的任务，可以分为两类：第一类是与待插入任务有时间窗重叠的任务；第二类是它们的执行时间窗与待插入任务有相同的前一地面站时间窗和后一地面站时间窗，并且致使卫星满载的任务。

冲突是指冲突任务的组合，删除一个冲突后就可以插入任务。

如图 4.29 所示，假设卫星最大存储量为 5 个任务，则任务 t_i 在卫星 1 的时间窗 $(ws_{i1}^a,\ we_{i1}^a)$ 内拥有可插入空间，因此任务 t_i 在卫星 1 上不存在时间窗冲突，只存在存储冲突，其中冲突任务集合为 $\{t_1,\ t_2,\ t_3,\ t_4,\ t_5\}$，冲突集合为 $\{\{t_1\},\ \{t_2\},\ \{t_3\},\ \{t_4\},\ \{t_5\}\}$，同理，任务 t_i 在卫星 2 上的冲突任务集合为 $\{t_8,\ t_9\}$，冲突集合为 $\{\{t_8,\ t_9\},\ \{t_9\}\}$。

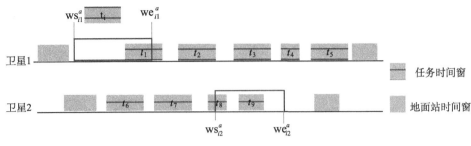

图 4.29　冲突任务和冲突示意图

2）启发式因子

为了更好地指导 ISBDR 算法进行应急任务调度，设计了用于指导未调度应急任务集合排序的应急任务紧急程度和用于指导删除任务选择的冲突度。

（1）应急任务 t_i 的紧急程度 $\delta_i = \dfrac{\text{tv}_i}{\max_{i' \in \{1,\cdots,N_{\text{ET}}+N_{\text{DET}}\}}\{\text{tv}_{i'}\}} \Big/ \dfrac{\text{dl}_i - T_k}{\max_{i' \in \{1,\cdots,N_{\text{ET}}+N_{\text{DET}}\}}\{\text{dl}_{i'} - T_k\}}$。

根据 δ_i 值的大小，对应急任务从高到低排序，能够使得离任务完成期限较近和任务权值较大的应急任务尽早被安排。

（2）任务 t_i 的冲突度

$$\psi_i = \begin{cases} \dfrac{\text{NT}_i}{N_{\text{TW}_i}} \times \dfrac{\text{tv}_i}{\max_{i' \in \{1,\cdots,N_T\}}\{\text{tv}_{i'}\}}, & \text{NT}_i \geqslant N_{\text{TW}_i} \\[3mm] 1 \times \dfrac{\text{tv}_i}{\max_{i' \in \{1,\cdots,N_T\}}\{\text{tv}_{i'}\}}, & \text{NT}_i \leqslant N_{\text{TW}_i} \end{cases}$$

其中，NT_i 是指任务 t_i 时间窗的冲突任务个数。当需要删除冲突进行新任务插入时，则根据任务冲突度 ψ_i 的值，选择冲突中冲突任务的冲突度较大的值作为此冲突的冲突度，在冲突集合中选择冲突度较小的冲突删除，进行新任务插入，从而保证删除的冲突任务能够以较大的可能性再次被调度。

3）算法策略

ISBDR 算法包括直接插入策略、移位插入策略、回溯插入策略、删除插入策略和再插入策略。

（1）直接插入策略。

在调度方案中，当任务所有可见时间窗具有能够满足任务执行时间长度的空闲时间段时，对任务进行直接插入操作，如图 4.30 所示。

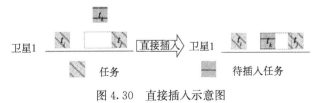

图 4.30　直接插入示意图

（2）移位插入策略。

在调度方案中，当无法进行直接插入时，对任务前后的任务进行时间在其可见时间窗内向前、向后移动，然后计算此任务时间窗内空闲时间段的长度，如果满足任务执行的时间长度，则进行插入操作，如图 4.31 所示。

图 4.31　移位插入示意图

（3）回溯插入策略。

在调度方案中，计算出任务所有的冲突任务，并且进行冲突任务组合，形成冲突，然后遍历冲突。如果冲突中的任务都可以在其他时间窗内直接插入，则待插入任务对冲突进行替换，并对替换出来的冲突进行重新插入，如图 4.32 所示。

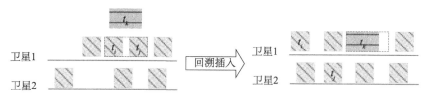

图 4.32　回溯插入示意图

（4）删除插入策略。

在调度方案中，选择待插入任务冲突中冲突任务权值之和比待插入任务权值小，且冲突度最小的冲突进行删除，然后对待插入任务进行插入，如图 4.33所示。

图 4.33　删除插入示意图

（5）再插入策略。

将所有删除插入策略删除的任务都添加到待插入任务集，在遍历待插入任务集过程中，进行任务重新插入。

4）ISBDR 算法步骤

输入：原调度方案 P_0，已调度应急任务集合 DET，应急任务集合 ET，已调度常规任务集合 DGT，常规任务集合 GT，任务时间窗集合 TW

输出：新调度方案 P_1

步骤 1：针对 $t_i \in$ ET，计算 δ_i，并按照 δ_i 从大到小排序 ET；

步骤 2：遍历 ET，针对每个任务 $t_i \in$ ET；

步骤 3：遍历任务 $t_i \in$ ET 的时间窗 TW_i，针对每一个时间窗 $\text{TW}_{ij}^a = [\text{ws}_{ij}^a，\text{we}_{ij}^a]$；

步骤 4：计算最早数据下传时间 $\text{TW\_we}_i \leftarrow \min\{\text{we}_{kj}^b \mid \text{we}_{ij}^a < \text{we}_{kj}^b，\text{we}_{kj}^b \in \text{GW}\}$；

步骤 5：依据 TW_we_i 对时间窗 TW_i 从早到晚排序；

步骤 6：如果任务 t_i 可以通过策略 Ⅰ，插入 P_0，则将任务 t_i 插入 P_0，并从 ET 删除任务 t_i，进入步骤 2；

步骤 7：如果任务 t_i 可以通过策略 Ⅱ，插入 P_0，则前后移动冲突任务，将任务 t_i 插入 P_0，从 ET 删除任务 t_i，进入步骤 2；

步骤 8：如果任务 t_i 可以通过策略 Ⅲ，插入 P_0，则将冲突任务插入到其他时间窗，然后将任务 t_i 插入 P_0，并从 ET 删除任务 t_i，进入步骤 2；

步骤 9：如果任务 t_i 可以通过策略 Ⅳ 插入 P_0，则删除冲突任务，将任务 t_i 插入 P_0，并从 ET 删除任务 t_i，进入步骤 2；

步骤 10：与应急任务插入类似，通过策略 Ⅰ～Ⅳ，将常规任务 $t_i \in$ GT 插入 P_0，且无须使用启发式因子，形成新调度方案 P_1。

通过算法步骤，可估计 ISBDR 算法的时间复杂度。假设 N'_{TW} 表示任务、地面站和测控站中时间窗数量最大值。第 1 行中时间复杂度为 $O(N_{\text{ET}} + N_{\text{DET}} + N_{\text{ET}}^2)$，第 2、3、4 行中时间复杂度为 $O((N_{\text{ET}} + N_{\text{DET}}) \times N'_{\text{TW}} \times N_G \times N'_{\text{TW}})$，第 2、5 行中时间复杂度为 $O((N_{\text{ET}} + N_{\text{DET}}) \times (N'_{\text{TW}})^2)$，第 2、6、7 行中时间复杂度为 $O((N_{\text{ET}} + N_{\text{DET}}) \times N'_{\text{TW}})$，第 2、8、9 行中时间复杂度为 $O((N_{\text{ET}} + N_{\text{DET}}) \times N'_{\text{TW}})$，第 2、10、11 行中时间复杂度为 $O((N_{\text{ET}} + N_{\text{DET}}) \times (N'_{\text{TW}})^2)$，第 2、12、13 行中时间复杂度为 $O((N_{\text{ET}} + N_{\text{DET}}) \times N'_{\text{TW}})$，因此第 1～13 行中时间复杂度为 $O((N_{\text{ET}} + N_{\text{DET}}) \times N_G \times (N'_{\text{TW}})^2)$。由于未调度常规任务与插入应急任务有相同的步骤，因此第 14 行中时间复杂度为 $O((N_{\text{GT}} + N_{\text{DGT}}) \times N_G \times (N'_{\text{TW}})^2)$。总时间复杂度为 $O((N_{\text{ET}} + N_{\text{DET}} + N_{\text{GT}} + N_{\text{DGT}}) \times N_G \times (N'_{\text{TW}})^2) = O(N_T \times N_G \times (N'_{\text{TW}})^2)$。

4.4.4 数值实验与讨论

通过实验对调度算法进行了仿真测试，并与 ISDR 算法进行对比实验，对实验结果分析总结。

1. 实验设计

为了证明提出算法的有效性，仿真生成 20 颗卫星，如表 4.10 所示。另外，假设每颗卫星最大存储量为 30 个任务，满载时必须通过地面站下传数据后才能进行继续观测。

表 4.10　卫星参数

卫星编号	卫星名称	卫星传感器名称	传感器最大侧摆角度/ (°)	远地点半径/km	近地点半径/km
0	FENGYUN _ 1D _ 27431	FY1D _ Sensor1	35	872	851
1	FENGYUN _ 3A _ 32958	FY3A _ Sensor1	25	827	826
2	GAOFEN _ 1 _ 39150	GF1 _ Sensor1	25	652	628
3	GAOFEN _ 2 _ 40118	GF2 _ Sensor1	35	633	621
4	YAOGAN _ 12 _ 37875	YG12 _ Sensor1	30	491	488
5	YAOGAN _ 13 _ 37941	YG13 _ Sensor1	25	514	511
6	YAOGAN _ 14 _ 38257	YG14 _ Sensor1	25	479	471
7	YAOGAN _ 15 _ 38354	YG15 _ Sensor1	25	1206	1196
8	YAOGAN _ 16A _ 39011	YG16A _ Sensor1	25	1162	1018
9	YAOGAN _ 17A _ 39239	YG17A _ Sensor1	35	1184	997
10	YAOGAN _ 18 _ 39363	YG18 _ Sensor1	25	514	510
11	YAOGAN _ 19 _ 39410	YG19 _ Sensor1	30	1207	1201
12	YAOGAN _ 20A _ 40109	YG20A _ Sensor1	25	1122	1059
13	YAOGAN _ 21 _ 40143	YG21 _ Sensor1	25	498	482
14	YAOGAN _ 22 _ 40275	YG22 _ Sensor1	25	1207	1198
15	YAOGAN _ 23 _ 40305	YG23 _ Sensor1	30	513	511
16	YAOGAN _ 24 _ 40310	YG24 _ Sensor1	25	651	628
17	YAOGAN _ 25A _ 40338	YG25A _ Sensor1	30	1105	1076
18	YAOGAN _ 26 _ 40362	YG26 _ Sensor1	30	491	484
19	YAOGAN _ 27 _ 40878	YG27 _ Sensor1	25	1207	1193

在地球表面生成 6 个测控站和 4 个地面站，如表 4.11 和表 4.12 所示。随机生成 400、600、800、1000 个不同规模的常规任务集合和 20、40、60、80 个不同规模的应急任务集合。不失一般性，常规任务的权值在 [0，1] 范围内随机分布，应急任务的权值在 [1，2] 范围内随机分布，任务观测持续时间在 [10s，30s] 内随机分布。

表 4.11　测控站参数

测控站编号	测控站名称	测控站经度/ (°)	测控站纬度/ (°)	测控站高度/km
0	KUNMING	102.59	24.97	0
1	HAERBIN	126.848	45.67	0

测控站编号	测控站名称	测控站经度/（°）	测控站纬度/（°）	测控站高度/km
2	CHENGDU	104.04	31.26	0
3	GUANGZHOU	113.401	23.08	0
4	HANGZHOU	120.103	30.35	0
5	LASA	91.121	29.65	0

表 4.12　地面站参数

地面站编号	地面站名称	地面站经度/（°）	地面站纬度/（°）	地面站高度/（°）
0	BEIJING	116.595	39.04	0
1	CHANGSHA	113.037	28.25	0
2	TAIYUAN	112.585	37.82	0
3	WULUMUQI	87.395	43.86	0

对 2017-4-22 00：00：00.00～2017-4-25 00：00：00.00 调度时域进行 48h 滚动时域调度。在调度之前对每个任务、每个测控站和每个地面站计算时间窗。然后利用遗传算法对不同规模的常规任务进行初始调度，生成四组初始调度方案。

2. 滚动时域策略分析

针对原调度时域内的时间窗进行滚动时域策略筛选，基于第一个测控站时间窗筛选的结果如图 4.34 所示。其中常规任务时间窗和地面资源时间窗经过滚动时域策略筛选大约减少了 1/3，应急任务时间窗减少得较为剧烈，大约变为原时间窗数量的 1/4，这是因为应急任务不仅有测控站约束，还有完成截止日期要求。因此，滚动时域策略大量减少了时间窗数量，降低了调度问题规模。

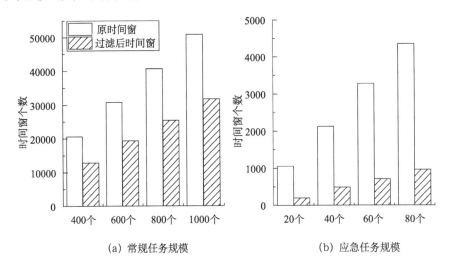

(a) 常规任务规模　　　　　　　　　　(b) 应急任务规模

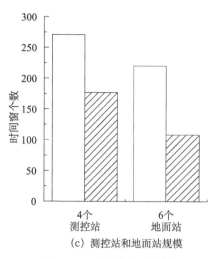

(c) 测控站和地面站规模

图 4.34　时间窗筛选结果

3. 启发式算法分析

为了对 ISBDR 算法效果进行分析，针对四组初始调度方案分别利用 ISBDR 算法、ISDR 算法进行了四组不同应急任务规模调度实验，如表 4.13 所示。

表 4.13　实验数据

初始调度方案		突发事件	实验算法
卫星规模/颗	常规任务规模/个	应急任务规模/个	
20	400	20、40、60、80	ISBDR、ISDR
	600		
	800		
	1000		

在实验中，对算法运行时间、目标函数、完成任务总权值和数量、完成应急任务总权值和数量、应急任务提前完成总时间进行了统计，分析不同算法效率。

算法运行时间统计如图 4.35 所示，ISBDR 算法最长运行时间小于 70s，与 ISDR 算法运行时间相近，这表明 ISBDR 算法具有高效处理应急任务调度的能力，能够满足用户对调度的需求，ISDR 算法由于缺少回溯插入策略，虽然减少了对插入任务深度搜索的时间，但是增加了执行删除策略的机会，增加了待插入任务的数量，会导致插入任务的时间更长，因此算法运行时间也会变长。此外，每个算法运行时间总体呈现出随着任务规模增加而增长的趋势，这说明当任务规模变大时任务之间冲突程度会增加，从而需要花费更多的计算时间来消除冲突。

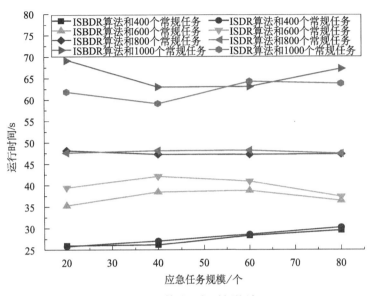

图 4.35　算法运行时间统计

　　算法运行目标函数值如图 4.36 所示，目标函数包含完成任务总权值和应急任务提前完成总时间两部分内容，两种算法的目标函数值都随着初始调度方案调度的任务量或应急任务数量的增加而减小，说明当任务规模变大时，任务之间的冲突急剧增加了，任务插入机会减少了。ISBDR 算法在四种应急任务规模 16 组实验下都一直优于 ISDR 算法，说明 ISBDR 算法具有较强的搜索最优解的能力，能够较好地调度应急任务以及未调度的常规任务。

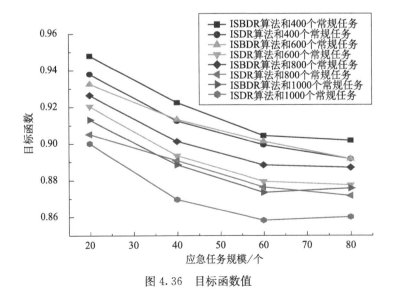

图 4.36　目标函数值

　　完成任务总权值和数量、完成应急任务总权值和数量以及应急任务提前完成总时间如表 4.14 所示。ISBDR 算法的完成任务总权值和数量、应急任务提前完成总时间完全优于 ISDR 算法，说明前者具有较强的任务冲突消解能力，从而能够安排更多的任务，对于应急任务，前者能够充分消解可见时间窗内的冲突，便于应急任务插入较早完成时间的可见时间窗内。就完成应急任务总权重和总数量而言，两者无差别。

表 4.14　实验结果

统计项	完成任务总权值		完成任务总数量/个		完成应急任务总权值		完成应急任务总数量/个		应急任务提前完成总时间/s	
	ISBDR	ISDR	ISBDR	ISDR	ISBDR	ISDR	ISBDR	ISDR	ISBDR	ISDR
20~400	155.694	155.306	411	410	33.519	33.519	20	20	963500	913837
40~400	187.355	186.910	429	427	65.482	65.482	39	39	1988093	1870252
60~400	216.244	215.806	445	443	95.050	95.050	57	57	2769542	2694203
80~400	246.844	246.177	462	460	125.708	125.708	75	75	3836727	3606310
20~600	214.249	214.242	593	592	33.519	33.519	20	20	927043	852168
40~600	245.635	245.614	610	608	65.482	65.482	39	39	1963499	1674982
60~600	274.048	273.996	624	622	95.050	95.050	57	57	2813932	2354263
80~600	303.039	302.876	641	637	124.041	124.041	74	74	3763401	3368258
20~800	269.702	269.275	766	765	33.519	33.519	20	20	960357	835465
40~800	300.988	300.222	781	780	65.482	65.482	39	39	1925611	1800719
60~800	329.113	328.448	796	792	95.050	95.050	57	57	2698694	2475511
80~800	359.537	358.851	812	808	125.708	125.708	75	75	3698408	3301407
20~1000	323.420	321.856	935	926	33.519	33.519	20	20	945258	887000
40~1000	354.063	352.471	950	942	65.482	65.482	39	39	1897306	1672188
60~1000	382.226	380.508	965	955	95.050	95.050	57	57	2566006	2314756
80~1000	412.148	410.565	980	971	125.708	125.708	75	75	3619846	3252925

4. 启发式因子分析

　　针对具有启发式因子和无启发式因子的 ISBDR 算法进行对比实验，分析启发式因子对应急任务调度的指导作用和意义。

　　有无启发式因子的 ISBDR 算法运行目标函数统计如图 4.37 所示。前者的目标函数整体优于后者，并且前者的目标函数随着应急任务数量增加越来越优于后者。在应急任务数量较少时，两者调度应急任务权值和数量无差别，当应急任务数量较大时，前者优于后者，并且前者的应急任务提前完成总时间总体上也优于后者。说明设计的应急任务紧急程度能够较好地指导时间窗较少且较接近任务完成期限的应急任务，并提前安排，增加总体应急任务提前完成时间，减少方案中任务逐渐增多造成的冲突，同时在执行删除插入策略时，能够利用冲突度启发式因子计算出任务冲突的冲突度，从而删除冲突度较小的任务冲突，保证冲突中任务拥有较多再次插入调度方案的机会。

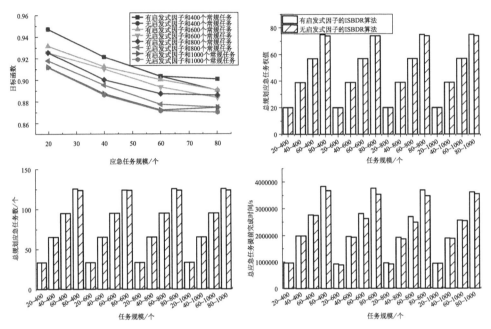

图 4.37　启发因子对 ISBDR 算法影响分析图

4.5　本章小结

本章首先分析了成像卫星对地观测的行为特征，给出了卫星、任务、地面站等元素的形式化描述。其次，根据观测任务的地理位置相近属性，研究了观测任务的合成问题，建立任务合成观测调度二次调度数学模型，设计了分支定价精确算法用于问题求解。

针对成像卫星对地观测任务调度涉及的任务成像与数据下传两个过程，建立了成像数传一体化调度模型，设计了新的双染色体遗传算法、双蚁群算法、模拟退火算法和禁忌搜索算法，对求解多星多地面站一体化对地观测任务调度问题进行求解，给出了相应的编码方式、约束处理方式和迭代机制，描述了算法的详细流程。通过数值实验，对上述算法的求解特征及求解调度问题的适应性进行了分析，获得了各算法求解调度问题的若干一般性结论。

分析了应急调度问题处理流程，建立了应急调度问题优化模型，最大化完成了任务总权值和应急任务提前完成总时间。设计了一种应急任务调度算法，集成了滚动时域可实时调度的优点和启发式算法局部修改的优点，实现了对应急任务快速、有效的处理。

参 考 文 献

[1] Paradiso R，Roberti R，Laganá D，et al. An exact solution framework for multitrip vehicle-routing problems with time windows [J]. Operations Research，2020，68 (1)：180-198.

[2] Gilmore P C，Gomory R E. A linear programming approach to the cutting stock problem [J] . Operations Research，1961，9 (6)：849-859.

[3] Angelos G，Angelos T，Wolfram W. A primal-dual lifting scheme for two-stage robust optimization [J]. Operations Research，2020，68 (2)：572-590.

[4] Bhasin H，Behal G，Aggarwal N，et al. On the applicability of diploid genetic algorithms in dynamic environments [J]. Soft Computing，2016，20 (19)：3403-3410.

[5] 章密，胡笑旋. 基于遗传算法的多星调度方法 [J]. 合肥工业大学学报（自然科学版），2017，40 (7)：995-999，1008.

[6] 章密. 基于遗传算法的卫星对地观测与数据下传集成调度问题研究 [D]. 合肥：合肥工业大学，2017.

[7] Ting C J，Chen C H. A multiple ant colony optimization algorithm for the capacitated location routing problem [J]. International Journal of Production Economics，2013，141 (1)：34-44.

[8] 余堃. 成像卫星调度问题研究 [D]. 合肥：合肥工业大学，2018.

[9] Kalai A T，Vempala S. Simulated annealing for convex optimization [J]. Mathematics of Operations Research，2006，31 (2)：253-266.

[10] Rosen S L，Harmonosky C M. An improved simulated annealing simulation optimization method for discrete parameter stochastic systems [J]. Computers & Operations Research，2005，32 (2)：343-358.

[11] 卢宇婷，林禹攸，彭乔姿，等. 模拟退火算法改进综述及参数探究 [J]. 大学数学，2015，31 (6)：96-103.

[12] Ho S C，Haugland D. A tabu search heuristic for the vehicle routing problem with time windows and split deliveries [J]. Computers & Operations Research，2004，31 (12)：1947-1964.

[13] Wu Q H，Wang Y，Glover F. Advanced tabu search algorithms for bipartite boolean guadratic programs guided by strategic oscillation and path relinking [J] . Journal on Computing，2020，32 (1)：74-89.

第5章 移动目标搜索任务规划方法

5.1 问题概述

随着人类开发海洋、利用海洋的活动越来越多，我们对海面移动目标的搜索产生了极大的需求。在军事方面，对海面移动目标搜索可在作战中提供准确的战场态势信息或为精准打击敌方目标提供支持。在民用方面，可为失联船只人员搜救、海上漏油点排查、浮游生物监测等应用提供关键信息支援。

海面移动目标一般距离海岸线远、活动范围大，有些目标甚至在其他国家海域范围内，使用无人机、无人舰艇这类资源对海面移动目标实施搜索时，受活动范围与视距的限制，不能达到理想效果[1]。近年来，成像卫星已成为最主要的海面移动目标信息获取平台，越来越多地应用于目标搜索任务中。例如，在2014年马航MH370失事航班搜索任务中，由于目标航迹不确定性高且潜在搜索区域极大，因此成像卫星成为该搜索任务的主要执行力量。

海面目标搜索问题主要分为目标航迹预测问题、多星区域覆盖问题和目标位置未知情况下的目标协同搜索问题。在海面移动目标搜索任务中，通常目标位置及运动规律未知，仅能通过有限的先验信息判断其可能存在于一个较大的区域内。单颗卫星在给定的搜索周期内对任务区域的覆盖能力有限，难以满足搜索需求。随着在轨卫星数量增加，利用多颗卫星协同的方法执行海面移动目标搜索任务成为必然。

卫星搜索海面移动目标场景如图 5.1 所示，地面管控中心根据搜索需求，即依据目标及资源属性等限制条件制订成像卫星搜索计划，搜索计划经地面测控站生成卫星控制指令上传至卫星。当成像卫星过境目标任务区域时将依据搜索计划对指定区域实施成像，然后将所获得的成像数据经空间数据链路下传到地面管控中心，地面管控中心根据所获信息继续制订后续搜索计划直至任务结束。本书假设在多星协同模式下，给定的多颗成像卫星资源共有 N_V 次过境任务区域的机会，在第 $k+1$ 次卫星过境前能获得并处理第 k 次观测所获得信息。在这种形式下建立多星接力搜索海面移动目标的模式，即在卫星第 k 次过境前综合之前获得的目标及环境信息，从本次过境卫星的观测条带集合中选择一条收益最大的条带进行成像，获得的观测信息在第 $k+1$ 次卫星过境前数传至地面管控中心，经地面信息系统处理更新目标及环境信息，并指导第 $k+1$ 次卫星过境搜索。

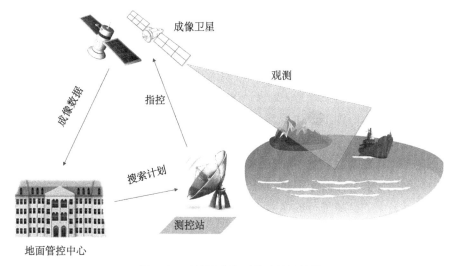

图 5.1　卫星搜索海面移动目标场景

基于上述对海面移动目标多星协同搜索场景的描述，构建该任务的处理流程如下：设搜索任务起始时间为 T_s，截止时间为 T_e，首先根据先验信息判断目标任务区域；利用给定的成像卫星对任务区域成像，获取地面信息。先计算给定的成像卫星资源在 $[T_s，T_e]$ 内对任务区域的时间窗，若无时间窗则表示在搜索周期内不具有观测机会，结束搜索任务。若有时间窗，当成像卫星过境任务区域时，根据目标观测收益最大化原则，选择可观测区域内的某一条带对指定区域进行成像，获得的图像数据经空间数据链路传输到地面站，经地面信息系统处理以更新目标和任务区域内环境信息。接着判断是否有后续观测机会，若无观测机会则结束搜索任务，若仍有观测机会，则在下次观测机会到来前，对目标可能存在的区域进行概率更新。由于目标持续在任务区域内运动，为减小目标运动带来的不确定性，对目标运动进行预测是移动目标搜索任务中提高搜索效能的关键一环。通过目标运动预测，再次更新任务区域内的待搜索目标和环境信息，为后续卫星过境搜索提供更准确的指导。

本书主要阐述上述问题中卫星过境搜索时基于卫星所获观测信息的目标概率分布更新方法、卫星观测条带选择方法及目标航迹预测方法。

5.2　研究现状

随着目标搜索需求扩大以及科学技术发展，对搜索方法与相关理论的研究也越来越受到人们的重视。直到 20 世纪 40 年代，美国海军在第二次世界大战期间为应对德国潜艇的威胁成立了反潜研究小组，针对潜艇搜索研究的最优搜索理论（theory of optimal search）[2−5]这一概念才被定义下来，并一直发展至今。目标搜索任务是一类重要的优化决策问题，也是管理科学领域的一个重点研究方向。

目标搜索问题一直是国内外学者们研究的热点问题，从公开的研究成果上看，很多学者研究的是如机器人、无人机、无人舰艇等此类位置、航迹灵活的搜索资源配置问题。有别于上述资源，成像卫星发射入轨后便在固定轨道上运动，不能在目标任务区域上空自由飞行，只能在过境目标区域的时间窗内进行观测，因此不具有持续搜索能力。同时在卫星搜索移动目标的任务中，成像卫星传感器可以进行侧摆成像，需要对卫星过境时的观测条带进行优化选择，使传感器对目标观测收益最大的区域进行成像搜索。

5.2.1　目标搜索问题研究现状

围绕最优搜索理论，学者们针对具有不同能力的搜索资源和搜索对象展开研究，其中搜索资源可能是无人机、机器人、地面雷达、成像卫星等具有搜索能力的资源，搜索目标可能是环境中已知或者未知的单位。在目标搜索过程中，需结合待搜索目标及搜索资源的具体特征和相关约束合理地配置搜索资源[6]。以搜索理论为依据，为尽可能发现待搜索区域内的目标，很多学者都将目标搜索问题转化为对搜索区域的覆盖问题，从而研究搜索资源对区域覆盖率或目标发现概率的优化方法。如文献［7］利用最优搜索理论研究了卫星对未知海洋目标的搜索问题，得出了搜索理论的应用能提高卫星搜索成功率这一结论；文献［8］基于最优搜索理论研究搜索资源路径规划方法，使搜索活动回报率最大，以更有效地利用搜索资源；文献［9］研究了多无人机协同合作对搜索区域覆盖的面积最大化的最优路径；文献［10］研究了信息驱动下敏捷传感器对目标的最优搜索问题，提出了传感器在不同情况下的最优感测策略；文献［11］针对多区域多传感器的规划问题，提出了非线性混合 0-1 规划模型用以分配搜索资源来实现最大化目标检测概率。文献［12］研究了多 Agent 搜索路径规划问题，并基于在线信息反馈模式设计了一种混合整数线性规划模型用以最大化目标搜索累积概率。文献［13］在搜索资源能够连续施加于搜索区域的条件下，研究了目标位置服从离散分布和连续分布时的搜索资源分配、最优停搜及期望收益等。文献［14］研究了多机器人搜索室内移动目标的路径规划问题，构建了相应的求解框架并提出一种近似算法用以生成搜索路径。文献［15］研究了多机器人协同搜索运动目标的问题，对未知环境中的运动目标搜索采用搜索期望值和搜索增益两个衡量指标，并提出了四种启发式搜索策略。

随着搜索环境日益复杂、信息系统数据处理能力日益强大，在搜索过程中，随着遥感信息的获取和识别，目标状态随之产生变化，使得目标概率分布函数处于实时变化之中，搜索资源需在搜索过程中依据环境中的目标信息进行实时规划，因此在最优搜索理论的基础上，有些学者将搜索图的方法应用于目标搜索问题中。例如，文献 [16] 采用了基于高斯分布的目标运动预测方法，在卫星搜索海面移动目标问题中计算移动目标在搜索图中的概率分布变化。文献 [17] 基于目标在搜索图中的实时概率分布提出了一种权值自适应调整的目标探测概率结合 KL 散度的星载传感器调度策略，以提高卫星对目标的发现能力。搜索图的方法在航迹灵活的搜索资源进行目标搜索研究中也有很多应用，如文献 [18，19] 基于搜索图模型，对目标搜索问题进行了形式化描述并建立了状态空间模型。文献 [20] 在移动目标搜索问题上建立了搜索图模型并在搜索过程中根据探测结果的不同使用不同的方法进行搜索图更新。文献 [21] 研究了具有通信能力的无人机搜索移动目标问题，将搜索图更新为三部分并提出了一种分布式搜索图更新模型。文献 [22] 在研究水下移动目标搜索问题上，建立了搜索海域的水深映射图对目标规避运动进行模拟并以此计算目标转移概率从而规划水下无人舰艇的最优搜索路径。文献 [23] 在目标搜索过程中，根据无人机传感器的探测信息，基于高斯分布的目标预测转移概率，先后更新搜索图，在搜索图更新的基础上，采取分布式协同控制方法研究多无人机协同搜索运动目标。

5.2.2　成像卫星在动目标搜索问题中的调度技术现状

随着卫星成像技术的快速发展，其相关研究也越来越受到学者重视。在成像卫星调度任务中需考虑卫星平台属性和观测任务的多种复杂约束，该问题已经被证明具有 NP 难题特性[24]。根据观测目标类型的不同，可分为点目标、区域目标和移动目标。点目标尺寸相对于星载传感器的幅宽较小，在成像卫星过境时能够被星载传感器视场完全覆盖从而完成观测；区域目标则尺寸较大，在成像卫星单次过境时无法完全覆盖目标，因此需进行多次过境侦查；移动目标则在搜索周期内的任务区域中处于运动状态，具有一定的不确定性。

相比于移动目标的研究，面向点目标和区域目标的研究起步较早。为实现任务安排率高、冲突少、覆盖范围广、执行速度快等，学者们对卫星调度算法展开研究，比较典型的如禁忌搜索算法[25,26]、遗传算法[27-29]、蚁群算法[30-32]等，以及与其相关的改进算法。如文献 [25] 在考虑卫星观测的大量约束条件下，采用背包问题模型建立卫星调度规划模型，并采用禁忌搜索算法获得任务规划的满意解。文献 [26] 将禁忌搜索算法应用于求解不同轨道多颗卫星的调度问题，并基于列生成算法得到该问题的上界解，以评估禁忌搜索算法所生成方案的质量。文献 [27] 采用多目标优化模型求解卫星任务规划问题，并改进了矢量评估遗传算法用于求解。文献［30］改进传统的蚁群算法提出了双蚁群算法求解多星综合调度问题。文献［31］将卫星对地观测任务的规划过程分为任务聚类和任务调度两个阶段，对于调度模型构造了非循环有向图模型，并利用混合蚁群优化局部搜索方法进行求解。在区域目标的研究上，文献［33］在区域目标分割问题上提出依据卫星的星下线航迹和星载传感器幅宽，以宽度一定的平行分割条带划分区域目标来供卫星执行观测的方法。文献［34］面向 SPOT5 卫星对区域目标观测调度任务提出了贪婪算法、动态编程算法、约束编程算法和局部搜索算法四种调度算法，并实验了各算法的运行效率和适用条件。

在移动目标观测卫星调度的研究中，因移动目标具有一定的不确定性，求解比较困难，有的学者将其转化为区域目标观测问题进行求解。如文献［35］在研究电子侦察卫星与成像卫星协同进行海上移动目标搜索的方法中，先利用电子侦察卫星观测区域大的优势，确定目标任务区域，再将所得区域目标调用成像卫星进行目标搜索求解。文献［36］通过动态构建移动目标潜在区域的方法将移动目标观测问题转化为一系列的区域目标观测问题进行求解。文献［37］以成像卫星观测活动对移动目标任务区域的覆盖能力，揭示了卫星的搜索能力。

点目标和区域目标卫星观测问题的研究虽然对卫星搜索移动目标的研究有很大的借鉴价值，但区别于点目标和区域目标，移动目标搜索任务中的目标运动具有一定的不确定性且此类任务一般具有较高的时敏性要求。移动目标搜索任务的目的是在给定的搜索周期内利用有限的卫星资源尽可能多地、快地发现任务区域内的待搜索目标。文献［17］提出了一种目标探测概率结合 KL 散度的传感器调度算法，以提高卫星对移动目标的发现能力。Berry 等[38,39]将成像卫星搜索海上移动目标问题看作传感器资源调度问题，建立了解决此类问题的通用框架，并基于贝叶斯估计和信息熵度量提出了资源最优分配策略。文献［39］将海上移动目标搜索问题分解为传感器规划调度问题和移动目标运动预测问题的求解框架。在移动目标搜索卫星传感器规划调度问题上，文献［40］采用了强化学习的方法对传感器调度问题进行求解。文献［41］针对海洋目标搜索问题，提出了五种传感器调度算法，并通过实验总结了不同算法的特点和算法之间的性能差异。文献［42］通过选择产生最大信息增益的传感器感知动作，基于信息理论开发了信息驱动目标搜索方法并采用蒙特卡罗方法进行目标状态预测。为提高卫星搜索移动目标的效果，在搜索过程中除了研究卫星调度方法，学者们也对目标运动预测方法进行了研究。如文献［38］在求解卫星观测海面移动目标问题的通用框架上研究了高斯-马尔可夫目标运动预测方法。文献［39］在目标运动预测环节采用了无迹粒子滤波的方法，针对卫星对海面单目标搜索和多目标搜索分别提出了相应的目标运动预测方法。文献［43］针对卫星观测不连续的特点提出了多模型运动预测方法，该方法集成了常规的匀速运动预测、基于航迹的预测和潜在区域预测等方法。

5.2.3　海面移动目标航迹预测技术现状

由于船舶航行高度非线性、操作参数可变性的特点，且会受到外界海洋环境的随机影响，船舶航迹预测的准确性具有一定的挑战性[44]。目前，国内外学者关于运动目标航迹预测问题已经展开了广泛的研究，实现了多种经典的航迹预测方法。例如，文献 [45] 基于自回归积分滑动平均模型（autoregressive integrated moving average model，ARIMA）参数模型进行高速公路短期交通数据预测，文献 [46-48] 对 ARIMA 模型进行了改进，分别提出了 Kohonen-ARIMA（KARIMA）、ARIMA 子集以及季节性 ARIMA 三种变体，用于时间序列预测。由于传统 ARIMA 模型是基于线性统计的，它假定时间序列是由一个线性过程产生的，与现实情况中的船舶航行航迹非线性相悖，因此很少有文献将该模型应用于船舶航迹预测的研究。文献 [49] 提出了利用卡尔曼滤波（Kalman filter，KF）进行适当修改，引入系统噪声和测量噪声，对船舶运动航迹进行平滑和预测。文献 [50] 和文献 [51] 利用人工神经网络对多艘船舶进行检测和跟踪，并将扩展卡尔曼滤波（extended Kalman filter，EKF）、曲线运动模型和线性测量模型相结合，实现对船舶位置、速度和加速度的预测。文献 [52] 提出了利用自适应卡尔曼滤波（self-adaptive Kalman filter）算法，对船舶运动姿态进行短期多步预测。文献 [53] 提出了一种基于贝叶斯网络的船舶位置预测算法，该算法基于粒子滤波按小时进行预测。这些经典的贝叶斯滤波方法结构较为简单，在运动目标航迹预测领域取得了广泛的应用，但在复杂航迹运动模式的研究中仍存在一定的局限性，为克服这一难题，引入了更为复杂的航迹模型，如马尔可夫模型（Markov model，MM）和高斯模型。标准马尔可夫模型可以对运动目标航迹进行建模和预测，模型假设未来状态仅依赖于当前状态，与过去状态相互独立。文献 [54] 训练了一个变阶马尔可夫模型进行位置预测，并使用树型结构来减少高阶马尔可夫模型的空间复杂度。文献 [55] 在标准马尔可夫模型的基础上提出了隐马尔可夫模型（hidden Markov model，HMM），在航迹预测应用中提高了预测精度。文献 [56] 提出了利用 k 阶多元马尔可夫链和多个相关参数建立状态转移矩阵，根据概率最大的上一时刻的状态对船舶航迹进行下一时刻的预测。文献 [57] 利用马尔可夫链和灰度模型预测，改进了传统马尔可夫模型，提出了一种基于船舶自动识别系统（automatic identification system，AIS）数据的船舶弯曲航道预测方法。高斯模型主要包括高斯过程模型和高斯混合模型。文献 [58] 和文献 [59] 提出了利用高斯过程模型以及结合极值理论的检测技术来识别海洋船舶的异常行为。文献［60］在假设航迹近似满足正态分布的前提下，提出利用高斯混合模型和高斯过程回归模型对非线性时间序列航迹进行预测。文献［61］提出了一种基于高斯混合模型（Gaussian mixture model，GMM）的数据驱动方法，利用 AIS 数据预测船舶未来 5~15min 的位置信息。文献［62］提出了一种基于高斯过程回归的船舶航迹预测模型，对已有船舶航迹进行仿真模拟，从而预测出船舶航迹线路。上述文献提出的模型采用传统机器学习方法，在假定目标运动航迹满足一定分布的前提下进行预测，更适用于理想状态的航迹预测研究。

通过以上研究可以看出学者们在目标搜索与航迹预测领域做出了很多工作，提出了一些行之有效的搜索方法。就成像卫星搜索移动目标问题而言，上述研究能较好地解决平坦地域或海面条件下移动目标的搜索问题。但随着搜索环境日趋复杂，从现实情况出发，目标所处环境可能存在障碍物或其他装置影响目标的运动范围与运动规律，从而影响目标的搜索策略。考虑不同的搜索环境特征、搜索资源与搜索对象特性，为提高目标搜索的效果，提出相适应的搜索方法。如文献［63］考虑在环境中存在感知探测装置时，待搜索运动目标可以借助探测装置获得搜索器的位置信息，据此改变自身运动策略，减少位置暴露。文献［64］在机器人动态任务分配的研究中，制订了其在探测到环境中的障碍物时的反应策略。文献［65］在研究水下移动目标搜索问题时考虑任务海域存在障碍物的条件下，建立了目标水下运动规避模型，并设计了启发式搜索算法使搜索器在进行水下移动目标搜索时能有效地规避障碍物，提高搜索效率。文献［66］考虑了具有有限通信能力的搜索器对非凸环境不确定目标的搜索问题，通过建立概率图，提出多无人机分布式协同搜索算法，使得所用搜索时间最少并能够最大程度地规避环境中的障碍物。

本书研究任务区域海面存在障碍物的情况下利用成像卫星对海面移动目标进行协同搜索过程中的航迹预测与协同任务规化问题。在该问题场景中，尝试通过预测模型对目标航迹进行预测，若预测准确，则规划卫星对目标进行持续观测；若预测失败则更新搜索图重新进行目标搜索。

5.3 海面移动目标航迹预测方法

5.3.1 航迹预测问题概述

航迹通常被认为是由一系列连续的点构成的线段，每个点记录海面移动目标航迹点位置及其他相关属性信息，如时间戳、航速、航向等[67]。航迹预测的目的是通过分析其历史航迹，从而预测目标未来时刻的位置信息，为相关部门提供决策支持。目前，针对船舶航迹预测的研究主要分为两类，分别是基于运动特征的航迹预测和基于历史数据的航迹预测。基于运动特征的航迹预测方法使用运动函数来预测运动对象的下一个位置，在短期预测，且航速、航向及环境影响等因素皆已知时，此方法具有较好的性能。然而，这种方法在长期位置预测中的有效性不高[68]。基于历史数据的航迹预测方法通过对运动目标的历史航迹信息进行学习，建立运动规律模型，从而判断其未来的运动趋势，对远、近未来时刻的预测结果都有显著的改进，具有较好的预测精度，但是该方法只有在具有大量相似历史航迹数据时才适用[69]。

　　近年来，AIS 已经在海事领域得到了广泛的应用，并且越来越多地被应用于航迹预测问题的研究[70−72]。AIS 是一套利用网络、通信和电子信息显示技术的数字设备和导航设备系统，主要由船舶交通服务（vessel traffic service，VTS）、船舶交通管理系统（vessel traffic management system，VTMS）以及船舶交通监控信息系统（vessel traffic monitoring information system，VTMIS）组成。AIS 能够实时接收从港口和卫星采集到的船舶航行信息，这些信息主要包含静态信息（如船舶类型、船舶名称、船舶主尺度、呼号、国际海事组织代码、海上移动通信服务识别码等）、动态信息（如经度坐标、纬度坐标、航向、航速、时刻、预计到达时间等）和航次信息（如出发港、目的港、吃水、载重吨等）[73]。AIS 数据具有实时性强、数据量大、数据内容丰富的特点，蕴含了船舶航行的潜在规律，为实现基于数据的船舶航迹预测提供了数据依据。

5.3.2　航迹数据预处理

　　在海面移动目标航迹预测问题中，数据质量会对船舶航迹预测的精度和效率产生直接的影响，提高 AIS 数据的可靠性和有效性，有利于预测模型更准确地挖掘航迹的特点和规律，实现更精确的预测。本节研究船舶航迹数据预处理方法，包括高斯-克吕格投影、考虑目标运动特性的线性插值法以及基于对称分段路径距离（symmetrized segment-path distance，SSPD）的航迹相似性度量方法，分别用于航迹坐标转换、航迹插值和航迹聚类。

　　1. 航迹点投影方法

　　在 AIS 数据中，表示船舶位置信息的数据是以经纬度坐标的形式记录的，而插值方法只适用于平面坐标系，因此，需要使用高斯-克吕格投影进行经纬度坐标和平面坐标之间的坐标换算。高斯-克吕格投影简称"高斯投影"，是地球椭球面和平面间正形投影的一种，具有投影精度高、变形小且计算简便的特点，在大、中型比例尺的地形图中应用广泛，能在图上进行精确的量测计算。该投影利用分带投影的方式，将地球椭球面按照一定的经度差划分为若干个投影带，从而解决坐标变换后长度变形的问题，目前，我国各种大、中型比例尺地形图主要采用两种高斯-克吕格投影带，选取何种投影带视实际情况所用的地图比例尺而定。

高斯-克吕格投影分为正算和反算两种算法，正算是将大地坐标 (L, B)（L 为经度，B 为纬度，L 和 B 均以弧度为单位）转换为平面坐标 (x, y)，x 为横坐标，y 为纵坐标；反算是将平面坐标 (x, y) 转换为大地坐标 (L, B)，以投影带的中央子午线投影和赤道投影为直线且子午线投影的长度保持不变为条件，从而得到高斯-克吕格投影公式。高斯-克吕格投影正算计算过程如下所述。

将船舶航迹的经度坐标 lon_n 和纬度坐标 lat_n 换算成以弧度为单位的坐标 L 和 B 后，通过正算计算相应的平面坐标为

$$x = X + \frac{N}{2}t\cos^2 B l^2 + \frac{N}{24}t(5 - t^2 + 9\eta^2 + 4\eta^4)\cos^4 B l^4$$

$$+ \frac{N}{720}t(61 - 58t^2 + t^4)\cos^6 B l^6$$

$$y = N\cos B l + \frac{N}{6}(1 - t^2 + \eta^2)\cos^3 B l^3$$

$$+ \frac{N}{120}(5 - 18t^2 + t^4 + 14\eta^2 - 58\eta^2 t^2)\cos^5 B l^5 \tag{5.1}$$

其中，$t = \tan B$；$\eta = e_1 \cos B$（e_1 为椭球第一偏心率）；$l = L - L_0$（L_0 为中央子午线经度）；N 为子午圈曲率半径；X 为子午线弧长；N 和 X 的计算公式为

$$N = \frac{a}{\sqrt{1 - f(2 - f)\sin^2 B}} \tag{5.2}$$

$$X = a_0 B - \frac{a_2}{2}\sin 2B + \frac{a_4}{4}\sin 4B - \frac{a_6}{6}\sin 6B + \frac{a_8}{8}\sin 8B \tag{5.3}$$

其中，a 为椭球长半轴；f 为椭球扁率；a_0，a_2，a_4，a_6，a_8 的计算公式为

$$a_0 = m_0 + \frac{m_2}{2} + \frac{3}{8}m_4 + \frac{5}{16}m_6 + \frac{35}{128}m_8$$

$$a_2 = \frac{m_2}{2} + \frac{m_4}{2} + \frac{15}{32}m_6 + \frac{7}{16}m_8$$

$$a_4 = \frac{m_4}{8} + \frac{3}{16}m_6 + \frac{7}{32}m_8 \tag{5.4}$$

$$a_6 = \frac{m_6}{32} + \frac{m_8}{16}$$

$$a_8 = \frac{m_8}{128}$$

其中，$m_0 = a(1 - e^2)$；$m_2 = \frac{3}{2}e^2 m_0$；$m_4 = 5e^2 m_2$；$m_6 = \frac{7}{6}e^2 m_4$；$m_8 = \frac{9}{8}e^2 m_6$。

通过以上计算公式，即可得到平面坐标 (x, y)。高斯-克吕格投影反算计算

过程如下所述。

将平面坐标 (x, y) 通过反算计算相应的大地坐标 (L, B) 为

$$
\begin{aligned}
L = \frac{1}{\cos B_f}\Big[&\Big(\frac{y}{N}\Big) - \frac{1}{6}(1+2t^2+\eta^2)\Big(\frac{y}{N}\Big)^3 + \frac{1}{120} \\
&\times (5+28t^2+24t^4+6\eta^2+8\eta^2 t^2)\Big(\frac{y}{N}\Big)^5\Big] + L_0 \\
B = B_f - \frac{1}{2}V^2 t\Big[&\Big(\frac{y}{N}\Big)^2 - \frac{1}{12}(5+3t^2+\eta^2-9\eta^2 t^2) \\
&\times \Big(\frac{y}{N}\Big)^4 + \frac{1}{360}(61+90t^2+45t^4)\Big(\frac{y}{N}\Big)^6\Big]
\end{aligned}
\tag{5.5}
$$

其中，$V^2=\sqrt{1+e_1{}^2\cos^2 B_f}$，$B_f$ 为底点纬度，通过迭代计算所得，其迭代计算公式为

$$
B_f{}^{i+1} = \frac{X(X-F(B_f{}^i))}{a_0} \tag{5.6}
$$

$$
F(B_f{}^i) = -\frac{a_2}{2}\sin 2B_f{}^i + \frac{a_4}{4}\sin 4B_f{}^i - \frac{a_6}{6}\sin 6B_f{}^i + \frac{a_8}{8}\sin 8B_f{}^i \tag{5.7}
$$

其中，初始值设为 $B_f{}^1=\dfrac{X}{a_0}$，根据式（5.6）和式（5.7）重复迭代，直至满足条件 $B_f{}^{i+1}-B_f{}^i<\varepsilon$ 为止，ε 通常取值为 0.00001s。

通过上述公式，得到以弧度为单位的大地坐标 (L, B)，再将 L 和 B 进行单位换算，即可得到相应的经纬度坐标。

2. 考虑运动特性的航迹插值方法

AIS 在传输数据的过程中，容易受到噪声的干扰而发生数据丢失，导致航迹数据呈现稀疏或分布不均匀的特点，不利于预测模型学习航迹规律。由于本书研究涉及的 AIS 动态信息（经纬度、对地航向和对地航速）更新频率短，短时间内可以将船舶航迹近似地视为线性运动，同时，在数据丢失的时间间隔内，船舶对地航速和对地航向的变化也会对航迹产生影响，因此，本书利用考虑目标运动特性的线性插值法对 AIS 数据进行修复。

线性插值法是以一次多项式作为插值函数的方法，不存在任何插值误差，具有插值准确、简单且方便的特点，本书在该方法的基础上，将航速和航向的变化影响考虑在内，并对特殊值进行了处理。考虑到目标运动特性的线性插值法原理是对需要插值的航迹两端点分别设置权重值，利用权重分别对两点的横坐标、纵坐标、航速以及航向进行加权求和，从而得到插值点的横坐标和纵坐标。在实际航行过程中，船舶在某两个时刻的对地航速可能会存在特殊情况，比如一端航速较大而另一端航速为零，即船舶在某一时刻点处于锚泊状态，此时，若是将航速的零值直接考虑在插值的过程中，显然会产生不合理的影响。因此，为解决极端

航速值的问题，首先需要对航速进行判断和调整，然后再进行插值。

航速判断和调整的处理流程如图 5.2 所示。给定两端航迹点，以设定航速值的标准条件作为判断基准，若两端点的航速均满足该条件，说明船舶处于正常航行状态，则不需要进行调整；若两端点的航速均不满足该条件，说明在此时间段内船舶处于锚泊状态，也不需要进行任何处理；若两端点之一的航速不满足该条件，说明此航速为极端值，需要进行调整，首先将极端值调整为最小标准条件满足值，然后通过比值大小来判断两端点航速值的差距，差距过大则按比例扩大较小的航速，反之，则不需要再进行任何额外的调整。其中，较小航速与较大航速的比值以及较小航速的扩张比例均为预设的参数，分别用来控制航速的调整时机和调整幅度，参数值依实际情况而定。

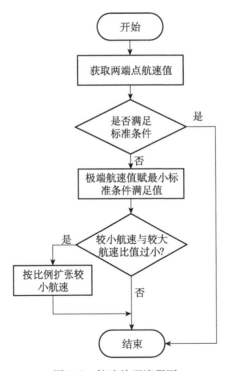

图 5.2　航速处理流程图

通过上述流程，对端点的极端航速值做了适当的均衡处理，接下来进行线性插值。考虑到航速和航向变化的影响，对端点进行直接线性插值会出现较大的误差，为尽可能地避免误差，先分别对两端点进行第一次线性插值，然后再将两个端点的插值结果进行第二次加权求和的线性计算，以此来保证插值的准确性。设船舶航迹两端点分别为 $p_m = [\text{lon}_m, \text{lat}_m, v_m, \alpha_m]_{t_m}$、$p_n = [\text{lon}_n, \text{lat}_n, v_n, \alpha_n]_{t_n}$，经纬度值通过高斯-克吕格投影正算后所得的平面坐标分别为 (x_m, y_m)

和 (x_n, y_n)，首先根据点 p_m 进行线性插值：

$$x_m^i = x_m + q_m v_m \sin(q_m \alpha_m)(t_i - t_m) \tag{5.8}$$
$$y_m^i = y_m + q_m v_m \cos(q_m \alpha_m)(t_i - t_m)$$

其中，t_i 为插值时刻；q_m 为端点 p_m 的权重，其计算公式为

$$q_m = \frac{t_n - t_i}{t_n - t_m} \tag{5.9}$$

然后根据点 p_n 进行线性插值：

$$x_n^i = x_n + q_n v_n \sin(q_n \alpha_n)(t_n - t_i)$$
$$y_n^i = y_n + q_n v_n \cos(q_n \alpha_n)(t_n - t_i) \tag{5.10}$$

其中，q_n 为端点 p_n 的权重，其计算公式为

$$q_n = \frac{t_i - t_m}{t_n - t_m} \tag{5.11}$$

最后，将式（5.7）和式（5.9）进行加权平均，得到插值点坐标为

$$x_i = q_m x_m^i + q_n x_n^i$$
$$y_i = q_m y_m^i + q_n y_n^i \tag{5.12}$$

将 (x_m, y_m) 进行高斯-克吕格投影反算，即可得到插值点的经纬度坐标。综上，利用改进线性插值法进行数据处理的完整算法流程如算法 5.1 所示。

算法 5.1：考虑运动特性线性插值算法

输入：插值端点 p_m 和 p_n，插值时刻 t_i，标准条件 $v > v_0$，可调参数 M 和 k

输出：插值点的经度坐标和纬度坐标 lon_i，lat_i

步骤 1：设置 $v_0 = 1$，$k = 0.45$，$M = 0.1$；

步骤 2：如果 v_m 和 v_n 均满足标准条件；

步骤 3：执行步骤 9；

步骤 4：如果 v_m 和 v_n 中有且仅有一个不满足标准条件；

步骤 5：令不满足条件的航速等于 v_0；

步骤 6：计算 v_m 和 v_n 中较小航速与较大航速的比值；

步骤 7：如果比值小于 M；

步骤 8：令较小航速为较大航速的 k 倍；

步骤 9：$(\mathrm{lon}_m, \mathrm{lat}_m)$ 和 $(\mathrm{lon}_n, \mathrm{lat}_n)$ 经高斯-克吕格投影正算得平面坐标 (x_m, y_m)，(x_m, y_m)；

步骤 10：通过式（5.9）和式（5.11）分别计算 p_m 和 p_n 两点的权重 q_m 和 q_n；

> 步骤 11：通过式（5.8）和式（5.10）分别计算 p_m 和 p_n 两点的预测坐标 (x_m^i, y_m^i) 和 (x_n^i, y_n^i)；
>
> 步骤 12：通过式（5.12）计算插值点的横坐标和纵坐标 (x_i, y_i)；
>
> 步骤 13：将 (x_i, y_i) 经高斯-克吕格投影反算得插值点的经度坐标和纬度坐标 lon_i，lat_i。

3. 航迹数据相似性度量方法

航迹聚类是指通过一种有效的方法来分析航迹数据，找出具有相同或类似行为模式的航迹[74]。本节提出的基于 SSPD 的相似性度量方法进行航迹聚类，是数据预处理的最后一个环节，用来获取预测模型所需的相似航迹数据集。

SSPD 是在 Hausdorff 算法[75] 的基础上提出的一种基于航迹形状的距离度量标准，能够比较不同长度的航迹并将航迹作为整体来衡量，计算的过程中不需要任何额外的参数，计算时间复杂度较低，并能有效消除数据噪声的影响。基于 SSPD 的相似性度量方法通过计算距离来衡量航迹之间的相似性程度，距离值越小，表示相似性程度越高；距离值越大，表示相似性程度越低，其原理图如图 5.3 所示。

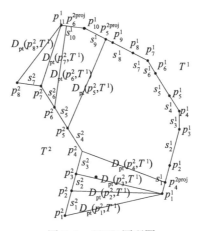

图 5.3　SSPD 原理图

给定两条航迹 T^1 和 T^2，T^1 为目标航迹，度量 T^2 与 T^1 的相似性程度。首先，计算航迹 T^2 上的点到航迹 T^1 的线段之间的距离：

$$D_{\mathrm{ps}}(p_{i_2}^2, \mathrm{TS}_{i_1}^1) = \begin{cases} \| p_{i_2}^2 p_{i_2}^{2\mathrm{proj}} \|_2, & p_{i_2}^{2\mathrm{proj}} \in \mathrm{TS}_{i_1}^1 \\ \min(\| p_{i_2}^2 p_{i_1}^1 \|_2, \| p_{i_2}^2 p_{i_1+1}^1 \|_2), & p_{i_2}^{2\mathrm{proj}} \notin \mathrm{TS}_{i_1}^1 \end{cases} \quad (5.13)$$

其中，$p_k^{i\mathrm{proj}}$ 表示点 p_k^i 在航迹分段 TS_j^i 上的正交投影。然后计算航迹 T^2 上的点到航迹 T^1 的距离：

$$D_{pt}(p_{i_2}^2, T^1) = \min_{i_1 \in [1, \cdots, n_1]} D_{ps}(p_{i_2}^2, TS_{i_1}^1) \tag{5.14}$$

其中，从点 p 到航迹 T 的距离 D_{pt} 是该点到构成航迹 T 的所有分段 TS 的最小距离。接着，计算航迹 T^2 到 T^1 的分段路径距离：

$$D_{SPD}(T^2, T^1) = \frac{1}{n_2} \sum_{i_2=1}^{n_2} D_{pt}(p_{i_2}^2, T^1) \tag{5.15}$$

分段路径距离是不对称的，如果 T^1 是 T^2 的一个很小的子段，那么 $D_{SPD}(T^1, T^2) = 0$，而 $D_{SPD}(T^1, T^2)$ 的值可能非常大。通过取这两个距离的均值，消除了这种不对称性，即对称分段路径距离，其公式为

$$D_{SSPD}(T^2, T^1) = \frac{D_{SPD}(T^2, T^1) + D_{SPD}(T^1, T^2)}{2} \tag{5.16}$$

式（5.15）和式（5.16）通过计算距离的均值，有效地降低了对噪声的敏感性。

基于 SSPD 的相似性度量方法的流程如算法 5.2 所示。通过 SSPD 计算出所有航迹之间的距离，根据实际问题的情况设定阈值，将满足阈值条件的距离值提取出来，筛选出该距离值对应的航迹，从而实现航迹聚类。

算法 5.2：基于 SSPD 的相似性度量算法

输入：目标航迹 T^1 和度量相似性的航迹集 $[T^2, T^3, \cdots, T^n]$，阈值 ε
输出：相似航迹数据子集

步骤 1：for T^i in $[T^2, T^3, \cdots, T^n]$
步骤 2：通过式（5.14）~式（5.16）计算 T^i 到 T^1 的距离 D_{SSPD}
步骤 3：end for
步骤 4：获取所有航迹的距离集合 $[D_1, D_2, \cdots, D_{n-1}]$
步骤 5：for D_i in $[D_1, D_2, \cdots, D_{n-1}]$
步骤 6：筛选满足 $D_i < \varepsilon$ 的航迹
步骤 7：end for
步骤 8：获取相似数据子集

基于 SSPD 的相似性度量方法能够有效地从大量航迹中提取出目标航迹相似数据子集，将数据子集中表示船舶位置信息的经度坐标和纬度坐标构成维度为 2 的时间序列，作为预测模型的输入。

5.3.3　数据驱动的航迹预测方法

1. 循环神经网络简介
循环神经网络（RNN）是一种用于处理时间序列数据的深度学习技术[76]，

它将过去的数据与未来的数据联系起来，对具有时间序列属性数据的机器学习任务能够实现较好的效果，在翻译、文档提取、语音识别、图像识别、预测等诸多领域均具有广泛的应用。

RNN 是一个序列到另一个序列的模型[77-79]。RNN 模型出现的目的就是对序列数据进行处理，序列的当前输入与历史输入相关，具体的表现形式为网络会对前面的信息进行记忆并应用于当前输出的计算中，即隐藏层之间的节点不再是无连接的，也就是说隐藏层的输入不仅包括输入层的输出，还包括上一时刻隐藏层的输出。理论上，RNN 能够处理任何长度的序列数据，然而在实际应用中，为了降低复杂性，往往假设当前的状态只与前面的几个状态相关。RNN 结构通过存储并利用历史数据信息来影响下一时刻的输出，从而刻画了一个序列当前输入和历史信息之间的关系。

尽管 RNN 在时间序列数据的分析和处理上具有很好的适用性，但在实际应用中却存在着一些问题。从理论上来说，RNN 在某一时间应该能记住很多时间步之前的信息，然而，实际上它是不能形成这种长期依赖关系的，且往往会发生梯度消失甚至梯度爆炸的情况[80]。传统 RNN 模型在利用 BP 误差反向传播算法或梯度下降算法进行训练的过程中，会更加倾向于按照序列结尾处的权值进行更新，也就是说，越远的序列输入对权值变化所能起到的影响越小，训练结果就会出现偏向于较新输入信息的情况，即没有较长的记忆功能，随着序列数据长度的增加，这种记忆能力会越来越弱，从而引起梯度误差，当误差参数反向传播时可能发生梯度爆炸。

为解决 RNN 存在的问题，目前的研究中主要包括两种方法：第一种是设计一个比简单随机梯度下降更好的训练算法[81-83]，例如，使用简单的剪梯度方法，即将梯度向量的范数进行裁剪，或者使用二阶方法，但该方法不能保证实际效果；第二种方法则是本书所利用的方法，即设计一个比通常所使用的简单激活函数更为复杂的单元，在这个方向上，提出了许多有效的 RNN 变体，在挖掘时间序列数据信息的深度表达能力方面取得了更为优异的效果。

根据上述分析，在 RNN 的基础上，本书提出了基于 LSTM 和 GRU 的两种模型用于船舶航迹的预测。

2. 基于 LSTM 的船舶航迹预测模型

针对船舶航迹预测问题，提出基于 LSTM 的循环神经网络预测模型。根据数据预处理阶段获得的相似航迹数据子集，在对数据进行标准化处理后，将船舶位置信息中各个时刻的经度坐标和纬度坐标构成维度为 2 的时间序列 $\{X_1, X_2, \cdots, X_t, \cdots\}$，其中 X_t 表示在 t 时刻的航迹特征，表示式为

$$X_t = [\text{lon}_t, \text{lat}_t] \tag{5.17}$$

在预测过程中，将连续前 n 个时刻的船舶航迹特征向量作为 LSTM 模型的输入，即 $\{X_{t-n+1},\ X_{t-n+2},\ \cdots,\ X_{t-1},\ X_t\}$，$t+1$ 时刻的预测数据特征向量为 Y_{t+1}，据此，基于 LSTM 的船舶航迹预测模型的表达式为

$$Y_{t+1} = f(\{X_{t-n+1}, X_{t-n+2}, \cdots, X_{t-1}, X_t\}) \tag{5.18}$$

预测过程采用迭代的方法，完成航迹预测后的输出为一系列预测数据特征向量构成的时间序列 $\{Y_{t+1},\ Y_{t+2},\ Y_{t+3},\ \cdots\}$。对数据进行反标准化处理，从而得到最终的船舶航迹预测结果。基于 LSTM 的船舶航迹预测处理流程如算法 5.3 所示。

算法 5.3：基于 LSTM 的船舶航迹预测流程

输入：相似航迹数据子集构成的时间序列，$X = \{X_{t-n+1},\ X_{t-n+2},\ \cdots,\ X_{t-1},\ X_t\}$

输出：预测结果序列 $Y = \{Y_{t+1},\ Y_{t+2},\ Y_{t+3},\ \cdots,\ Y_T\}$

步骤 1：采用一阶差分运算对 X 进行标准化处理；

步骤 2：将标准化处理后的数据分为训练数据和测试数据两个部分；

步骤 3：在训练数据中，设置时间窗长度及时刻，生成多步航迹数据值作为特征向量输入，一步预测值作为输出；

步骤 4：设计 LSTM 模型框架，初始化各参数状态；

步骤 5：采用无监督学习算法对模型进行训练，并初步估计模型参数；

步骤 6：采用反向传播算法对模型参数进行调整和优化；

步骤 7：分别输入训练数据和测试数据进行预测，对预测结果计算误差值，验证预测适应度；

步骤 8：对输出结果 Y 进行反标准化处理；

步骤 9：返回 Y。

---

3. 基于 GRU 神经网络的船舶航迹预测模型

GRU 是由 Cho 等[84]在长短时记忆模型的基础上提出的新变体，它解决了普通 RNN 存在的问题，使每个回归单元自适应地获得不同时间规模的依赖性，对大量非线性时间序列的处理具有更好的适应性。与 LSTM 单元类似，GRU 具有可以调节单元内信息流的门，但是没有单独的记忆细胞。而与 LSTM 相比，GRU 的优势在于：①在保留 LSTM 基本思想（即遗忘机制和更新机制）的基础上，对网络结构有所简化；②利用更新门来学习每个单元的长短期特征，有效减少了梯度弥散的风险。因此，使用 GRU 能够达到相当的效果，并且与 LSTM 相

比更容易进行训练，能够在很大程度上提高训练效率。

GRU 单元的结构如图 5.4 所示，其中，r 和 z 分别为重置门和更新门，h 和 $\tilde{h}$ 分别为当前状态的激活信息和候选激活信息。

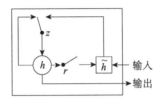

图 5.4   GRU 结构

在图 5.4 中，GRU 有两个门，即一个重置门（reset gate）和一个更新门（update gate），这两个门不仅决定了哪些信息最终作为 GRU 的输出，而且能够保存长期序列中的信息，不会随时间而清除或因为与预测不相关而移除。

对于第 i 个 GRU 单元，给定输入序列 $x=(x_1, x_2, \cdots, x_T)$，在 t 时刻的输入为 x_t，当前时刻的隐状态为 h_t^i，这个隐状态包含了上一时刻的相关信息。首先，我们根据上一时刻传递下来的隐状态 h_{t-1} 和当前输入 x_t，通过式（5.19）和式（5.20）来获取两个门控状态。

$$z_t^i = \sigma(W_z x_t + U_z h_{t-1})^i \tag{5.19}$$

$$r_t^i = \sigma(W_r x_t + U_r h_{t-1})^i \tag{5.20}$$

其中，z_t^i 为更新门，它决定单元更新激活信息或内容的程度，即将多少过去的信息传递到未来；r_t^i 为重置门，它决定了多少过去的信息需要遗忘，当 r_t^i 的值接近 0 时，重置门会使单元忘记先前的计算状态，像读取输入序列的第一个分量一样工作；σ 为 Sigmoid 函数；W 和 U 为权重矩阵，分别对 x_t 和 h_{t-1} 线性变换，更新门和重置门将线性变换后的两部分信息相加并投入到 Sigmoid 函数中，使数据变换为 0 到 1 范围内的数值，从而充当门控信号。门控信号越接近 1，代表"记忆"下来的数据越多，越接近 0 则代表"遗忘"的数据越多。

得到门控信号之后，使用重置门得到新的记忆内容：

$$\tilde{h}_t^i = \tanh(W x_t + U(r_t \odot h_{t-1}))^i \tag{5.21}$$

其中 $\odot$ 是 Hadamard Product，即操作矩阵中对应的元素相乘；tanh 是激活函数。

最后，使用式（5.19）所得的更新门计算当前时刻的隐状态 h_t^i，计算公式如下：

$$h_t^i = (1 - z_t^i)h_{t-1}^i + z_t^i \tilde{h}_t^i \tag{5.22}$$

h_t^i 是上一时刻隐状态与新的记忆内容之间的线性插值，是 GRU 的最终输出。在式（5.22）中，$(1-z_t^i)\, h_{t-1}^i$ 表示对上一时刻隐状态的选择性遗忘，而 $z_t^i \tilde{h}_t^i$ 表示对当前新信息的选择性记忆，使用了一个更新门同时进行了遗忘和选择记忆。

　　针对基于循环神经网络的船舶航迹预测问题，由于传统 RNN 无法处理长时依赖容易出现梯度消失和梯度爆炸的问题，本书在 RNN 的基础上首先提出了基于 LSTM 的船舶航迹预测模型。然后，GRU 单元的提出为船舶航迹预测模型提供了新的研究思路。由于船舶航迹数据量大，LSTM 单元的结构复杂，随着数据量的不断增多，网络训练耗费时间会越来越长，GRU 单元在保留 LSTM 优势的基础上简化了单元结构，提高了网络训练的效率。因此，本书构建了 GRU 循环神经网络预测模型，该模型结构如图 5.5 所示，包括一个输入节点，五个隐藏层（由 GRU 层、丢弃（Dropout）层和全连接神经网络（Dense）层构成）及一个输出节点。输入节点接收序列 X 的长度为 n，维度为 2（即船舶的经度和纬度坐标），通过隐藏层训练，在输出节点获得最佳预测序列 Y，包括预测位置的经纬度坐标。在隐藏层中，将普通 RNN 单元替换为 GRU 单元，根据实验结果将神经元个数设定为 100；分别设计了两个 Dropout 层和 Dense 层，根据经验将 Dropout 的概率设为 0.2。Dropout 是由 Hinton 等于 2012 年提出并应用于神经网络的，用于防止网络训练的过拟合现象发生[85,86]。Dense 层即全连接层，用于对上一层的神经元进行全部连接，实现特征的非线性组合。在神经网络模型中，激活函数用于引入一定的非线性，本书选择双曲正切函数（tanh）作为隐藏层和输出层的激活函数。

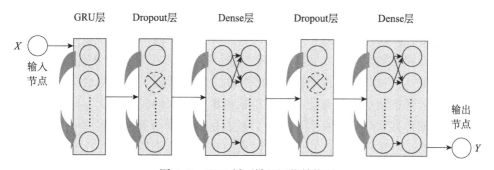

图 5.5　GRU 循环神经网络结构图

　　神经网络训练通过计算预测值与实际值之间的误差，不断调整权重进行优化，直至误差下降到可接受的水平得到理想输出，本书选择均方误差函数（mean squared error，MSE）和自适应矩估计（adaptive moment estimation，Adam）算法用于网络训练。MSE 是一种经典误差计算方法，用于描述机器学习方法处理数据的好坏程度[87]。Adam 算法是一种有效的基于梯度的随机优化方法，适用于大规模数据场景且计算效率高，相比其他方法，该算法在实际应用中整体表现得更好[88]。

5.4 多星对海面移动目标搜索模型

5.4.1 多星对海面移动目标搜索环境模型

海面移动目标多星协同搜索任务可描述为：给定 N_s 颗成像卫星资源在搜索周期 $[T_s, T_e]$ 内对任务区域内的 N_t 个移动目标进行搜索。当所给定的成像卫星过境任务区域时，从其观测条带集合中选择一条观测收益最大的条带进行成像，所得成像数据通过空间数据链传输至地面指挥中心进行处理，用于更新目标及环境信息，从而指导后续观测活动。

本书在处理海面移动目标多星协同搜索任务时，为描述任务区域中的目标概率分布及在搜索过程中确定的障碍物信息，使用搜索图建立多障碍物海面移动目标搜索环境模型来指导成像卫星进行目标搜索。搜索图在一些文献中也被称为概率图[21]，本书统称为搜索图。

搜索图是指将任务区域离散化以后，给每一个网格赋予在该网格中目标存在的概率，当成像卫星过境搜索时，搜索环境中的目标信息可以通过搜索图中的目标概率分布获得。搜索图建立后在搜索过程中将根据一定的方法进行更新。

在确定目标任务区域后，为利用搜索图建立目标搜索环境模型，本书将任务区域进行网格划分处理，将其离散化为 M 个小正方形网格并分别编号为 $1\sim M$。在网格划分时需要注意网格划分的粒度，若网格边长过大则会导致定位精度降低，若网格边长太小则会导致网格数量增加，求解时间加大。本书在网格划分时依据待搜索移动目标预估速度，使目标在当前所处网格经过一个时间步长就能运动到相邻的网格，并假设若网格中存在障碍物则目标不能移动到该网格。建立多障碍物海面移动目标搜索环境模型之后，研究成像卫星在任务区域中搜索移动目标问题就转换成在各个离散的网格中进行移动目标搜索，如图 5.6 所示。

针对海面移动目标多星协同搜索问题，在将所确定的目标任务区域离散化以后，给每个离散网格赋予一个目标存在概率，这样形成的搜索图可以表述搜索环境中的目标信息。设 $p_i(t)$ 表示 t 时刻网格 i 中目标存在的概率，则 t 时刻的搜索图定义为

$$SM(t) = \{p_i(t) \mid i \in \{1, 2, \cdots, M\}\} \tag{5.23}$$

卫星过境搜索时不同的观测条带覆盖了搜索图中不同的网格，如图 5.6 所示。在搜索过程中基于搜索图提供的信息确定卫星过境观测时目标收益最大的条

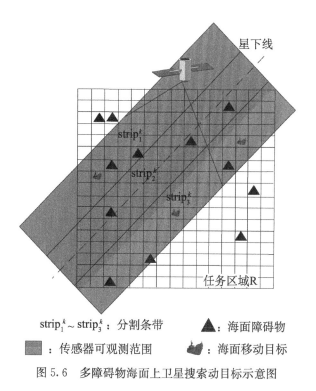

strip$_1^k$ ~ strip$_3^k$：分割条带　　▲：海面障碍物

　　：传感器可观测范围　　　：海面移动目标

图 5.6　多障碍物海面上卫星搜索动目标示意图

带，搜索图也根据获得的观测信息按照相应的规则更新，从而使得本次过境观测的信息能被下次观测所利用，形成多星接力的搜索模式。设给定 N_s 颗成像卫星资源对任务区域共有 N_V 个时间窗，其中第 k 次过境任务区域时刻为 t_k，并对其具有可见时间窗口 $[t_k, t_{ke}]$。第 k 次成像卫星过境搜索前网格 i 中存在目标的概率是 $\hat{p}_i(t_k)$，$i=1, 2, \cdots, M$；$k=1, 2, \cdots, N_V$，$\hat{p}_i(t_k) \in [0, 1]$ 为目标在网格 i 中的先验概率。第 k 次卫星过境观测后根据所获探测信息更新的网格 i 中存在目标的概率是 $p_i(t_k)$，$i=1, 2, \cdots, M$；$k=1, 2, \cdots, N_V$，$p_i(t_k) \in [0, 1]$ 为目标在网格 i 中的后验概率。基于搜索图的面向多障碍物海面多星协同搜索海面移动目标的过程可描述为：在成像卫星和经先验信息判断的任务区域下，将任务区域进行网格化处理并为离散网格赋予目标存在概率来表示网格目标中存在的可能性概率分布信息，建立基于搜索图的目标搜索环境模型。成像卫星资源第 k 次过境任务区域前，根据第 $k-1$ 次过境的观测结果，更新搜索图中目标分布概率，并在 t_k 时刻进行目标运动预测，再次更新搜索图。当成像卫星过境任务区域时，依据搜索图中目标概率分布选择观测收益最大的观测条带，根据观测结果更新搜索图中目标的后验概率分布。在第 $k+1$ 次卫星过境观测前，再通过运动预测方法，计算 t_{k+1} 时刻目标的先验概率分布，并据此优化第 $k+1$ 次卫星过境任务区域搜索方案。重复上述过程，直到搜索任务结束。

5.4.2 基于搜索图的卫星观测规划方法

1. 多星协同搜索图更新方法

1) 基于探测信息的搜索图更新方法

成像卫星在执行目标搜索任务的过程中，使用星载传感器对任务区域成像，获得环境信息，判断探测目标存在与否，因此可以根据所获得的探测信息更新搜索图。文献［16］给出了基于卫星探测信息，利用贝叶斯规则，更新搜索图网格中目标存在概率的基本方式。本书考虑到环境中可能存在海面障碍物，目标在运动过程中探测周围海面障碍物并规避的特点，在搜索过程中当卫星探测到障碍物位置后，在之后的搜索中目标都必定不会出现在该位置。设第 k 次成像卫星过境任务区域其观测条带集合为 $\mathrm{Strip}^k = \{\mathrm{strip}_1^k,\ \mathrm{strip}_2^k,\ \cdots,\ \mathrm{strip}_g^k\}$，成像卫星过境时选择条带 $\mathrm{strip}_{\mathrm{opt}}^k$（$\mathrm{strip}_{\mathrm{opt}}^k \in \mathrm{Strip}^k$）进行观测，事件 D 和事件 E 分别表示发现目标事件和目标存在于网格 i 中。在卫星探测后，面向多障碍物搜索海面基于探测信息的搜索图更新方式分为如下几种情况。

（1）在网格 $i \in \mathrm{strip}_{\mathrm{opt}}^k$ 内发现目标，则目标在网格 i 中的后验概率为

$$
\begin{aligned}
p_i(t_k) = p_i^1(t_k) &= p(E \mid D) \\
&= \frac{p(E)\,p(D \mid E)}{p(E)\,p(D \mid E) + p(\overline{E})\,p(D \mid \overline{E})} \\
&= \frac{\hat{p}_i(t_k)\,p_d}{\hat{p}_i(t_k)\,p_d + (1 - \hat{p}_i(t_k))\,p_f}
\end{aligned} \tag{5.24}
$$

式（5.24）中 $p_i^1(t_k)$ 为第 k 次成像卫星过境观测在网格 i 中发现目标，网格 i 的后验概率。

（2）在网格 $i \in \mathrm{strip}_{\mathrm{opt}}^k$ 内未发现目标且未发现障碍物，则目标在网格 i 中的后验概率为

$$
\begin{aligned}
p_i(t_k) = p_i^0(t_k) &= p(E \mid \overline{D}) \\
&= \frac{p(E)\,p(\overline{D} \mid E)}{p(E)\,p(\overline{D} \mid E) + p(\overline{E})\,p(\overline{D} \mid \overline{E})} \\
&= \frac{\hat{p}_i(t_k)(1 - p_d)}{\hat{p}_i(t_k)(1 - p_d) + (1 - \hat{p}_i(t_k))(1 - p_f)}
\end{aligned} \tag{5.25}
$$

式（5.25）中 $p_i^0(t_k)$ 为第 k 次成像卫星过境观测在网格 i 中未发现目标，网格 i 的后验概率。

（3）在网格 $i \in \mathrm{strip}_{\mathrm{opt}}^k$ 内未发现目标但发现障碍物，则目标在网格 i 中的后验概率为

$$
p_i(t_k) = 0 \tag{5.26}
$$

（4）未进行观测的网格中，目标的分布概率保持不变，即当 $i \notin \mathrm{strip}_{\mathrm{opt}}^k$ 时，

$$p_i(t_k) = \hat{p}_i(t_k) \tag{5.27}$$

由式（5.26）可知当成像卫星观测发现环境中的海面障碍物后，将搜索图中障碍物位置处的网格目标发现概率更新为 0，使得卫星在后续搜索活动中将更加关注于任务区域内无障碍物海面区域。

2）基于目标运动预测的搜索图更新方法

在搜索任务中，移动目标的位置及运动规律通常是不确定的，常采用马尔可夫过程[89-91]来描述此类海面移动目标的运动状态。本书在使用搜索图建立的多障碍物海面移动目标搜索环境模型的基础上，假设海面移动目标在任务区域的网格内做随机马尔可夫运动。设搜索图网格空间为 I，$L(t) = j$，$1 \leqslant j \leqslant M$，$j \in I$，表示在 t 时刻目标位于编号为 j 的网格中，$P\{L(t) = j,\ j \in I\}$ 表示 t 时刻编号为 j 的网格中目标存在的概率。图 5.7 为搜索图网格空间的示意图，目标运动状态为目标经过一个时间步长 Δt 能够运动到当前位置所在网格的相邻网格，或仍在该网格中停留。

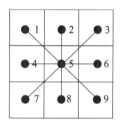

图 5.7　搜索图网格空间示意图

设目标状态空间：$L(0) = I_0$，$L(0 + \Delta t) = I_1$，$\cdots$，$L(t - \Delta t) = I_{n-1}$，$L(t) = I_n$，$L(t + \Delta t) = I_{n+1}$，则目标马尔可夫运动过程满足：

$$P\{L(t + \Delta t) = I_{n+1} \mid L(0) = I_0, L(0 + \Delta t) = I_1, \cdots, L(t - \Delta t) = I_{n-1}, L(t) = I_n\}$$
$$= P\{L(t + \Delta t) = I_{n+1} \mid L(t) = I_n\} \tag{5.28}$$

如图 5.7 所示，假设 t 时刻目标处于编号为 5 的网格中，即 $L(t) = 5$。经过一个时间步长在 $t + \Delta t$ 时刻目标仅能运动到与 5 相邻的网格 1，2，3，4，6，7，8，9，或仍停留在网格 5 中，故搜索图中每个网格都对应着一个 3×3 的目标转移概率矩阵，这些转移概率矩阵定义了目标的马尔可夫运动过程。将海面移动目标的运动状态按照转移概率来描述，在 t 时刻目标的一步转移概率为

$$P_{j,i}^{(1)}(t) = P\{L(t + \Delta t) = i \mid L(t) = j\}, \quad j \in I, \quad i \in A_j \tag{5.29}$$

式（5.29）表示在 t 时刻目标处于网格 j 中，经过一个时间步长 Δt，目标运动到网格 i 中的概率；A_j 表示网格 j 及其相邻的网格空间集合。

设 t 时刻目标在网格 j 的一步转移概率矩阵为 $D_j^{(1)}(t)$，由式（5.29）可知，当 t 时刻目标位于编号为 5 的网格时，其一步转移概率矩阵为

$$D_5^{(1)}(t) = \begin{bmatrix} P_{5,1}^{(1)}(t) & P_{5,2}^{(1)}(t) & P_{5,3}^{(1)}(t) \\ P_{5,4}^{(1)}(t) & P_{5,5}^{(1)}(t) & P_{5,6}^{(1)}(t) \\ P_{5,7}^{(1)}(t) & P_{5,8}^{(1)}(t) & P_{5,9}^{(1)}(t) \end{bmatrix} \tag{5.30}$$

马尔可夫运动目标 n 步转移概率为

$$P_{j,i}^{(n)}(t) = P\{L(t+n\Delta t) = i \mid L(t) = j\}, \quad i,j \in I \tag{5.31}$$

式 (5.31) 中 $t+n\Delta t$ 表示从 t 时刻开始，经过了 n 个时间步长，目标从网格 j 开始经过 n 次状态转移运动到网格 i 中的概率，它对中间的 $n-1$ 步转移所经过的状态无要求。

当 $n=1$ 时，$P_{j,i}^{(n)}(t) = P_{j,i}^{(1)}(t)$，即为一步转移概率。此外规定：

$$P_{j,i}^{(0)}(t) = \begin{cases} 0, & i \neq j \\ 1, & i = j \end{cases} \tag{5.32}$$

马尔可夫运动目标的 n 步转移概率满足 Chapman-Kolmogorov 方程[92]，即对一切 n，$r \geqslant 0$，i，$j \in I$ 有

$$P_{j,i}^{(n+r)}(t) = \sum_{\gamma \in I} P_{j,\gamma}^{(n)}(t) P_{\gamma,i}^{(r)}(t+n\Delta t) \tag{5.33}$$

式 (5.33) 表示目标在 t 时刻处于状态 j 中，经过 $n+r$ 步后转移到状态 i 过程的概率，其能够先通过 n 步到达中间状态 γ，然后再经 r 步由状态 γ 转移到状态 i。

目标运动所具有的不确定性给卫星搜索海面移动目标观测计划的制订带来了困难，在移动目标搜索任务中，为了实现对目标更精准的搜索，对目标运动进行预测是搜索过程中的关键环节。在目标运动不受限制的条件下，常采用基于高斯分布的目标运动预测方法[16,38,39]以减少搜索过程中因目标运动带来的不确定性。本书在使用搜索图建立移动目标搜索环境模型的基础上，根据目标马尔可夫运动特性分析海面障碍物对目标运动的影响，提出面向多障碍物海面的移动目标运动预测方法以更新搜索图，减少搜索过程中目标运动带来的不确定性。

在处理海面移动目标搜索任务中，若已知充分的待搜索目标的情报信息，则可以应用所知信息赋予符合目标实际运动情况的目标转移概率。当情报信息不够充分时，可假设目标经过一个时间步长 Δt 运动到当前位置所在网格的相邻网格空间或停留在当前网格的概率分布服从均匀分布，即取

$$P_{j,i}^{(1)}(t) = \frac{1}{9}, \quad j \in I, \quad i \in A_j \tag{5.34}$$

海面移动目标在航行过程中能够对周围海面环境进行探测以保证航程安全，当相邻网格中存在障碍物时，目标能发现该障碍物并采取规避行为。图 5.8 为多障碍物海面上搜索图网格空间示意图。

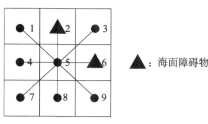

图 5.8　多障碍物海面上搜索图网格空间示意图

若 t 时刻目标存在于编号为 j 的网格之中，并探测到相邻网格空间 A_j 中网格 e 存在障碍物，则令

$$P_{j,e}^{(1)}(t) = P\{L(t + \Delta t) = e \mid L(t) = j\} = 0 \tag{5.35}$$

对于 A_j 中不存在障碍物的网格 i：

$$P_{j,i}^{(1)}(t) = P\{L(t + \Delta t) = i \mid L(t) = j\} = \frac{1}{9 - \eta} \tag{5.36}$$

式（5.36）中 η 为 A_j 中存在的障碍物总数，且 $\eta < 8$。

如图 5.8 所示，若在 t 时刻目标位置处于网格 5 之中，并发现在编号为 2 和 6 的相邻网格中存在海面障碍物，则目标将采取规避行为，由式（5.35）得

$$P_{5,2}^{(1)}(t) = P\{L(t + \Delta t) = 2 \mid L(t) = 5\} = 0$$

$$P_{5,6}^{(1)}(t) = P\{L(t + \Delta t) = 6 \mid L(t) = 5\} = 0$$

对于不存在障碍物的网格 i，$i = 1, 3, 4, 5, 7, 8, 9$，由式（5.36）得

$$P_{5,i}^{(1)}(t) = P\{L(t + \Delta t) = i \mid L(t) = 5\} = \frac{1}{7}$$

则结合式（5.39）得出 t 时刻目标在网格 5 的一步转移概率矩阵为

$$D_5^{(1)}(t) = \begin{bmatrix} \dfrac{1}{7} & 0 & \dfrac{1}{7} \\[2mm] \dfrac{1}{7} & \dfrac{1}{7} & 0 \\[2mm] \dfrac{1}{7} & \dfrac{1}{7} & \dfrac{1}{7} \end{bmatrix}$$

在所用成像卫星资源第 k 次过境任务区域实施观测后，利用所获得的探测信息采用式（5.24）～式（5.27）更新搜索图，获得搜索图中目标后验概率分布。因成像卫星对同一区域观测不连续的特点，只能在离散的时间点 t_1, $\cdots$, t_k, t_{k+1}, $\cdots$, t_{N_V} 获得观测时间窗，在成像卫星第 $k+1$ 次过境任务区域前，目标在任务区域中处于运动状态，搜索图需基于目标运动特征再次更新，以获得 t_{k+1} 时刻目标在搜索图中的先验概率分布，从而指导卫星进行第 $k+1$ 次过境搜索。设 $t_{k+1} - t_k = m_k \Delta t$，$m_k \geqslant 0$，$m_k$ 为两个相邻时间窗观测时刻 t_k 与 t_{k+1} 之间间隔的时间步长数量。目标在一个时间步长内可实现一次在搜索图网格空间上的转移，则

在 t_k 与 t_{k+1} 之间共实现了 m_k 次运动转移。

由马尔可夫过程 n 步转移概率，可得对任意的 i，$j \in I$，在所用成像卫星资源第 k 次与第 $k+1$ 次观测之间目标转移概率为 $P_{j,i}^{(m_k)}(t_k)$，并满足 Chapman-Kolmogorov 方程。

由上述分析可知，在已知移动目标的初始概率分布及其一步转移概率的条件下，能够求得在有限时间和状态空间下目标在搜索图中的运动预测概率分布。已知在第 k 次观测后，目标在网格 j 中的后验概率为 $p_j(t_k)$，$t_{k+1} - t_k = m_k \Delta t$，$m_k \geqslant 0$。假设 t_k 时刻目标在网格 j 中，则目标在 t_{k+1} 时刻移动到网格 i 中的概率为

$$P_{j,i}^{(m_k)}(t_k) = P\{L(t_k + m_k \Delta t) = i \mid L(t_k) = j\} \tag{5.37}$$

因目标必然在任务区域中移动，则有

$$\sum_{i=1}^{M} P_{j,i}^{(m_k)}(t_k) = 1, \ j \in I \tag{5.38}$$

进一步可得第 $k+1$ 次观测时目标存在于网格 i 的先验概率为

$$\hat{p}_i(t_{k+1}) = \sum_{j=1}^{M} P_{j,i}^{(m_k)}(t_k) p_j(t_k) \tag{5.39}$$

在面向多障碍物海面移动目标多星协同搜索任务中，基于搜索图建立的目标搜索环境模型，在卫星搜索过程中，首先根据成像卫星过境观测获得的探测信息更新搜索图，然后通过目标运动预测方法计算在两次相邻的观测活动之间的目标转移概率再一次进行更新，从而获得下次卫星观测时目标在搜索图中的先验概率分布。即搜索图更新方法包括基于探测信息更新和基于目标运动预测更新两个方面，这两个方面分别体现了目标搜索过程中，对环境信息的获取和对目标信息的预测，随着搜索活动的进行，搜索图不断更新，从而指导卫星观测。

2. 卫星观测条带决策方法

根据卫星成像的特点，当成像卫星飞行到目标任务区域上空时需从可选观测条带集合 Strip^k 中选择一个条带 $\text{strip}_{\text{opt}}^k$ 进行观测，因不同的观测条带覆盖的网格不同，故需根据任务要求选择观测收益最大的条带进行成像。在搜索图建模的基础上，当所用成像卫星资源第 k 次过境任务区域时，可以获得待搜索目标在搜索图中的先验概率分布（$k=1$ 时为目标在搜索图中的初始概率分布），文献[41]给出了依据目标先验概率分布，成像卫星过境搜索时 5 种观测条带选择方法，包括以下几个策略。

(1) 随机搜索策略。从 Strip^k 中随机选择一个条带实施成像：

$$\text{strip}_{\text{opt}}^k = \text{Random}(\text{Strip}^k) \tag{5.40}$$

(2) 最大概率网格策略。选择卫星可视范围内目标先验概率最大的网格所在的条带进行成像：

$$\text{strip}_{\text{opt}}^k = \max_{\text{strip}_x^k \in \text{Strip}^k} (\hat{p}_i(t_k)),\ i \in \text{strip}_x^k \tag{5.41}$$

（3）最大发现概率和策略。从 Strip^k 中选择各条带所覆盖的网格目标先验概率之和最大的一条进行成像：

$$\text{strip}_{\text{opt}}^k = \max_{\text{strip}_x^k \in \text{Strip}^k} \sum_{i \in \text{strip}_x^k} \hat{p}_i(t_k) \tag{5.42}$$

（4）最大覆盖策略。从 Strip^k 中选择所覆盖网格数最多的一条进行成像：

$$\text{strip}_{\text{opt}}^k = \max_{\text{strip}_x^k \in \text{Strip}^k} (\text{CountGrid}(\text{strip}_x^k)) \tag{5.43}$$

式（5.43）中 $\text{CountGrid}(\text{strip}_x^k)$ 函数表示计算条带 strip_x^k 所覆盖的网格数。

（5）最大信息熵增量策略。

目标搜索过程中，利用星载传感器对地观测是为了获得环境和目标信息，故可以从信息论的角度用获得信息的多少来衡量卫星过境观测的收益。在建立环境模型时，使用目标在任务区域中的概率分布表示目标及环境信息后，借鉴 Berry 等[38,39] 的方法，采用信息熵衡量环境的不确定程度。随着观测信息增加，环境的熵值减小，从而以环境的熵变值衡量观测活动所获得信息的多少。已知第 k 次过境观测前目标在网格 i 中的先验概率为 $\hat{p}_i(t_k)$，由信息熵计算公式得到此时网格 i 的先验信息熵为

$$\hat{h}_i(t_k) = -\hat{p}_i(t_k) \log_2(\hat{p}_i(t_k)) - (1 - \hat{p}_i(t_k)) \log_2(1 - \hat{p}_i(t_k)) \tag{5.44}$$

基于在 t_k 时刻的目标先验概率分布，成像卫星在调用星载传感器进行观测时，如果所选观测条带覆盖了网格 i 且在网格 i 中发现目标，则网格 i 的后验概率为

$$p_i^1(t_k) = \frac{\hat{p}_i(t_k) p_d}{\hat{p}_i(t_k) p_d + (1 - \hat{p}_i(t_k)) p_f} \tag{5.45}$$

如果未发现目标，则网格 i 的后验概率为

$$p_i^0(t_k) = \frac{\hat{p}_i(t_k)(1 - p_d)}{\hat{p}_i(t_k)(1 - p_d) + (1 - \hat{p}_i(t_k))(1 - p_f)} \tag{5.46}$$

则网格 i 对应的后验信息熵为

$$h_i^1(t_k) = -p_i^1(t_k) \log_2(p_i^1(t_k)) - (1 - p_i^1(t_k)) \log_2(1 - p_i^1(t_k)) \tag{5.47}$$

式（5.47）中 $h_i^1(t_k)$ 为成像卫星第 k 次过境在网格 i 中发现目标，网格 i 的后验信息熵。

$$h_i^0(t_k) = -p_i^0(t_k) \log_2(p_i^0(t_k)) - (1 - p_i^0(t_k)) \log_2(1 - p_i^0(t_k)) \tag{5.48}$$

式（5.48）中 $h_i^0(t_k)$ 为成像卫星第 k 次过境在网格 i 中未发现目标，网格 i 的后验信息熵。

网格 i 的期望信息熵为

$$
\begin{aligned}
E(h_i(t_k)) &= P(D) h_i^1(t_k) + P(\overline{D}) h_i^0(t_k) \\
&= (p_d \hat{p}_i(t_k) + p_f(1 - \hat{p}_i(t_k))) h_i^1(t_k)
\end{aligned}
$$

$$+ (1 - p_d \hat{p}_i(t_k) - p_f(1 - \hat{p}_i(t_k)))h_i^0(t_k) \tag{5.49}$$

式 (5.49) 中 D 代表发现目标事件，则最大信息熵增量算法即从 Strip^k 中选择一条所覆盖的网格信息熵增量最大的条带进行观测

$$\mathrm{strip}_{\mathrm{opt}}^k = \max_{\mathrm{strip}_x^k \in \mathrm{Strip}^k} \sum_{i \in \mathrm{strip}_x^k} (\hat{h}_i(t_k) - E(h_i(t_k))) \tag{5.50}$$

文献 [40] 通过实验验证了以上五种方法的使用效果，其中最大发现概率和策略与最大信息熵增量策略的效果和适用性比较好。在很多研究中目标发现概率和环境信息熵变也是针对移动目标搜索任务的两个常用的衡量观测收益的指标，但是两者并不总是兼容的，反映为在观测条带集合中最大概率发现目标的条带并不一定能最大地减少环境不确定性，反之亦然。单纯考虑目标发现概率收益，则忽略了目标运动的未知性、环境的不确定性、星载传感器的不完善性、数据处理能力的不完备性等不确定性因素；而单纯考虑环境信息熵变收益使每次卫星过境观测都尽量减少环境的不确定性，则忽略了任务目的是发现任务区域中待搜索目标这一本质需求。在这种情况下需对两种收益指标进行衡量以确定卫星过境观测时星载传感器的最佳观测条带。本书针对多障碍物海面搜索环境的特点，采用目标发现概率收益与环境期望信息熵变收益相结合的卫星观测条带选择方法。目标函数采用动态权重因子随观测活动的进行，动态调整目标发现概率收益与环境期望信息熵变收益的权重。

对于成像卫星第 k 次过境任务区域，其可视范围内任意观测条带 $\mathrm{strip}_x^k \in \mathrm{Strip}^k$，由式 (5.42) 可得 strip_x^k 的目标发现概率收益为

$$F_p(\mathrm{strip}_x^k) = \sum_{i \in \mathrm{strip}_x^k} p_i(t_k) \tag{5.51}$$

由式 (5.50) 可得 strip_x^k 的环境期望信息熵变收益为

$$F_h(\mathrm{strip}_x^k) = \sum_{i \in \mathrm{strip}_x^k} (\hat{h}_i(t_k) - E(h_i(t_k))) \tag{5.52}$$

因目标发现概率收益和环境期望信息熵变收益单位不相同，参照文献 [16] 对它们进行归一化处理，则本书对成像卫星第 k 次过境任务区域某一观测条带 strip_x^k 的观测收益定义如下：

$$F(\mathrm{strip}_x^k) = w_1 \times \frac{F_p(\mathrm{strip}_x^k)}{\sum\limits_{z=1}^{g} F_p(\mathrm{strip}_z^k)} + w_2 \times \frac{F_h(\mathrm{strip}_x^k)}{\sum\limits_{z=1}^{g} F_h(\mathrm{strip}_z^k)} \tag{5.53}$$

式 (5.53) 表示第 k 次成像卫星过境任务区域观测，条带 strip_x^k 的观测收益。其中 g 为观测条带集合 strip^k 所包含的所有条带数，w_1，w_2 分别为目标发现概率收益权重和环境期望信息熵变收益权重，且 $w_1 + w_2 = 1$。

在多障碍物海面搜索环境下，根据待搜索移动目标规避环境障碍物的特性，

可知当所选观测条带在本次观测时发现了环境障碍物，能确定在后续的搜索过程里目标不会出现在该网格中，此时该网格的目标发现概率将更新为 0。由信息论原理可知概率为 0 或 1 的事件的不确定度为 0[93]。因待搜索目标信息不足，在搜索初始时刻常假设目标出现在环境模型各网格中的概率相同，因此越早发现环境中的障碍物，越能最大程度地降低环境不确定性，从而为后续观测活动能更多地发现目标做出贡献。由此在多障碍物海面环境下成像卫星过境搜索时可设

$$\begin{cases} w_1 = 1 - \dfrac{1}{k}, \\ w_2 = \dfrac{1}{k}, \end{cases} \quad k = 1,\ 2,\ \cdots,\ N_V \tag{5.54}$$

结合式（5.53），本书的观测收益目标函数为

$$F(\text{strip}_x^k) = \left(1 - \frac{1}{k}\right) \times \frac{F_p(\text{strip}_x^k)}{\sum\limits_{z=1}^{g} F_p(\text{strip}_z^k)} + \frac{1}{k} \times \frac{F_h(\text{strip}_x^k)}{\sum\limits_{z=1}^{g} F_h(\text{strip}_z^k)} \tag{5.55}$$

式（5.54）中 k 为卫星过境次数，k 值增大使得目标发现概率收益权重 w_1 也逐渐增大，而环境期望信息熵变权重 w_2 逐渐减小，即搜索活动前期关注点在于减少环境的不确定性，随着观测活动的进行将更加关注于发现待搜索移动目标。

卫星观测条带选择方法为

$$\text{strip}_{\text{opt}}^k = \max_{\text{strip}_x^k \in \text{Strip}^k} F(\text{strip}_x^k) \tag{5.56}$$

即成像卫星第 k 次过境任务区域观测时会选择使目标函数最大的观测条带进行成像。

5.5　实验、结果与讨论

5.5.1　多星协同海面移动目标搜索实验

1. 实验环境设置

本节针对多星协同搜索多障碍物海面移动目标任务进行仿真实验，从而对所提方法的有效性进行验证。实验所用的计算机操作系统为 Windows10、处理器为 Intel®Core™i7-7700 CPU @ 3.60GHz，内存为 16GB。实验采用编译语言为 C♯，在 Visual Studio 2012 开发环境下编程实现。

2. 实验流程设计

仿真实验场景设定搜索时间段为 [1 Aug 2017 12：00：00.000 UTCG，2 Aug 2017 12：00：00.000 UTCG]，假设根据所获得的先验信息判断目标在该时间段内任务区域位置如表 5.1 所示，在任务区域内有 6 个待搜索移动目标，目标

初始位置及其运动规律未知。仿真实验操作步骤如下。

步骤1：在任务场景中添加卫星及传感器资源，并根据待搜索目标相关先验信息生成目标任务区域；

步骤2：对任务区域进行网格划分处理，将所划分的网格信息存储在相应的数据库中；

步骤3：调用STK访问计算模块，计算场景中所用的成像卫星资源对目标任务区域的时间窗数据；

步骤4：初始化数据库中网格信息；

步骤5：计算第一次过境任务区域的成像卫星各观测条带所覆盖的网格信息，统计各条带的观测收益并选用收益最大的条带执行观测；

步骤6：根据所获得的卫星探测信息更新数据库中的网格信息，转到步骤7；

步骤7：判断是否有剩余观测时间窗，即是否仍有观测机会，若无则结束任务，若有则转到步骤8；

步骤8：计算下次观测时间与当前观测活动执行时间的时间间隔，转到步骤9；

步骤9：采用移动目标运动预测方法再次更新数据库中的网格信息，转到步骤10；

步骤10：计算本次过境任务区域的成像卫星各观测条带所覆盖的网格信息，统计各条带的观测收益并选用最大收益的条带执行观测，并转到步骤6。

表5.1　任务区域位置

位置点	纬度/(°)	经度/(°)	面积/km²
左上角	26	122	
左下角	20	122	408750
右上角	26	128	
右下角	20	128	

仿真实验采用真实的卫星轨道数据，在场景中添加6颗成像卫星资源协同对任务区域内的待搜索移动目标进行搜索，成像卫星资源Sat1～Sat6轨道信息如表5.2所示。

表5.2　卫星轨道信息

成像卫星资源	半长轴/km	轨道偏心率	轨道倾角/(°)	升交点赤经/(°)	近地点幅角/(°)	平近点角/(°)
Sat1	7209.103686	0.001495	98.395	242.697	129.533	67.701
Sat2	7009.069135	0.000922	97.914	298.447	176.762	123.999

续表

成像卫星资源	半长轴/km	轨道偏心率	轨道倾角/(°)	升交点赤经/(°)	近地点幅角/(°)	平近点角/(°)
Sat3	6678.137000	0.000000	28.500	0.000	0.000	360.000
Sat4	7020.442296	0.004228	98.320	280.561	154.501	179.089
Sat5	6866.671470	0.002252	97.517	141.505	57.600	182.328
Sat6	7150.182697	0.001068	98.323	278.721	51.233	166.911

在卫星资源 Sat1～Sat6 上各添加一个能力相同的星载传感器,本书的仿真实验假设传感器分辨率满足海面移动目标搜索任务的成像要求。传感器侧摆角度范围为 $[-25°,25°]$,视场角为 $5°$,$p_d=0.85$,$p_f=0.15$。计算得到成像卫星资源在仿真时间段内共有 9 次过境任务区域,时间窗信息如表 5.3 所示。

表 5.3　卫星过境任务区域时间窗信息

载荷	时间窗开始时间	时间窗结束时间	持续时间/s
Sat6-Sensor6	1 Aug 2017 13:42:43.896	1 Aug 2017 13:44:54.412	130.516
Sat2-Sensor2	1 Aug 2017 15:21:20.744	1 Aug 2017 15:23:19.348	118.604
Sat5-Sensor5	1 Aug 2017 18:06:50.592	1 Aug 2017 18:08:32.901	102.309
Sat3-Sensor3	1 Aug 2017 21:06:26.749	1 Aug 2017 21:08:29.940	123.191
Sat4-Sensor4	1 Aug 2017 22:33:22.322	1 Aug 2017 22:35:24.860	122.538
Sat1-Sensor1	1 Aug 2017 23:36:25.236	1 Aug 2017 23:38:29.182	123.947
Sat6-Sensor6	2 Aug 2017 02:01:55.884	2 Aug 2017 02:03:58.954	123.070
Sat2-Sensor2	2 Aug 2017 03:19:26.835	2 Aug 2017 03:21:22.829	115.994
Sat5-Sensor5	2 Aug 2017 05:45:25.132	2 Aug 2017 05:46:36.890	71.757

设定待搜索海面移动目标速度估计在 10～15 节,时间步长 $\Delta t=1h$。将任务区域以边长 $0.2°$ 的粒度划分为 $30×30$ 的网格,并编号为 1～900。仿真开始前初始化各网格目标存在概率为 0.5。基于以上所设计的实验场景进行了两个部分的实验,分别为:①搜索图更新方法对比实验;②卫星观测条带选择方法对比实验。为减小误差的影响,每组实验重复 100 次取运行结果的平均值。

3. 实验结果与分析

使用搜索图建立海面移动目标多星协同搜索环境模型,搜索图更新方法包括基于探测信息的搜索图更新方法和基于目标运动预测的搜索图更新方法两部分,两者分别体现了移动目标搜索过程中对环境信息的获取和对目标运动的预测。通过随机生成的方法随机生成三组任务区域内的障碍物位置,使障碍物分别覆盖网格空间中的 50,100,150 个网格。为验证面向多障碍物海面搜索环境所改进的搜索图更新方法的效果,本节仿真实验中的目标函数采用式(5.53)并取 $(w_1,w_2)=(1,0)$,即在卫星观测条带的选择上仅统计观测活动的目标发现概率收益。

1) 基于探测信息的搜索图更新方法的对比实验

针对多障碍物搜索海面，在成像卫星过境对任务区域观测后基于卫星探测所获信息，在文献 [16] 搜索图更新方式的基础上进行了改进，即当卫星探测到海面障碍物位置后能确定在后续的搜索过程中目标必定不会出现在障碍物的位置，据此将障碍物位置处的目标后验概率更新为 0，以使卫星搜索更关注于任务区域内的无障碍物海面。实验将本节所用的面向多障碍物海面改进的基于探测信息的搜索图更新方法与文献 [16] 中不考虑海面障碍物基于探测信息的搜索图更新方法进行比较，在环境中无障碍物以及障碍物分别覆盖 50，100，150 个网格四种情景下，实验结果如图 5.9 所示。

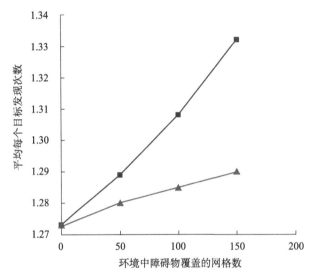

图 5.9　基于探测信息的搜索图更新方法结果对比

由图 5.9 可知，当环境中不存在障碍物时，两种方法的效果相同。随着环境中障碍物覆盖的网格数增加，两种方法效果都有提升，这是因为环境中障碍物的增加使目标在任务区域内的活动范围减小，因此更容易发现目标。但从图中可以看出本节面向多障碍物海面改进的基于探测信息的搜索图更新方法从提升速度和幅度上效果更好，因此本节做出的改进在面向多障碍物海面搜索环境下是有效的。

2) 基于目标运动预测的搜索图更新方法的对比实验

在移动目标搜索任务中，对目标运动预测越精准，搜索效果必然越好。针对不同的搜索环境及待搜索目标的特性需采取相适应的运动预测方法。本节针对位置及运动规律未知的待搜索海面移动目标，以马尔可夫运动过程描述目标运动状态。根据马尔可夫运动目标的特性，分析海面障碍物对目标运动的影响。在以搜索图建立的多障碍物海面移动目标搜索环境模型的基础上，提出面向多障碍物搜索海面移动目标运动预测方法，以计算目标转移概率更新搜索图。为验证本节目标运动预测方法效果，仿真实验在搜索过程中基于探测信息的搜索图更新环节采用本节改进的更新方法，目标运动预测环节将本节所提出的面向多障碍物搜索海面移动目标运动预测方法与不采用目标运动预测方法，以及基于高斯分布的目标运动预测方法进行对比。其中不采用目标运动预测方法，即在搜索任务执行过程中取消了目标运动预测环节，搜索图在根据卫星探测信息更新后不再基于目标运动预测进行更新；基于高斯分布的目标运动预测方法，即在根据卫星探测信息进行搜索图更新后再基于该方法进行移动目标运动预测进一步更新搜索图。

　　通过仿真对比实验对本章所提目标运动预测方法的可行性、方法效果、稳定性和时间效率进行分析。

　　在任务区域海面中无障碍物以及障碍物分别覆盖 50，100，150 个网格四种情景下，在根据卫星探测信息利用式（5.24）～式（5.27）进行搜索图更新的基础上，当目标运动预测环节时，针对不采用目标运动预测方法，采用基于高斯分布的目标运动预测方法，以及采用面向多障碍物搜索海面的移动目标运动预测方法三种策略分别设计了仿真实验，统计并比较了各策略下平均每个目标发现次数。仿真实验结果如图 5.10 所示。

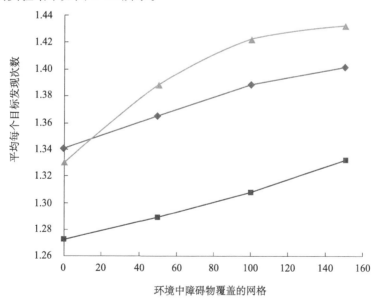

图 5.10　不同障碍物规模下各策略平均每个目标发现次数

由图 5.10 仿真实验结果可得出以下结论。

(1) 与经验相符，无论任务区域内障碍物覆盖网格数量多少，不采用目标运动预测模块的搜索方法平均目标发现次数最少。这说明在处理成像卫星搜索海面移动目标任务时进行目标运动预测能有效地提高目标的发现次数。

(2) 在任务区域障碍物覆盖网格数为 0 时，即在无海面障碍物情形下，本章提出的方法效果接近于常用的基于高斯分布的目标运动预测方法，且明显高于不采用目标运动预测方法，因此这种方法是可以接受的。随着环境中障碍物覆盖的网格数量的增加，三种策略下平均每个目标发现次数都在增加。同样，因为环境中障碍物数量的增加，目标在任务区域内的活动范围减小，因此更容易发现目标。但从增长速度上来看，在目标运动预测环节不采用目标运动预测方法和采用基于高斯分布的目标运动预测方法增长速度大致相同，而采用本章方法平均每个目标发现次数都得到快速增长。实验结果说明在成像卫星搜索多障碍物海面上航行的移动目标问题上，在目标运动预测环节相比于另外两种处理策略，采用本章方法做目标运动预测时卫星搜索效果更好。

为分析搜索效果随成像卫星过境观测次数变化的趋势，在环境中障碍物覆盖网格数为 150 的情况下，以及根据卫星探测信息进行搜索图更新的基础上，在目标运动预测环节针对三种目标运动预测处理策略重复 100 次实验，记录平均发现目标个数随卫星过境任务区域次数的变化情况，如图 5.11 所示。

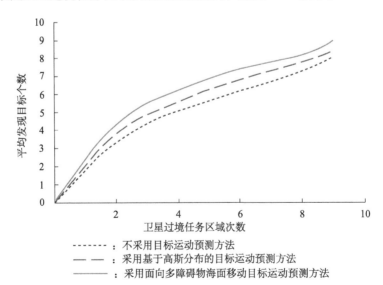

图 5.11 平均发现目标个数随卫星过境任务区域次数变化分析

由图 5.11 可以看出，随着卫星搜索的进行，采用本章方法相比于其他两种方法平均发现目标个数最多且增长速度较快。实验结果说明面向多障碍物海面环境下成像卫星搜索海上移动目标时，在目标运动预测环节上采用本章方法相比于另外两种策略能在有限的过境搜索机会下更多更快地搜索到目标，使有限的可用卫星资源得到充分利用。

在环境中障碍物覆盖 150 个网格的情形下，针对三种策略进行 100 次仿真实验，统计各策略下每组实验发现目标的次数，计算并比较各方法下发现目标次数的平均值及方差，详情见表 5.4。

表 5.4　目标发现次数频次统计表

目标发现次数	运动预测策略		
	不采用目标运动预测方法	基于高斯分布的目标运动预测方法	面向多障碍物搜索海面动目标运动预测方法
5	6	3	1
6	11	6	5
7	24	23	8
8	30	34	26
9	22	25	33
10	4	4	25
11	3	5	2
平均值	7.75	8.04	8.68
方差	1.808	1.598	1.418

由表 5.4 统计结果可知，在成像卫星搜索多障碍物海面移动目标时，目标运动预测环节采用本章方法相比于另外两种方法具有更好的稳定性。

海面移动目标搜索任务一般具有较高的时敏性要求，搜索方法需能快速响应任务需求。为分析方法的时间效率，分别在不同的网格划分规模下，在卫星探测信息进行搜索图更新的基础上，针对三种目标运动预测环节处理策略进行实验。表 5.5 记录了在任务区域网格划分规模分别在 10×10，20×20，30×30，40×40，50×50，60×60 下实验的耗时数据。

表 5.5　目标运动预测方法实验耗时统计

网格划分规模	目标预测策略		
	不采用目标运动预测方法	基于高斯分布的目标运动预测方法	面向多障碍物搜索海面动目标运动预测方法
10×10	1.268	12.246	7.558
20×20	3.369	53.622	12.422
30×30	9.257	130.462	29.557
40×40	22.068	283.205	68.970
50×50	49.631	527.234	213.116
60×60	94.558	892.069	399.045

由表 5.5 可知，随着任务区域网格划分规模的增加，各方法耗时都在增长。当不采用目标运动预测方法时，因搜索过程缺少目标运动预测环节，实验耗时最少。但由上述方法可行性及方法效果分析可知，不进行目标运动预测时搜索效果最差。在采用目标运动预测的情况下，在该环节采用本章运动预测方法实验耗时明显小于采用基于高斯分布的目标运动预测方法，且随着网格划分规模的增加，实验耗时差距更加显著。

通过比较搜索任务目标运动预测环节的三种处理策略的仿真实验结果，可得出采用成像卫星资源在面向多障碍物海面环境下进行移动目标搜索，在目标运动预测环节，本章预测方法综合性能较优。

5.5.2 观测条带选择方法的对比实验

本书在卫星观测条带的选择方法上设计了针对多障碍物海面搜索环境下的观测收益，考虑了目标发现概率收益和环境期望信息熵变收益，并结合多障碍物海面搜索环境的特点，取两项收益权重值 $(w_1, w_2) = (1-1/k, 1/k)$。为验证本章卫星观测条带选择方法在多障碍物海面搜索环境下的效果，在环境中障碍物覆盖 150 个网格的情形下，将其与典型的仅考虑目标发现概率收益即 $(w_1, w_2) = (1, 0)$ 和仅考虑环境期望信息熵变收益即 $(w_1, w_2) = (1, 0)$ 的卫星观测条带选择方法进行对比实验，实验过程中搜索图更新方法采用 5.5.1 节验证有效的面向多障碍物海面所改进的基于探测信息的搜索图更新方法和基于目标运动预测的搜索图更新方法，实验结果如表 5.6 所示。

表 5.6 w_1，w_2 不同取值下的每个目标的平均发现次数

w_1	w_2	每个目标的平均发现次数
1	0	1.432
0	1	1.396
$1-1/k$	$1/k$	1.481

由表 5.6 可以看出，当搜索任务关注环境中待搜索目标的发现次数时，卫星观测条带的选择方法仅关注目标发现概率收益的实验结果比仅考虑环境期望信息熵变收益的实验结果要好，而综合考虑两种收益并在取 $(w_1, w_2) = (1-1/k, 1/k)$ 的情况下每个目标的平均发现次数最多。因为当 $w_1 = 0$ 时卫星过境观测的目的仅是为减少环境不确定性，而在多障碍物海面环境下导致的不确定性因素不仅有待搜索移动目标，环境中的障碍物也带来了一定的不确定性，若能先确定环境中障碍物的位置信息，则有利于在后续搜索活动中更多地发现待搜索海面移动

目标。实验结果说明在成像卫星搜索多障碍物海面移动目标任务中，本章所提出的卫星观测条带选择方法对搜索效果有一定的改进作用。

5.5.3　海面移动目标航迹预测实验

1. 实验设置

选择从 MarineCadastre.gov 下载的 AIS 原始航迹数据进行预测实验。为保证航迹预测的规律性，选取具有非对抗行为的商用或民用船舶作为实验对象，实验数据采用 2017 年 1~2 月在通用横墨卡托区域 1~10（UTM zone one-ten）范围内航行的商用及民用类型的船舶共计 719624 条真实航迹数据。该数据内船舶航行的海域经纬度范围为（121.75°E，28.25°N）~（175.25°E，54.75°N）。为便于实验，根据船舶航行区域相应地将 AIS 数据分为 10 个数据组，每组包含 71000 条左右的数据。

2. 实验结果与分析

GRU 循环神经网络预测模型的参数具体如下：样本训练次数（epoch[①]）为 2，批处理数量（batch size）为 32，神经元（neuron）数量为 100。训练样本和测试样本的比例为 80% 和 20%，模型输入序列的长度为 30。为验证所提方法在实际问题中的应用效果，分别进行 10 组数据实验，具体实验结果如表 5.7 所示。由表中数据可知，计算耗时最短为 102.41s，最长为 123.65s；预测误差最小为 0.135%，最大为 0.613%；计算可得平均耗时为 111.031s，平均误差为 0.374%。实验结果表明，所提方法能够有效地解决实际中的船舶航迹预测问题，具有较好的实用性。

表 5.7　AIS 数据实验结果

模型	模型参数	数据组	耗时/s	均方误差（MSE）
GRU 预测模型	神经元数量＝100 样本训练次数＝2 批处理数量＝32	数据 1	102.41	0.00176
		数据 2	110.35	0.00405
		数据 3	118.64	0.00613
		数据 4	103.02	0.00386
		数据 5	121.63	0.00612
		数据 6	107.87	0.00221
		数据 7	104.67	0.00135
		数据 8	123.65	0.00596
		数据 9	110.83	0.00261
		数据 10	107.24	0.00338

注：下划线代表实验数据中的最小值和最大值。

---

① 1epoch 等于使用训练集中的全部样本训练一次。

为验证所提的数据预处理算法在船舶航迹预测问题中的有效性，将上述 10 组数据在不经过预处理的情况下直接用于 GRU 模型进行训练及预测，所得预测效果与上述实验对比，如图 5.12 所示。从图中可以看出，无论在计算耗时还是在预测误差方面，经过预处理的预测效果显著优于未进行预处理优化的效果，从而证明了所设计的数据预处理算法的有效性。

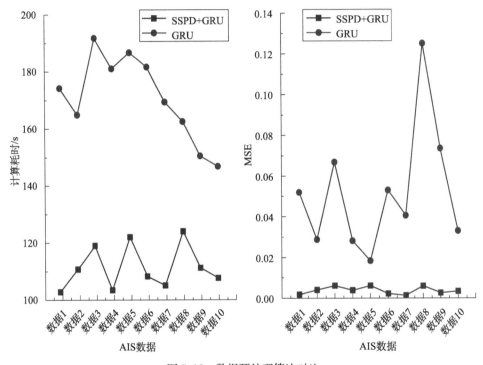

图 5.12　数据预处理算法对比

为验证 GRU 预测模型相比 LSTM 预测模型在计算耗时和预测精度方面的优势，选取 10 组数据进行 GRU 模型和 LSTM 模型在保持参数不变情况下的对比实验，实验结果如图 5.13 所示。由于 GRU 具有较简单的单元结构，其计算耗时明显短于 LSTM；在预测误差方面，GRU 与 LSTM 具有相近的较小误差，同时 GRU 的误差略小于 LSTM。为进一步定量说明在预测精度方面 GRU 模型相比于 LSTM 模型的优势，两者的详细对比如图 5.13 所示。图 5.13 表示在 10 组实验数据中 GRU 的预测误差均小于 LSTM，且在所有实验中 GRU 计算耗时明显小于 LSTM。从整体来看，无论在计算耗时还是在预测精度方面，GRU 模型更适合船舶航迹预测问题。为理想的预测效果。

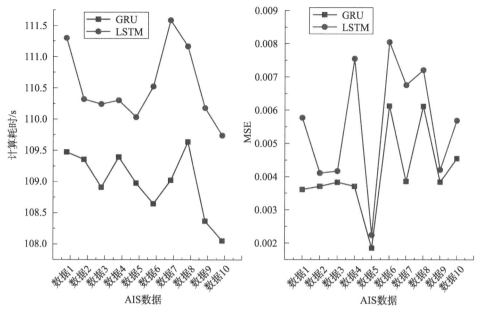

图 5.13　GRU 和 LSTM 预测模型对比

5.6　本 章 小 结

　　本章阐述了成像卫星海面移动目标搜索任务的规划问题,将其分解为航迹预测和多星协同搜索两个子问题。在航迹预测方面,提出了一种数据驱动的航迹预测方法,设计了基于 LSTM 和 GRU 的神经网络预测模型。在协同搜索方面,提出了一种基于搜索图的海面移动目标多星协同搜索方法,分析了成像卫星协同搜索海面移动目标的任务处理流程,改进了搜索图的更新方法,并在卫星观测条带的选择方法上综合考虑了目标发现概率和环境期望信息熵以衡量观测活动收益,改进了目标函数。

　　本章使用了 AIS 数据进行数据预处理对比实验、GRU 和 LSTM 预测模型对比实验以及 GRU 模型的参数优化实验。验证了航迹预测方法的有效性。设计了搜索图更新实验和协同搜索条带选择实验。通过对实验结果进行分析总结,验证了海面移动目标多星协同搜索方法的有效性。

参 考 文 献

[1] 慈元卓,白保存,阮启明,等. 多星侦察移动目标:一种基于潜在区域的求解策略 [J]. 传感技术学报,2008,21 (6):1015-1019.

［2］ Koopman B O. The theory of search. I. kinematic bases ［J］. Operations Research，1956，4 (3)：324-346.

［3］ Koopman B O. The theory of search. II. target detection ［J］. Operations Research，1956， 4 (5)：503-531.

［4］ Koopman B O. The theory of search：III. the optimum distribution of searching effort ［J］. Operations Research，1957，5 (5)：613-626.

［5］ Stoe L D. Theory of Optimal Search ［M］. New York：Academic Press，1975.

［6］ 刘艳红. 具有感知能力的运动目标多无人机协同搜索方法研究 ［D］. 合肥：合肥工业大 学，2017.

［7］ 刘伟，孟新. 卫星对地搜索问题研究——搜索理论的新应用 ［J］. 系统仿真学报，2007， 19 (23)：5487-5490.

［8］ 沈延航，周洲，祝小平. 基于搜索理论的多无人机协同控制方法研究 ［J］. 西北工业大学 学报，2006，24 (03)：367-370.

［9］ 彭辉，沈林成，霍霄华. 多 UAV 协同区域覆盖搜索研究 ［J］. 系统仿真学报，2007，19 (11)：2472-2476.

［10］ Katsilieris F，Boers Y，Driessen H. Optimal Search：A Practical Interpretation of Infor- mation-Driven Sensor Management ［C］ //2012 15th International Conference on Informa- tion Fusion. 9-12 July 2012，Singapore，IEEE：439-446.

［11］ Thi H A，Nguyen D M，Pham Dinh T. A DC programming approach for planning a multi sensor multizone search for a target ［J］. Computers & Operations Research，2014，41 (1)：231-239.

［12］ Berger J，Lo N. An innovative multi-agent search-and-rescue path planning approach ［J］. Computers & Operations Research，2015，53：24-31.

［13］ 李长明，吴焕芹. 目标搜索的搜力配置、最优停搜及期望利润 ［J］. 军事系统工程， 1998，(02)：3-5.

［14］ Hollinger G，Singh S，Djugash J，et al. Efficient multi-robot search for a moving target ［J］. The International Journal of Robotics Research，2009，28 (2)：201-219.

［15］ 周浦城，洪炳镕，蔡则苏. 多机器人运动目标搜索策略研究 ［J］. 哈尔滨工业大学学报， 2005，37 (7)：879-882.

［16］ 慈元卓，贺仁杰，徐一帆，等. 卫星搜索移动目标问题中的目标运动预测方法研究 ［J］. 控制与决策，2009，24 (7)：1007-1012.

［17］ 梅关林，冉晓旻，范亮，等. 面向移动目标的卫星传感器调度技术研究 ［J］. 信息工程 大学学报，2016，17 (5)：513-517.

［18］ 彭辉，沈林成，朱华勇. 基于分布式模型预测控制的多 UAV 协同区域搜索 ［J］. 航空 学报，2010，31 (3)：593-601.

［19］ 张莹莹，周德云，夏欢. 不确定环境下多无人机协同搜索算法研究 ［J］. 电光与控制， 2012，19 (2)：5-8，25.

［20］ Liang S，Baek S，Pack D. Distributed probabilistic search and tracking of agile mobile ground targets using a network of unmanned aerial vehicles [M] //Spagnolo P，Mazzeo P L，Distante C. Human Behavior Understanding in Networked Sensing. New York：Springer Publishing Company，Inc.，2014：301-319.

[21] Hu J W，Xie L H，Xu J，et al. Multi-agent cooperative target search [J]. Sensors，2014，14 (6)：9408-9428.

[22] 陈盼，吴晓锋，陈云. UUV 编队协同应召搜索马尔可夫运动目标的方法 [J]. 系统工程与电子技术，2012，34 (8)：1630-1634.

[23] Ru C J，Qi X M，Guan X N. Distributed cooperative search control method of multiple UAVs for moving target [J]. International Journal of Aerospace Engineering，2015：1-12.

[24] Agn J C，Bataille N，Blumstein D，et al. Exact and Approximate Methods for the Daily Management of an Earth Observation Satellite [C] //Artificial Intelligence and Knowledge Based Systems for Space，1996：93-107.

[25] Vasquez M，Hao J K. A "logic-constrained" knapsack formulation and atabu algorithm for the daily photograph scheduling of an earth observation satellite [J]. Computational Optimization and Applications，2001，20 (2)：137-157.

[26] Bianchessi N，Cordeau J F，Desrosiers J，et al. A heuristic for the multi-satellite, multi-orbit and multi-user management of earth observation satellites [J]. European Journal of Operational Research，2007，177 (2)：750-762.

[27] Mao T Y，Xu Z Q，Hou R，et al. Efficient satellite scheduling based on impro vedvector evaluated genetic algorithm [J]. Journal of Networks，2012，7 (3)：517-523.

[28] 李军，郭玉华，王钧，等. 基于分层控制免疫遗传算法的多卫星联合任务规划方法 [J]. 航空学报，2010，31 (8)：1636-1645.

[29] Mansour M A A，Dessouky M M. A genetic algorithm approach for solving the daily photograph selection problem of the SPOT5 satellite [J]. Computer & Industrial Engineering，2010，58 (3)：509-520.

[30] 靳鹏，余堃. 卫星目标资源综合优化调度仿真研究 [J]. 计算机仿真，2018，35 (02)：16-21.

[31] Wu G H，Liu J，Ma M H，et al. A two-phase scheduling method with the consideration of task clustering for earth observing satellites [J]. Computers & Operations Research，2013，40 (7)：1884-1894.

[32] Li Y Q，Wang R X，Xu M Q. Rescheduling of observing spacecraft using fuzzy neural network and ant colony algorithm [J]. Chinese Journal of Aeronautics，2014，27 (03)：678-687.

[33] Lemaitre M，Verfaillie G. Daily management of an earth observation satellite：comparison of ILOG solver with dedicated algorithms for valued constraint satisfaction problems [J]. 2008.

[34] Lemaitre M，Verfaillie G，Jouhaud F，et al. Selecting and scheduling observations of agile satellites [J]. Aerospace Science and Technology，2002，6 (5)：367-381.

[35] Jianjun L，Hao G，Jianghan Z. Planning Method for Multi-Satellite Cooperating Search for a Moving Target on the Sea [C] //International Workshop on Multi-platform/Multi-sen-

sor Remote Sensing & Mapping. 2011.

［36］慈元卓，白保存，阮启明，等．多星侦察移动目标：一种基于潜在区域的求解策略［J］．传感技术学报，2008，21（6）：1015-1019.

［37］高越，李轩，温志军．光学卫星对海上移动目标揭示能力分析［J］．电子测量技术，2017，40（02）：1-4，9.

［38］Berry P E, Fogg D A B. GAMBIT: Gauss-Markov and Bayesian inference technique for information uncertainty and decision making in surveillance simulations［R］. DSTO Research in Draft, 2003.

［39］Berry P E, Pontecorvo C, Fogg D. Optimal search, location and tracking of surface maritime targets by a constellation of surveillance satellites（U）［R］. Intelligence, Surveillance and Reconnaissance Division Information Sciences Laboratory, 2003.

［40］袁波．面向卫星资源规划的海面运动目标分析方法研究［D］．长沙：国防科学技术大学，2010.

［41］Li J F, Geng X Y Z, Yao F, et al. Using multiple satellites to search for maritime moving targets based on reinforcement Learning［J］. Journal of Donghua University, 2016, 33（05）: 749-754.

［42］慈元卓，徐一帆，谭跃进．卫星对海洋移动目标搜索的几种算法比较研究［J］．兵工学报，2009，30（01）：119-125.

［43］徐俊艳，邱立军，杨日杰．基于蒙特卡罗方法的水下目标搜索技术［J］．火力与指挥控制，2009，34（11）：12-14，18.

［44］Peña F L, Gonzalez M M, Casás V D, et al. Ship Roll Motion Time Series Forecasting Using Neural Networks［C］//2011 IEEE International Conference on Computational Intelligence for Measurement Systems and Applications（CIMSA）Proceedings. 19-21 Sept. 2011, Ottawa, ON, Canada. IEEE: 1-6.

［45］Ahmed M S, Cook A R. Analysis of freeway traffic time-series data by using Box-Jenkins techniques［J］. Transportation Research Record, 1979, 722: 1-9.

［46］Voort M V D, Dougherty M, Watson S. Combining kohonen maps with arima time series models to forecast traffic flow［J］. Transportation Research Part C: Emerging Technologies, 1996, 4（5）: 307-318.

［47］Lee S, Fambro D, Lee S, et al. Application of subset autoregressive integrated moving average model for short-term freeway traffic volume forecasting［J］. Transportation Research Board, 1999, 1678（1）: 179-188.

［48］Williams B M, Hoel L A. Modeling and forecasting vehicular traffic flow as a seasonal ARMA process: theoretical basis and empirical results［J］. Journal of Transportation Engineering, 2003, 129（6）: 664-672.

［49］徐铁，蔡奉君，胡勤友，等．基于卡尔曼滤波算法船舶 AIS 轨迹估计研究［J］．现代电子技术，2014，37（05）：97-100，104.

［50］Perera L P, Oliveira P, Soares C G. Maritime traffic monitoring based on vessel detection, tracking, state estimation, and trajectory prediction [J]. IEEE Transactions on Intelligent Transportation Systems, 2012, 13 (3): 1188-1200.

[51] Perera L P, Guedes Soares C. Ocean Vessel Trajectory Estimation and Prediction Based on Extended Kalman Filter [C] //The Second International Conference on Adaptive and Self-Adaptive Systems and Applications, 2010.

[52] 彭秀艳, 门志国, 刘长德. 基于 Kalman 滤波算法的 Volterra 级数核估计及其应用 [J]. 系统工程与电子技术, 2010, 32 (11): 2431-2435, 2475.

[53] Mazzarella F, Arguedas V F, Vespe M. Knowledge-Based Vessel Position Prediction Using Historical AIS Data [C] //Sensor Data Fusion: Trends, Solutions, Applications. IEEE, 2015.

[54] Yang J, Xu J, Xu M, et al. Predicting Next Location Using a Variable Order Markov Model [C] //ACM SIGSPATIAL International Workshop on Geostreaming, 2014.

[55] Qiao S J, Shen D Y, Wang X T, et al. A self-adaptive parameter selection trajectory prediction approach via hidden Markov models [J]. IEEE Transactions on Intelligent Transportation Systems, 2015, 16 (1): 284-296.

[56] Guo S, Liu C, Guo Z W, et al. Trajectory Prediction for Ocean Vessels Base on k-order Multivariate Markov Chain [C] //The 13th International Conference on Wireless Algorithms Systems and Applications. Springer, Cham. , 2018.

[57] Tong X P, Chen X, Sang L Z, et al. Vessel Trajectory Prediction in Curving Channel of Inland River [C] //International Conference on Transportation Information and Safety, IEEE, 2015.

[58] Smith M, Reece S, Roberts S, et al. Online Maritime Abnormality Detection Using Gaussian Processes and Extreme Value Theory [C] //IEEE International Conference on Data Mining ICDM, 2012.

[59] Smith M, Reece S, Roberts S, et al. Maritime abnormality detection usingGaussian processes [J]. Knowledge and Information Systems, 2014, 38 (3): 717-741.

[60] 乔少杰, 金琨, 韩楠, 等. 一种基于高斯混合模型的轨迹预测算法 [J]. 软件学报, 2015, 26 (05): 1048-1063.

[61] Dalsnes B R, Hexeberg S, Flaten A L, et al. The Neighbor Course Distribution Method with Gaussian Mixture Models for AIS-Based Vessel Trajectory Prediction [C] //International Conference on Information Fusion, 2018, 580-587.

[62] 茅晨昊, 潘晨, 尹波, 等. 基于高斯过程回归的船舶航行轨迹预测 [J]. 科技创新与应用, 2017, 31: 28-29, 31.

[63] 徐一帆, 谭跃进, 贺仁杰, 等. 海洋移动目标多模型运动预测方法 [J]. 火力与指挥控制, 2012, 37 (03): 20-25.

[64] Hu X X, Liu Y H, Wang G Q. Optimal search for moving targets with sensing capabilities using multiple UAVs [J]. Journal of Systems Engineering and Electronics, 2010, 28 (3): 526-535.

[65] Lee W，Kim D. History-based response threshold model for division of labor in multi-agent systems [J]. Sensors，2017，17（6）：1232.

[66] 杨日杰，吴芳，徐俊艳，等. 基于马尔可夫过程的水下运动目标启发式搜索 [J]. 兵工学报，2010，31（5）：586-591.

[67] Lei P R，Li S C，Peng W C. QS-STT：Quadsection clustering and spatial-temporal trajectory model for location prediction [J]. Distributed and Parallel Databases，2013，31（2）：231-258.

[68] Jeung H Y，Liu Q，Shen H T，et al. A Hybrid Prediction Model for Moving Objects [C] //IEEE International Conference on Data Engineering. IEEE，2008：70-79.

[69] Le Q I，Zheng Z Y. Trajectory prediction of vessels based on data mining and machine learning [J]. Journal of Digital Information Management，2016，14（1）：33-40.

[70] Zhu F X. Mining Ship Spatial Trajectory Patterns from AIS Database for Maritime Surveillance [C] //2011 2nd IEEE International Conference on Emergency Management and Management Sciences. IEEE，2011：772-775.

[71] Dobrkovic A，Iacob M E，Hillegersberg J V，et al. Towards an approach for long term AIS-based prediction of vessel arrival times [J]. Logistics and Supply Chain Innovation，2016：281-294.

[72] Wijaya W M，Nakamura Y. Predicting Ship Behavior Navigating Through Heavily Trafficked Fairways by Analyzing AIS Data on Apache Hbase [C] //The First International Symposium on Computing and Networking-Across Practical Development and Theoretical Research- (CANDAR) 2013. IEEE，2013：220-226.

[73] Ristic B，La Scala B，Morelande M，et al. Statistical Analysis of Motion Patterns in AIS Data：Anomaly Detection and Motion Prediction [C] //2008 11th International Conference on Information Fusion. 30 June-3 July 2008，Cologne，Germany. IEEE：1-7.

[74] Yuan G，Sun P H，Zhao J，et al. A review of moving object trajectory clustering algorithms [J]. Artificial Intelligence Review，2017，47（1）：123-144.

[75] Chen J Y，Wang R D，Liu L X，et al. Clustering of Trajectories Based on Hausdorff Distance [C] //International Conference on Electronics. IEEE，2011，1940-1944.

[76] Potter C，Venayagamoorthy G K，Kosbar K. RNN based MIMO channel prediction [J]. Signal Processing，2010，90（2）：440-450.

[77] Williams R J，Zipser D. Alearning algorithm for continually running fully recurrent neural networks [J]. Neural Computation，1998，1（2）：270-280.

[78] Han M，Xi J H，Xu S G，et al. Prediction of chaotic time series based on the recurrent predictor neural network [J]. IEEE Transactions on Signal Processing，2004，52（12）：3409-3416.

[79] Blanco A，Delgado M，Pegalajar M C. A real-coded genetic algorithm for training recurrent neural networks [J]. Neural Networks，2001，14（1）：93-105.

[80] Bengio Y，Simard P，Frasconi P. Learning long-term dependencies with gradient descent is

difficult [J]. IEEE Transactions on Neural Networks, 1994, 5 (2): 157-166.

[81] Bengio Y, Boulanger-Lewandowski N, Pascanu R, et al. Advances in optimizing recurrent networks [J]. Acoustics Speech & Signal Processing ICASSP International Conference on, 2012.

[82] Pascanu R, Mikolov T, Bengio Y. On the difficulty of training recurrent neural networks [J]. International Conference on Machine Learning, 2012.

[83] Martens J, Sutskever I. Learning Recurrent Neural Networks with Hessian-free Optimization [C] //International Conference on International Conference on Machine Learning, 2011.

[84] Cho K, Van Merrienboer B, Bahdanau D, et al. On the properties of neural machine translation: encoder-decoder approaches [J]. Computer Science, 2014.

[85] Hinton G E, Srivastava N, Krizhevsky A, et al. Improving neural networks by preventing co-adaptation of feature detectors [J]. Computer Science, 2012, 3 (4): 212-223.

[86] Krizhevsky A, Sutskever I, Hinton G. Imagenet classification with deep convolutional neural networks [J]. Advances in Neural Information Processing Systems, 2012, 25 (2): 1097-1105.

[87] Heaton J. Programming Neural Networks with Encog3 in C♯ [M] 2nd ed. St. Louis: Heaton Research, Inc., 2011.

[88] Kingma D, Ba J. Adam: a method for stochastic optimization [J]. Computer Science, 2014.

[89] Ji X T, Wang X K, Niu Y F, et al. Cooperative search by multiple unmanned aerial vehicles in a nonconvex environment [J]. Mathematical Problems in Engineering, 2015, 2015: 1-19.

[90] Hong S P, Cho S J, Park M J. A pseudo-polynomial heuristic for path-constrained dis-crete-time Markovian target search [J]. European Journal of Operational Research, 2009, 193 (2): 351-364.

[91] Raap M, Zsifkovits M, Pickl S. Trajectory optimization under kinematical constraints for moving target search [J]. Computers & Operations Research, 2017, 88: 324-331.

[92] Lei C, Ma D H, Zhang H Q. Optimal strategy selection for moving target defense based on Markov game [J]. IEEE Access, 2017, 5 (99): 156-169.

[93] Lee W, Sauer N. Intertwined Markov processes: the extended Chapman-Kolmogorov equation [J]. Proceedings of the Royal Society A: Mathematical, Physical and Engineer-ing Sciences, 2017, 148 (01): 123-131.

第6章 成像卫星任务规划仿真系统

成像卫星任务规划仿真系统是一套构建卫星对地观测仿真环境，并在此基础上进行任务筹划与调度，生成最优化卫星观测计划和下传计划的仿真实验系统。系统能够创建卫星及其载荷的仿真模型，计算卫星和任务之间的访问关系，对区域任务进行优化分解，对移动目标进行轨迹预测，利用多种任务规划算法生成规划方案，并进行算法效能评估，为卫星任务规划方法的演示验证提供支撑。

6.1 系统需求分析

通过实地调研、与用户沟通和阅读文献，分析现阶段成像卫星任务规划仿真系统的总体需求如下。

6.1.1 系统功能要点

（1）成像卫星任务规划过程涉及大量任务、资源和时间窗，具有非常多的数据和流程，若仅仅集中到服务端会造成规划流程极其繁杂和时间浪费，为此，规划系统要支持分布式操作，依据功能模块将规划系统分为两个服务端和多个不同协作的客户端，多个客户端可同时操作，减少时间浪费。

（2）现阶段成像卫星资源多种多样，不同的卫星具有不同的物理结构、成像模式、成像条件等，仿真系统要能够兼容不同的卫星和载荷资源，支持对多星进行统一建模和规划。

（3）随着成像卫星的广泛应用，用户的图像需求也越来越多样化，包括点任务、区域任务和移动任务等，仿真系统要支持对多种任务的混合处理。

（4）卫星任务规划约束的选择、算法和参数配置对规划方案影响非常大，有可能规划的方案不能满足用户的需求，因此，系统要支持人工参与规划，能够对算法和参数进行手动配置，对规划方案进行调整。

（5）仿真系统要支持生成多个任务规划方案，并对规划方案进行指标提取和统计，形成可视化的评价结果，为用户决策提供重要支持。

（6）系统应当具有服务化、云端化、平台化特性，支持用户基于平台提供的微服务开发自己的任务规划流程与算法。支持系统算法模块通过服务形式被其他程序调用，支持通过网页形式提交算法文件或任务列表经过服务端计算后再由网页端发布计算结果。

6.1.2 系统性能要点

（1）系统分布式运行时，各个客户端之间的数据传输时间需要在毫秒级，以防止系统卡顿。

（2）系统支持的卫星数量应在 100 颗以上，以保证现阶段大规模卫星群和卫星星座的实验运行。

（3）卫星资源与观测任务之间的时间窗计算时间应在秒级，以保证系统能够对任务及时响应。

（4）卫星、地面站、传感器以及任务的渲染时间应在毫秒级，区域任务的网格划分渲染应在秒级，以保证系统顺畅运行和区域任务划分过程展示。

（5）规划方案评估和可视化展示时间应在秒级，以及时对规划方案进行评价，为用户提供决策支持。

6.2　规划系统业务设计

规划系统采用 B/S 结构，客户端向服务端发送数据请求，服务端连接数据库操作数据。客户端的任务规划分为六个席位，分别是资源管理、订单管理、任务筹划、轨道计算、卫星调度、可视化仿真推演。资源管理席位可定义、删除现有的可用卫星、地面站数据。订单管理席位提出需要观察的任务。任务筹划席位分解订单管理席位提交的任务。轨道计算席位根据资源管理席位定义的资源和任务筹划席位分解的元任务计算出元任务对应的时间窗信息。卫星调度席位导入需要规划的元任务，根据时间窗数据，使用算法计算出任务被安排的卫星、使用的传感器、开始观测的时间、结束观测的时间、任务观测持续时间。可视化仿真推演席位负责对规划方案进行可视化和动态化推演展示。

6.2.1 系统总体架构设计

成像卫星任务规划仿真系统总体架构如图 6.1 所示，主要由数据层、服务层和业务层组成。其中，数据层主要负责卫星任务规划决策流程中用户需求数据、任务处理数据、任务规划数据和方案评估数据等存储和读取；服务层主要负责为任务筹划和卫星调度功能模块提供算法和模型，并进行目标、约束校验以及算法和参数推荐；业务层主要负责实现资源管理子系统、订单管理子系统、任务筹划子系统、轨道计算子系统、卫星调度子系统和可视化仿真推演展示子系统功能，为卫星任务规划决策提供具体业务服务。通过三层相互协同运行，实现需求任务到达至规划方案实施的全流程功能。

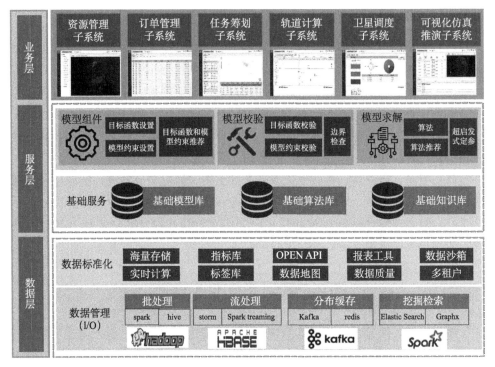

图 6.1   系统总体架构图

6.2.2   系统业务流程

　　系统的业务流程如图 6.2 所示，系统包含从需求任务到达规划方案实施的全流程业务。其中，在资源管理子系统中，支持卫星、载荷、地面站和天线等资源插入、定义、检索和删除；在订单管理子系统中，支持依据用户需求自定义需求任务信息；在任务筹划子系统中，能够对到达的多类型任务进行条带分解和轨迹预测，生成卫星一次过境能够完成元任务；在轨道计算子系统中，支持计算卫星资源和需求任务之间的可见性；在卫星调度子系统中，支持基于卫星资源的轨道特征、有效载荷和服务能力，以及任务的需求特性，依据任务-资源匹配机制，生成适合执行任务的卫星资源集合，然后依据规划的任务和资源规模、用户偏好等因素，支持多种规划算法选择与参数配置，生成多种规划方案，在不满足用户偏好时，调度员能够手动拖动任务，调整任务执行状态，最后计算多维度指标，对比分析多种规划方案的优劣，进行图表展示评估结果，并择优选择；在可视化仿真推演子系统中，支持对选择的优化规划方案进行执行过程仿真展示。

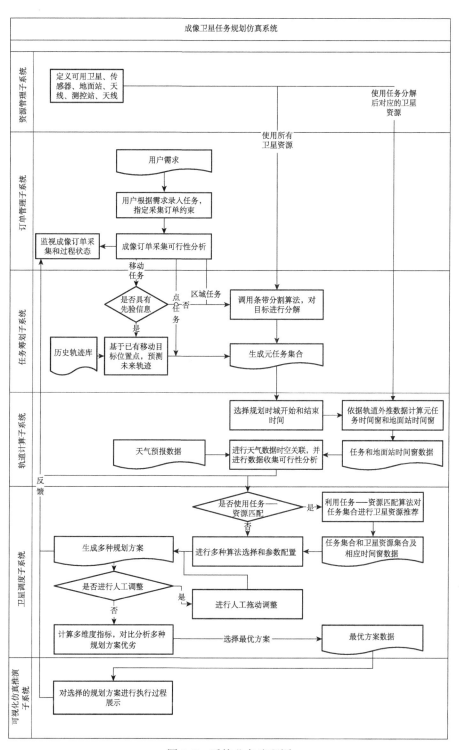

图 6.2　系统业务流程图

6.3 系统软件设计

依据规划系统的需求分析与业务设计对规划系统进行实现，完成各子系统功能的设计，同时，为了保证规划系统健康和安全地运行，对系统的硬件、维护性、可靠性、安全性等方面提出了一系列要求，以达到系统顺畅运行。

6.3.1 软件系统组成

成像卫星任务规划仿真系统主要由资源管理子系统、订单管理子系统、任务筹划子系统、轨道计算子系统、卫星调度子系统和可视化仿真推演子系统组成，如图 6.3 所示。

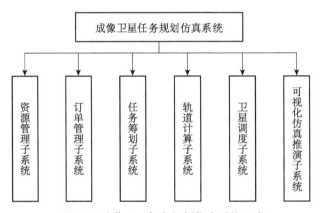

图 6.3 成像卫星任务规划仿真系统组成

1. 资源管理子系统

在资源管理子系统中，能够依据现有资源信息进行卫星、载荷、地面站和天线定义，同时支持在资源库中导入和手动录入，以及对场景中的资源进行修改和删除等功能，如图 6.4 所示，此系统是区域任务分解、时间窗计算、任务规划、方案评估和方案执行的基础。资源管理子系统主界面如图 6.5 所示。

2. 订单管理子系统

在订单管理子系统中，能够根据用户需求录入、修改和删除任务，包括点任务、区域任务和移动任务，并指定采集订单约束，如卫星类型、传感器类型、分辨率和完成截止日期等，支持下载任务模板和事先在任务模板填写的批量任务信息导入，同时，能够依据资源信息和任务约束初步分析成像订单采集可行性，并对其处理情况进行跟踪和反馈，供用户查看，如图 6.6 所示。订单管理子系统主界面如图 6.7 所示。

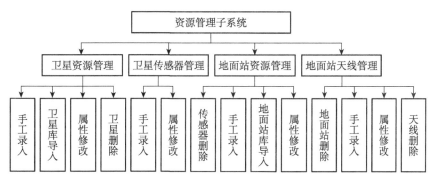

图 6.4　资源管理子系统组成

图 6.5　资源管理子系统主界面

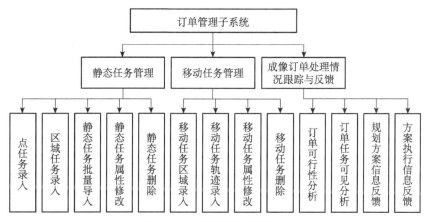

图 6.6　订单管理子系统组成

图 6.7　订单管理子系统主界面

3. 任务筹划子系统

在任务筹划子系统中，支持对各类任务进行处理，其中，点任务由于卫星一次过境能够完成覆盖不需要处理；而区域任务则需要依据卫星过境时星下线和幅宽，进行条带分割，分解成卫星一次过境能够覆盖的元任务；移动任务在有先验信息的情况下，需要先预测出未来一段时间内的轨迹点，转化成带时间戳的点任务，而在无先验信息的情况下，则直接将移动任务所在区域直接转化为区域任务处理，如图 6.8 所示。任务筹划子系统移动任务处理界面如图 6.9 所示，区域任务处理界面如图 6.10 所示。

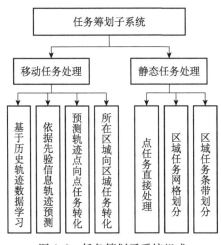

图 6.8　任务筹划子系统组成

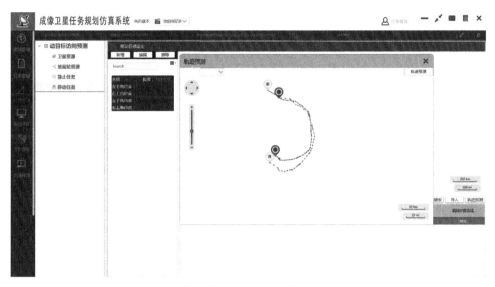

图 6.9　任务筹划子系统移动任务处理界面

图 6.10　任务筹划子系统区域任务处理界面

4. 轨道计算子系统

在轨道计算子系统中，能够编辑规划时域的开始时间和结束时间，依据轨道外推数据计算元任务时间窗和地面站时间窗，同时，支持天气预报数据导入和网络天气平台数据获取，能够对时间窗数据与天气数据进行时空关系关联，然后对订单任务可见性进行分析并反馈，如图 6.11 所示。轨道计算子系统主界面如图 6.12 所示。

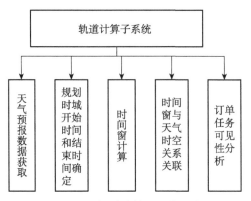

图 6.11   轨道计算子系统组成

图 6.12   轨道计算子系统主界面

5. 卫星调度子系统

在卫星调度子系统中,结合人工智能技术,基于历史调度数据建立调度知识库,充分利用此类历史经验与偏好,学习蕴含的匹配规则,能够智能、高效地为各任务集合匹配适合的资源集合,然后能够选择多类规划算法,包括启发式算法、亚启发式算法、精确算法和基于神经网络的算法等,并支持算法参数的自定义配置,对任务时间窗进行冲突消解和约束满足检查,形成多种规划方案,在不满足用户偏好时,支持人工拖动调整方案和改变任务执行状态,形成新的规划方案,并对方案中的订单信息进行反馈,最后计算方案的多维度指标数据,对比分析方案的优劣,并展示可视化评估结果,如图 6.13 所示。卫星调度子系统规划界面如图 6.14 所示,评估界面如图 6.15 所示。

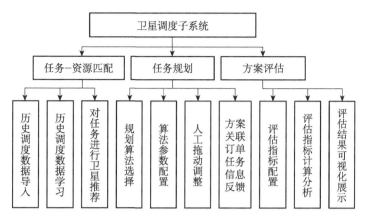

图 6.13　卫星调度子系统组成

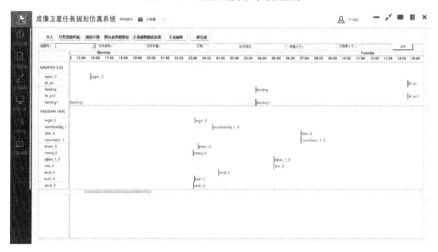

图 6.14　卫星调度子系统规划界面

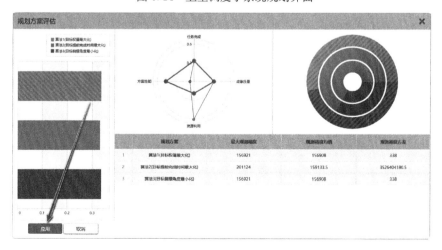

图 6.15　卫星调度子系统评估界面

6. 可视化仿真推演子系统

在可视化仿真推演子系统中，接收选择的规划方案，对方案中的任务和地面站时间窗数据进行动态展示和监视，该子系统主要由元任务看板、卫星任务仿真、甘特图展示和订单任务完成信息反馈组成。元任务看板模块主要显示系统内的元任务信息，不同元任务具有不同的状态，包括已到达未规划、已规划未上注、已上注未执行、已执行以及已下传。卫星任务仿真模块主要显示卫星任务执行过程。甘特图展示模块主要展示任务时间窗时序信息，其中场景时间和甘特图时间相互关联，当系统运行时，甘特图时间线相应移动。在系统完成订单任务时能够进行信息反馈，如图 6.16 所示。可视化仿真推演子系统主界面如图 6.17 所示。

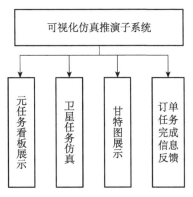

图 6.16　可视化仿真推演子系统组成

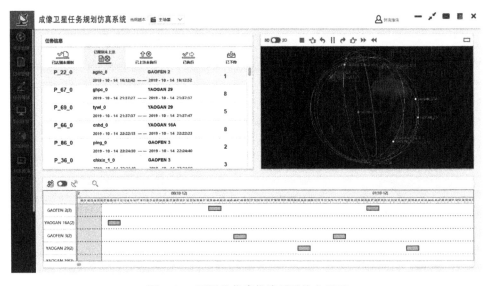

图 6.17　可视化仿真推演子系统主界面

6.3.2　系统的运行与维护

1. 系统运行要求

（1）该系统为 B/S 结构，使用微服务架构。

（2）硬件环境：主流商用 PC 机或服务器。

（3）开发平台：JetBrians。

（4）系统需求：Windows 10。

（5）数据库系统：PostgreSQL4.2 或更新版本。

2. 维护性要求

（1）系统设计中应采用框架＋模块化的设计方式，将软件尽可能分解成独立的模块，并尽可能减少各模块间耦合。

（2）系统设计要充分考虑软件的维护性，按照规范格式对源代码进行注释。

（3）开发过程需要按要求及时编写软件文档，文档内容要求文实一致，以利于系统的维护。

（4）系统中出现的关于系统名称、版本号等信息，可通过修改指定配置文件进行维护。

3. 可靠性要求

（1）系统设计应根据系统可靠性要求，按照软件可靠性准则开展设计工作，必要时进行容错和避错等专门的可靠性设计工作。

（2）用户界面的设计应当友好，具备输入容错和提示。

（3）系统能处理不合理的输入数据。

（4）系统应能全天候稳定运行无故障。

4. 安全性要求

系统设计要充分考虑系统的安全性，按照软件安全性准则进行编码，对安全性关键软件部件采取相应的安全性设计措施。在系统运行时不会对设备造成伤害，当系统运行失效时不能造成计算机死机。

6.4　任务规划开发工具箱

系统通过对任务规划功能的分解，构建了任务规划开发工具箱（toolkit）。工具箱涵盖了若干类组件，主要包括覆盖分析组件、轨迹预测组件、轨道计算组件、目标函数计算组件、约束检查组件、算法算子组件等，其中部分组件如图 6.18 所示。该工具箱为用户提供了时间窗计算、任务筹划、卫星调度和可视化推演等功能的二次开发能力。

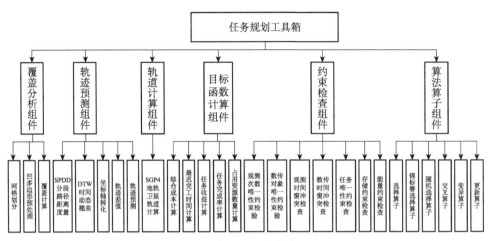

图 6.18 任务规划插件库组成

6.5 本 章 小 结

本书所设计研发的成像卫星任务规划仿真系统支持对多种卫星和载荷资源进行协同规划,支持对移动目标进行协同搜索规划,支持对区域目标进行分解与覆盖分析,支持根据用户需求并行生成多套规划方案,支持规划过程的人工参与。该系统具备云计算和微服务结构,支持功能模块便捷的在线开发、测试与集成。同时,随着成像卫星能力和任务规划技术的迅猛发展,该系统需要不断迭代更新。

第7章 成像卫星任务规划技术展望

发展遥感对地观测能力是国家的重大需求，因此，我国成像卫星持续高密度发射，商业遥感卫星也迅速发展，使得在轨民、商用成像卫星数量不断增加。经过多年的研究与应用，成像卫星任务规划技术在理论研究和工程应用中已经取得了很大的进展，但不断增加的卫星数量和用户需求仍然对成像卫星任务规划技术持续提出了新的挑战，主要体现在以下方面。

（1）需求复杂化、来源多样化，需求筹划难度提升。成像卫星应用领域的不断拓宽带来了不断增长的用户需求。用户需求具有数量繁多、时效性高、所需信息维度高、时域覆盖宽、空域覆盖广、动态性强等复杂特征。与此同时，观测系统服务过程中应急快速响应需求呈现常态化趋势，要求观测系统提升应急快速响应能力。为此，对海量用户需求的优化分解合成、统筹需求筹划、应急需求快速响应成为一个关键的技术挑战。

（2）卫星敏捷化，星上自主化，任务执行灵活性增加。随着卫星技术的快速发展，卫星能力不断提升，具有侧摆、俯仰变轨能力的敏捷卫星成为发展趋势。与传统卫星相比，敏捷卫星对地观测的自由度更大，能够更好地满足用户的成像需求。同时，星载处理器能力不断增强，卫星逐步具备星上数据处理与运算能力，呈现出星上自主化的发展趋势。敏捷化和自主化的新特征既增加了成像卫星任务执行的灵活性，同时也对任务规划的模型和算法提出了更大的挑战。

（3）资源规模化、架构复杂化，资源协同难度加大。随着在轨成像卫星数量的不断增加，呈现出从多星、星座到大规模星群（satellite cluster）的发展趋势。卫星星群由多颗分布在多种轨道上的卫星组成，以实现互联、互通、互操作的星间协同网络为目标，具有异质性、冗余性、自组织等特点，能够动态调整卫星的数量和空间构型。卫星星群一般具有高低轨协同、多载荷配合的工作体系，使得其系统管理架构日趋复杂，任务规划的难度急剧上升。为此，迫切需要实现自动化、智能化、网络化的任务规划系统，以充分发挥多资源的协同优势，提高对地观测的效能。

当前，以云计算、大数据、物联网、人工智能、区块链等为主要内容的新一代信息技术蓬勃发展和广泛渗透，使得经济、社会、军事、科技等各个领域都发生了以互联、智能、泛在为特征的技术革命，为卫星任务规划技术升级发展带来了难得的历史机遇。基于新一代信息技术的发展趋势，下面从云-边融合的任务规划技术、虚拟星座任务规划技术、天地一体化任务规划技术等方面展望成像卫星任务规划技术的发展方向。

7.1 云-边融合的任务规划技术

云-边融合的任务规划技术是指通过建立"地面＋星上"的分布式任务规划系统架构，以地面云为中心提供强大的全局集中式任务规划服务和数据处理服务，星上（边缘端）提供实时自主任务规划服务。区别于传统的任务规划模式，云-边融合的任务规划是一种"云端处理、边缘计算、按需汇聚、分级管控"分布式协同任务规划新模式，地面和星上的计算能力能够有效协同、能力互补，以降低地面系统的计算负荷，并实现地面处理不及时或星地空窗期等情况下的应急任务快速响应，更好地满足用户观测需求。云-边融合的任务规划技术需要攻克以下主要关键技术。

（1）星上自主任务规划技术。基于任务规划实现资源有效协同是保证任务完成的核心手段。在星上自主处理过程中，每颗卫星均为一颗自治主体，且星载计算能力通常有限，为有效实现面向各类事件的星上自主任务规划，需要基于有限的资源能力，建立事件快速响应机制，设计多星自主协同模式，研究星上任务自主生成、星上自主任务规划算法。

（2）面向典型应用场景的星地协同机制。星上自主任务规划可以作为地面任务规划的有效补充，星地协同构成分布式任务规划系统。针对应用场景中的典型问题，合理切割星地任务界面，分析星地协同处理流程，建立面向典型应用场景的星地协同任务规划机制，这是有效实现云-边融合任务规划的关键途径。

7.2 虚拟星座任务规划技术

虚拟星座（virtual constellation）是指由面向特定的任务需要，由属于不同组织和机构的多种不同性质和类型的卫星共同组成的一个相互配合、功能互补、资源共享的协同对地观测系统。区别于实体星座，虚拟星座是面向特定的需求而组建的开放式动态资源联盟，通过各卫星管理机构间建立的合作伙伴关系，在先进信息技术的支撑下实现多星协同工作，以达到合作观测、共享数据以及满足复杂或突发任务的目的。国际地球观测卫星委员会（CEOS）倡导建立虚拟星座，以建立不同空间机构间的合作伙伴关系[1]。例如，CEOS构建了陆地成像观测示范性虚拟星座，成员包括法国、阿根廷、巴西、日本、美国等国家的航天管理机构及其所管理的部分光学成像卫星，有效促进了全球陆地影像资料的获取和应用。

　　虚拟星座为充分管理大规模卫星群提供了一种更加灵活、高效的解决方案，虚拟星座中的卫星资源可以灵活地加入和退出，能够实现跨平台、多任务、多资源的系统应用，有效实现各业务系统间的功能整合直至业务融合，同时保证系统的易部署和易拓展，并具有良好的扩展能力。我国《国家民用空间基础设施中长期发展规划（2015—2025 年）》指出：“适应全球化发展需要，加强国际合作，充分利用相关国际合作机制，推动虚拟卫星星座应用和全球性探索计划”。面向国内，虚拟星座为整合遥感系列、资源系列、海洋系列、高分系列等民、商用卫星资源，建立全天候、全天时、全尺度的对地观测系统提供了可行的解决思路；面向国际，国防科工局、国家发展改革委《关于加快推进“一带一路”空间信息走廊建设与应用的指导意见》强调：“与亚太空间合作组织、金砖国家等国际合作组织及政府间、企业间联合建设若干虚拟星座，构建综合地球观测系统”，发挥在轨卫星资源对“一带一路”建设的支撑作用，为“一带一路”沿线国家及区域铺设空间信息走廊。

　　在传统的卫星任务规划的研究和应用中，卫星资源一般隶属于同一管理主体，能够做到集中管理和统筹调度。然而虚拟星座是一种开放式动态资源联盟，没有唯一权威的中心管控节点。卫星资源分布于不同的管理主体，具有不同的观测能力，资源间的合作关系存在大量的不确定性。因此，如何建立虚拟星座中卫星资源间的合作信任机制，并在此基础上构建任务调度方法成为虚拟星座任务规划技术中的重要研究挑战。

　　（1）分布式卫星资源之间的合作信任机制构建问题。虚拟星座中各类卫星资源以相互信任的方式合作运行是虚拟星座构建和运行的基础。由于参与合作的各类卫星资源具有不同的自治能力和任务选择偏好，在缺乏权威中心节点的情况下，如何在这些分布式资源之间建立信任关系，并开展真实可信的协作；如何克服资源偏好、通信延迟、环境条件等造成的种种不确定性，使任务执行过程能够达成一致性；如何使参与各方的信息利益得到保障等，都是重要的研究挑战。为此，必须建立分布式卫星资源之间的合作信任模型，设计任务执行过程的自动化管理流程，从机制上保障虚拟星座的运行。

　　（2）面向协同观测的遥感任务优化调度问题。每项遥感任务都需要调度虚拟星座中的多颗卫星资源，并使它们在时间轴上紧密合作才能完成。当面临众多的任务请求时，需要将每一项任务都合理安排到虚拟星座内的各个卫星资源上，制订相互配合、负载均衡的工作计划，且需在所有卫星资源中达成任务调度结果的共识。由于虚拟星座中卫星的轨道位置、对地覆盖面积、成像分辨率、载荷侧摆能力、数据回传能力、星上存储能力等方面不尽相同，同时也受到卫星空闲程度、执行任务的意愿和效率等因素的影响，为虚拟星座中任务调度方法的建立带来了挑战。为此，必须考虑虚拟星座的分布式组织管理特征，基于卫星资源之间的合作信任机制，针对性地建立科学高效的任务调度模型和算法。

区块链技术的蓬勃发展为虚拟星座任务规划提供了新的思路和手段。区块链作为点对点网络、密码学、共识机制、智能合约等多种技术的集成系统，提供了一种在不可信网络中进行信息传递交换的可信通道[2]。区块链作为一种"信任的机器"，能够在缺乏中心权威机构（节点）的情况下，建立起对合作方的互相信任。这些特性使得区块链能够作为支撑技术构建各种分布式可信系统。

可以运用区块链中的联盟链技术，构建虚拟星座协同观测任务规划的系统架构。联盟链是只属于联盟内部成员的所有区块链，具有去中心化、可控性强、运行速度快、数据不默认公开等特点，在构建虚拟星座任务规划系统中具有天然优势。联盟链中每个节点地位平等，通过共识机制自发地共同维护，该特性可有效解决虚拟星座中多卫星的协同问题；联盟链中数据只对有权限的节点可见，该特性可以有效解决虚拟星座中新资源的加入以及保护数据隐私的问题；联盟链中可灵活编程的智能合约则可支撑虚拟星座任务调度等各类应用的实现。

基于联盟链的虚拟星座任务规划架构包括分布式数据存储层、点对点网络层、共识机制层、智能合约层以及应用层。在数据存储层中，根据数据来源不同，将数据分为静态数据和动态数据。静态数据是虚拟星座中各个卫星资源的能力数据和任务数据等，而动态数据则是虚拟星座执行观测任务过程中实时产生的状态数据。点对点网络层是通过 P2P 技术来实现分布式网络机制的，卫星资源分散在各个管理主体上，信息交互的实现直接在各资源节点之间进行，无须中心化的服务器介入。共识机制层主要封装网络节点的各类信任模型，使分布式卫星资源在去中心化的架构中能够针对区块数据的有效性达成共识。智能合约层封装了任务规划架构中各类应用的脚本代码和算法，生成复杂的协同观测智能合约，在达到触发条件时自动执行，从而实现虚拟星座的任务管理。应用层是基于虚拟星座协同观测任务规划架构的具体应用，包括卫星资源能力评估、任务-资源匹配、典型场景下任务调度等。

7.3　天地一体化任务规划技术

天地一体化是指实现天基、临近空间、空基和地基的互联互通，形成全球覆盖、安全可信、按需服务的空间信息网络，为用户提供全覆盖、全天时、全天候的高分辨率对地观测服务[3,4]。天地一体化代表着空间技术发展方向，全球相关机构均制订了相关的行动计划，投入大量的人力物力开展相关研究。我国"科技创新 2030 重大项目"将"天地一体化信息网络"列为重大项目之一，国家自然科学基金委也立项了"空间信息网络基础理论和关键技术"的重大研究计划。

　　天地一体化任务规划是指在底层信息网络的支持下，构建包括成像卫星群、航空飞行器、临近空间平台、地基资源节点等在内的一体化统筹任务规划系统，实现天临空地的有效协同，发挥各类资源不同的能力特点，解决资源分散、协同能力不足的问题，如图 7.1 所示。天地一体化任务规划代表着任务规划技术的未来发展方向之一，目前来看，需要攻克以下主要技术挑战。

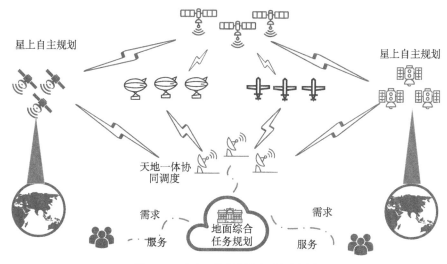

图 7.1   天地一体化任务规划示意图

　　(1) 柔性开放式任务规划系统架构。天地一体化任务规则，必须从分散、独立的平台规划模式向协同化、一体化的规划模式发展，以天临空地平台为载体，通过组网互联和云端管控，支持协同采集、传输和处理海量信息，实现体系化信息服务应用。通过柔性开放式任务规划系统架构，将空天资源的信息感知、传输和处理能力转化为面向终端的信息服务能力，这是实现天地一体协同任务规划的关键。

　　(2) 多源信息服务过程管理技术。天地一体化任务规划涵盖了天、临、空、地四大类空间平台及其载荷，由于系统中需要调用的资源数量多、种类丰富，需要处理的信息来源分布、格式多样。因此，需要通过服务按需聚合用户需求，实现智能服务发现与自适应服务聚合，并通过后台服务管理来动态调度分布、异构的空间资源，实现高灵活性、规模可伸缩的信息服务。

　　(3) 面向复杂任务资源统筹调度技术，天地一体化任务规划中的资源调度问题是一个多约束条件下的复杂优化问题，需要基于资源的能力特性，研究不同资源间的能力互补机理，充分考虑任务链中各任务间的时空与逻辑关系，以及不同事件在时效性和业务逻辑上的差异，建立多平台资源的统筹调度模型和调度算法，以协调天临空地多平台资源高效协作运作。

7.4 本章小结

经过多年的发展，成像卫星任务规划技术在理论研究和工程应用中都取得了很大的进展。但面向日益增长的用户需求和快速发展的卫星与载荷技术，任务规划技术仍然面临着诸多挑战。本章提出了成像卫星任务规划技术的若干技术发展方向，分析了各技术方向需要攻克的主要关键技术，希望能够对成像卫星任务规划技术的发展起到借鉴作用。

参 考 文 献

[1] 徐冠华，柳钦火，陈良富，等．遥感与中国可持续发展：机遇和挑战 [J]．遥感学报，2016，20（5）：679-688.

[2] 郑志明，邱望洁．我国区块链发展趋势与思考 [J]．中国科学基金，2020，34（01）：2-6.

[3] 李贺武，吴茜，徐恪，等．天地一体化网络研究进展与趋势 [J]．科技导报，2016，34（14）：95-106.

[4] 李德仁．论空天地一体化对地观测网络 [J]．地球信息科学学报，2012，14（04）：419-425.